Die Kata des Weltmarktführers

Mike Rother, dessen Karriere bei der Thyssen AG begann, ist Ingenieur, Pädagoge, Gastwissenschaftler an der Technischen Universität Dortmund sowie ehemaliges Mitglied der University of Michigan (Department of Industrial and Operations Engineering), des Fraunhofer Instituts in Stuttgart und des Industrial Technology Institute in Ann Arbor.

Rothers Forschungen haben ihn in zahlreiche Unternehmen und hunderte Fabriken geführt, wo er mit neuen Konzepten arbeitet und Erfahrungen austauscht.

Mike Rother

Die Kata des Weltmarktführers

Toyotas Erfolgsmethoden

Aus dem Englischen von Silvia Kinkel

Campus Verlag
Frankfurt/New York

Bibliografische Information der Deutschen Nationalbibliothek:
Die Deutsche Nationalbibliothek verzeichnet diese Publikation in der Deutschen Nationalbibliografie. Detaillierte bibliografische Daten sind im Internet unter http://dnb.d-nb.de abrufbar.
ISBN 978-3-593-38996-7

Umschlaggestaltung: Guido Klütsch, Köln
Satz: Fotosatz L. Huhn, Linsengericht
Druck und Bindung: Druckhaus »Thomas Müntzer«, Bad Langensalza
Gedruckt auf säurefreiem und chlorfrei gebleichtem Papier.
Printed in Germany

Besuchen Sie uns im Internet: www.campus.de

Inhalt

Teil IV
Die Coaching-Kata – Wie Toyota seinen Mitarbeitern die Verbesserungs-Kata beibringt

Teil V
Transfer – Wie geht das in anderen Unternehmen?

Anhänge

Vorwort

Mike Rothers *Die Kata des Weltmarktführers* ist ein seltenes und spannendes Ereignis – ein Buch, das ein völlig neues Licht auf einen oft verkündeten Managementansatz wirft, und damit diesem Ansatz neue Bedeutung und Kraft verleiht. Unzählige Menschen haben in den letzten 20 oder mehr Jahren Toyotas erfolgreiches Managementdenken und dessen Praxis studiert und darüber geschrieben. Aber paradoxerweise ist es, trotz der Menge präsentierter Informationen, keiner Organisation außerhalb der Toyota-Unternehmensgruppe gelungen, an die hervorragende Leistung von Toyota heranzukommen. Es ist eine weitverbreitete Vermutung, dass einiges, was Toyota tut, von anderen Unternehmen noch immer nicht verstanden und in die Praxis umgesetzt wird. *Die Kata des Weltmarktführers* wird das ändern. In diesem Buch durchdringt Mike Rother die Managementmethoden von Toyota in einer Tiefe, die nie zuvor erreicht wurde. Dabei bietet er eine Reihe neuer Ideen und Methoden an, die es jeder Organisation in jedem Business ermöglichen, zu tun, was notwendig ist, um die Performance von Toyota zu erreichen.

Dies ist nicht das erste Buch, in dem Mike Rother bahnbrechende Einblicke zu Toyota präsentiert. Er brachte das Verständnis der Geschäftswelt von Toyotas Methoden in seinem erstmals 1998 erschienen Buch *Sehen lernen*[1] mit seinem Koautor John Shook um Lichtjahre weiter. Ein kurzer Blick auf die Botschaft von *Sehen lernen* erklärt, wie *Die Kata des Weltmarktführers* dieses Verständnis in eine andere Größenordnung führt. *Sehen lernen* beschreibt und erklärt ein Mapping Tool, das Toyota nutzt, um zu »sehen«, wie sich Arbeit vom Anfang der Produktion bis zur Auslieferung des Endproduktes an den externen Kunden bewegt. Innerhalb Toyotas als »Material and Information Flow Mapping« bekannt, benannten Rother, Shook und Herausgeber Jim Womack das Toyota-Werkzeug in »Value-

1 Mike Rother/John Shook: *Sehen lernen. Mit Wertstromdesign die Wertschöpfung erhöhen und Verschwendung beseitigen.* Aachen: Lean-Management-Institut, 2004. (http://www.lean-management-institut.de)

Stream Mapping« um und beschrieben es in ihrem Buch zum ersten Mal. Dank des enormen Erfolgs von *Sehen lernen* wurde Value-Stream Mapping zu einem der am meisten verwendeten Werkzeuge, um das viel gerühmte Produktionssystem von Toyota zu unterrichten und zu üben.

Mit dem Value-Stream Mapping Tool zeigen Rother und Shook, wie viele von Toyotas bekannten Praktiken systematisch verwendet werden können, um einen herkömmlichen losverarbeitungsorientierten Massenproduktionsfabrikfluss, der von Unterbrechungen und Verzögerungen erfüllt ist, in einen flussähnlichen zu verwandeln, wie er in einer typischen Fabrik von Toyota zu finden ist. Vertraute Namen für einige dieser Techniken sind »Kundentakt«, »Andon«, »Kanban«, »Heijunka«, und »Jidoka«. Für die meisten Schüler von Toyota war *Sehen lernen* die erste umfassende und klare Erklärung dessen, wie man die Praktiken von Toyota verwendet, um den Fluss von Rampe zu Rampe systematisch durch ein gesamtes Werk hinweg zu verbessern.

Das Buch erforschte jedoch nicht, warum und wie sich diese Praktiken bei Toyota entwickelt haben und dies auch weiterhin tun. Das Buch stellt einen riesigen Schritt hin zu besserem Verständnis dar, wie Toyota seit mehr als 50 Jahren bemerkenswerte Ergebnisse erzielt. Es klärt jedoch nicht, warum andere nach der Einführung von Toyota-typischen Praktiken immer noch außerstande scheinen, der Leistung Toyotas nachzueifern. Wie entwickelt Toyota seine Lösungen? Welcher spezifische Prozess wird dafür genutzt? In *Die Kata des Weltmarktführers* zeigt Mike Rother uns diese nächste entscheidende Ebene der Toyota-Praxis.

Die zentrale Botschaft von *Die Kata des Weltmarktführers* ist, den Prozess, wie Toyota Menschen managt, zu beschreiben und zu erklären. Rother legt mit großer Klarheit und im Detail Toyotas einzigartige Verbesserungs- und Führungsroutinen (die *Kata*) dar, durch die Toyota den nachhaltigen Wettbewerbsvorteil erreicht. Die bahnbrechende Erkenntnis in *Die Kata des Weltmarktführers* ist, dass Toyotas »Verbesserungs-Kata« und »Coaching-Kata« die ergebnisorientierte Denkweise überschreiten, die hinter den Managementmethoden liegt, die in den meisten Unternehmen in der westlichen Welt noch angewandt werden.

Die Befunde in *Die Kata des Weltmarktführers* bestätigen meine eigene Interpretation dessen, was ich seit meiner ersten Studienreise zum riesigen Toyota-Standort (TMMK) in Georgetown, Kentucky, 1992 so häufig bei den operativen Aktivitäten von Toyota beobachtete.[2] Was die Methoden

2 Ich gebe diese Erkenntnisse meiner Studienreise in Kapitel 3 und an anderen Stellen in folgendem Buch wider: H. Thomas Johnson/Anders Broms: *Profit Beyond Measure:*

Toyotas von denjenigen unterscheidet, die bei amerikanischen und anderen westlichen Unternehmen beobachtet werden, ist deren Fokus darauf, was ich »Managing by Means« (Mittel) oder MBM nenne, statt »Managing by Results« oder MBR. Schon vor langer Zeit, im Jahr 1992, erfuhr ich von Präsident Fujio Cho und Mitgliedern seines Managementteams in Georgetown, dass Toyota unerschütterlich daran glaubt, dass organisatorische Routinen für Verbesserung und Adaption – und nicht etwa quantitative/finanzielle Ziele – den Weg zu Wettbewerbsvorteil und langfristigem organisatorischen Überleben definieren.

Blickt man über individuelle Unternehmen hinaus auf die Welt um sie herum, haben Wirtschaftsorganisationen in diesem Zeitalter einen großen Einfluss auf die Natur unserer Gesellschaft. Die Art, wie diese Organisationen funktionieren und insbesondere ihre Art zu Denken und zu Handeln, die sie ihren Mitgliedern vermitteln, bestimmen nicht nur den Erfolg der Organisation, sondern auch große Bereiche unseres sozialen Gewebes. Während ein schneller Fortschritt von Kenntnissen über das menschliche Verhalten jetzt in den Sozial- und Biologiewissenschaften stattfindet, sind diese wissenschaftlichen Ergebnisse noch zu weit von den täglichen Aktivitäten unserer Unternehmen entfernt. Wirtschaftsorganisationen können noch nicht darauf zugreifen und sie in der Praxis zu ihrem Vorteil verwenden. Interessanterweise stellt *Die Kata des Weltmarktführers*, weil es um das Entwickeln neuer Muster des Denkens und Verhaltens in Organisationen geht, eine Anweisung dar, wie diese Wissenschaft in unserem täglichen Leben Anwendung finden kann. Das Potenzial liegt darin, neue Leistungsniveaus in menschlichen Bestrebungen zu erreichen, indem wirksamere Arbeitsweisen und Formen der Zusammenarbeit verwendet werden.

Meiner Meinung nach ist die größte Veränderung, die Mike Rothers Buch *Die Kata des Weltmarktführers* der Geschäftswelt bringen kann, folgende: traditionelles, von Finanzergebnissen gesteuertes Management durch das Verständnis zu ersetzen, dass hervorragende Finanzergebnisse und das langfristige Überleben einer Organisation am ehesten aus der kontinuierlichen und robusten Prozessverbesserung und Adaption erfolgen – und nicht etwa aus einer Steuerung von Menschen, die darauf abzielt, Finanzziele ohne Rücksicht auf die Auswirkungen ihrer Handlungen auf Prozesse zu erreichen.

Was bislang verhindert hat, dass diese Änderung eintritt, ist der Man-

---

Extraordinary Results Through Attention to Process and People. New York: The Free Press, 2008.

gel an einer klaren und verständlichen Erklärung dessen, wie kontinuierliche Verbesserung und Adaption bei Toyota funktionieren, dem einzigen Unternehmen in der Welt, von dem ich weiß, dass es wirklich durch Mittel (means) managt, nicht durch Ergebnisse. Diese Erklärung ist jetzt für jeden verfügbar, der Mike Rothers Forschungsergebnisse und Botschaften in *Die Kata des Weltmarktführers* studiert.

Professor H. Thomas Johnson
Portland, Oregon
Frühjahr 2009

Einleitung

Unser Verständnis von Führung und Management verwandeln

Stellen Sie sich vor, Sie haben einen Managementansatz, der alle Mitglieder einer Organisation dazu bringt, sich an der ständigen Verbesserung und Adaption der Organisation zu beteiligen. Stellen Sie sich weiter vor, dass diese Methode nicht allzu schwer zu verstehen ist, obwohl sie sich davon unterscheidet, wie wir heute managen. Darum geht es in diesem Buch: Ein Unternehmen an die Spitze zu führen und es dort zu halten, indem jeder – Sie eingeschlossen – in seinem Denken, Handeln und Reagieren beeinflusst wird.

In vielen Unternehmen herrscht eine unausgesprochene Frustration wegen der Kluft zwischen Leadership und dem tatsächlichen Geschehen. Ziele werden gesetzt, aber nicht erreicht. Veränderung findet nicht statt. Die großen Labels in der Musikindustrie wurden durch digitale Musik-Downloads an der Breitseite getroffen, obwohl die große Verbreitung von Kassettenrekordern, mit denen sich jeder seinen persönlichen Musikmix zusammenstellen kann, seit 30 Jahren darauf hinweist, dass es dafür einen Markt gibt. Über Jahrzehnte hinweg haben sich die Automobilhersteller in Detroit gegen die Entwicklung kleiner, spritsparender Modelle in ihrer Produktpalette entschieden – trotz der Signale seit den 1970er Jahren, dass es für diese Produkte einen wachsenden Markt gibt. Marktführer der PC-Industrie haben die Entwicklung kompakter, internetfähiger Laptops, die zugeschnitten sind auf Web-Surfing, Mail, Foto-Sharing, Musik-Downloads und Videos, erst spät erkannt, obwohl das genau die Anwendungen sind, für die viele Menschen ihren Laptop nutzen – zum Beispiel im Coffeeshop, für jedermann sichtbar.

Unsere Reaktion auf das Schicksal der Automobilhersteller, Musikindustrie, PC-Hersteller und hunderte anderer Unternehmen wie diesen ist vorhersehbar: Wir führen die mangelnde Adaption des Unternehmens auf schlechte Entscheidungen von Managern und Führungskräften zurück und fordern manchmal sogar deren Ablösung. Aber kann es wirklich so viele schlechte Manager und Führungskräfte geben? Ist das die Ursache des Problems? Ich kann Ihnen versichern, dass wir mit übereilten Behauptungen über schlechte Manager auf dem falschen Weg sind.

Warum fallen Unternehmen im Wettbewerb zurück und was können wir dagegen tun? Was sollen wir ändern und *in welche Richtung* sollen wir es ändern? Wenn Sie erst einmal die Antworten auf diese Fragen kennen, werden Sie deutlich besser in der Lage sein, Menschen zu führen, zu managen und sicherstellen, dass Ihre Organisation ihren Weg in die Zukunft findet.

Die meisten Unternehmen werden durch verantwortungsbewusste und fleißige Menschen gemanagt, die wollen, dass ihr Unternehmen und ihr Team erfolgreich sind. Die Schlussfolgerung liegt also auf der Hand: Nicht die Menschen, sondern das vorherrschende *Managementsystem*, in dem wir arbeiten, ist der Täter. Das Problem liegt darin, wie wir unsere Unternehmen managen. Der Konsens wächst, dass ein neuer Ansatz gebraucht wird. Aber bislang ist uns noch nicht klar, wie die Veränderung aussehen muss.

Wirtschaftsautoren vertreten manchmal den Standpunkt, dass gut etablierte, erfolgreiche Unternehmen zurückfallen, während neuere Unternehmen prosperieren, weil diese nicht in einem überholten, unzeitgemäßen Denkmuster gefangen sind. Oberflächlich betrachtet mag das zutreffen, aber die dabei wichtige Erkenntnis liegt tiefer. Das Problem besteht nicht in einem veralteten Denkmuster an sich, sondern darin, dass dieses keine kontinuierliche Verbesserung und Adaption beinhaltet.

Beruhend auf meinen Forschungen über Toyota kann ich Ihnen ein Führungsverhalten vorstellen, das unserem derzeitigen Vorgehen nachweislich überlegen ist. Ich wende mich an alle, die nach einem Weg suchen, Menschen zu führen und zu entwickeln, der kontinuierliche Verbesserung, Adaption und Spitzenergebnisse hervorbringt. Es spielt keine Rolle, ob Sie ein erfahrener Manager, eine Führungskraft oder ein Ingenieur sind, oder gerade erst anfangen, Managementmethoden kennen zu lernen oder anzuwenden. Ihr Unternehmen kann aus wenigen Mitarbeitern bestehen oder aus Tausenden. Sie sind erfolgreich, aber wollen noch besser und auch in Zukunft relevant sein.

Eine Definition von Management: Das systematische Anstreben erwünschter Zustände durch den konzertierten Einsatz menschlicher Fähigkeiten.

Da wir die Zukunft nicht kennen, können wir auch nicht vorhersagen, welche Managementsysteme wir dann nutzen werden. Aber genau deswegen können wir Folgendes festhalten: Ein effektives Managementsystem wird eines sein, durch das sich eine Organisation stets an unvorhersehbare, dynamische Verhältnisse anpasst und Kunden zufriedenstellt. Situationen werden je nach Ort und Zeitpunkt unterschiedlich sein, sodass wir nicht im Voraus sagen können, was wir tun müssen. Menschen zur Implementierung spezifischer Lösungen wie Montagezellen, Six-Sigma-Tools, Kanban, eines Diesel- oder Hybrid-Antriebs oder eines aktuell hoch profitablen Produkts hinzuführen, macht ein Unternehmen nicht anpassungsfähig und führt nicht zu kontinuierlicher Verbesserung. Entscheidender ist, wie Menschen eine Situation wahrnehmen und verstehen, und dass sie auf eine Weise reagieren können, die das Unternehmen an die Spitze bringt.

Eines der derzeit besten Beispiele eines anpassungsfähigen, sich permanent verbessernden Unternehmens ist Toyota. Natürlich unterlaufen auch Toyota Fehler, aber kein anderes Unternehmen scheint auf vergleichbare Weise fähig zu sein, sich jeden Tag in allen Prozessen derart systematisch, effektiv und kontinuierlich zu verbessern und anzupassen. Nur wenige Unternehmen erreichen so viele ambitionierte Ziele innerhalb des vorgegebenen Zeit- und Budgetrahmens.

Aber wie schafft Toyota das?

Wir wissen seit langem, dass Toyota etwas tut, was das Unternehmen stärker als andere befähigt, sich permanent zu verbessern. Und wir haben erkannt, dass dies auf den Managementansatz zurückzuführen ist. Bisher wurde jedoch nicht aufgezeigt, wie Toyota im alltagtäglichen Managementprozess kontinuierliche Verbesserungen und Adaption in die Organisation einbettet.

In der fortwährenden Bemühung zu verstehen und zu beschreiben, wie Toyota vorgeht, liefern die meisten Bücher Listen von Methoden und Prinzipien bei Toyota. Diese Punkte mögen alle richtig sein, aber das Listenerstellen erklärt nicht, wie Menschen bei Toyota geführt werden. Zudem zeigen 20 Jahre, in denen vergeblich versucht wurde, Toyotas Erfolg nachzubilden, dass solche Listen nicht umsetzbar sind. Das liegt daran, dass die Methoden und Prinzipien einer Organisation zu jedem Zeitpunkt ein *Ergebnis* sind, das den Denk- und Verhaltensweisen der Mitglieder entstammt. Die Wettbewerbsfähigkeit, Anpassungsfähigkeit und Kultur einer Organisation entstehen aus den Routinen und Gewohnheiten, die das Vorgehen der Organisationsmitglieder jeden Tag bestimmen. Es ist eine Frage des menschlichen Verhaltens, der »Human Behavior«.

Die letzten 20 Jahre haben gezeigt, dass der Versuch, die Methoden, Techniken oder Prinzipien eines anderen Unternehmens einfach zu kopieren, wenig an der Kultur eines Unternehmens und seiner Vorgehensweise ändert. Wie bringt dies Menschen beispielsweise dazu, Prinzipien tatsächlich zu leben? Dagegen ist die Fokussierung auf das tägliche Entwickeln der Verhaltensmuster ein Hebelansatz, weil – wie uns die Psychologie zeigt – Verhaltensmuster durch Übung veränderbar, erlernbar und reproduzierbar sind.

Was bislang fehlte, war ein Blick unter die Motorhaube bei Toyota. Diese Lücke wird nun geschlossen. Was sind die täglichen Verhaltensmuster bei Toyota und wie werden sie gelehrt? Die Antworten liegen in *Die Kata des Weltmarktführers*. Durch die Beschreibung dieser zugrunde liegenden Denk- und Verhaltensroutinen ermittelt dieses Buch den Kontext, in dem Toyotas Methoden, Techniken und Prinzipien entwickelt werden und funktionieren.

Dieses Buch beschreibt zwei bestimmte Verhaltensroutinen – Muster oder Gewohnheiten des Denkens und Verhaltens –, die Tag für Tag bei Toyota praktiziert werden. In Japan wird eine solche Routine *Kata* genannt. Diese Verhaltensmuster sind nicht sichtbar, sie sind nicht in Unterlagen bei Toyota beschrieben, und man braucht lange, um sie zu erkennen. Dennoch werden bei Toyota alle Mitarbeiter auf diese Weise geführt. Diese zwei Kata werden allen Toyota-Mitarbeitern vermittelt und tragen entscheidend dazu bei, dass Toyota ein anpassungsfähiges und sich kontinuierlich verbesserndes Unternehmen ist. Wenn Sie Toyota verstehen und dessen Erfolg nachbilden wollen, dann sind es diese beiden Kata – und weniger Toyotas Techniken oder Prinzipien –, die Sie studieren sollten. Toyotas Intention bei der Nutzung dieser Kata unterscheidet sich so sehr von unserem Führungsstil, dass wir aus unserer Perspektive am Anfang Schwierigkeiten haben, diese Kata zu verstehen oder auch nur zu erkennen. Aber die Bereitschaft, eine neue Perspektive einzunehmen, wächst. Und wenn wir erkannt haben, wie Toyota die zwei in diesem Buch beschriebenen Kata nutzt, können wir uns selbst weiterentwickeln, anstatt nur den Versuch des Kopierens zu unternehmen. Sobald unser Verstand ein zugrunde liegendes Muster erkannt hat, wird ein Thema für uns handhabbar. Die hier beschriebenen Kata können nicht in einem einzigen Kapitel erklärt werden, aber letztlich sind sie gar nicht so schwer zu verstehen. Genauso soll es auch sein, denn Toyota möchte, dass jeder im Unternehmen diese Kata ausüben und anwenden kann.

Dieses Buch wird dabei helfen, die Muster zu erkennen.

Die hier vorgestellten neuen Informationen ersetzen nicht das bereits über Toyota veröffentlichte Material. Allerdings bedarf unser bisheriger Ansatz von »Lean« einiger Anpassungen. Sie sollen ein größeres Verständnis dessen erlangen, wie Toyota kontinuierliche Verbesserung und Adaption erreicht (was Ihnen auch viel über Toyota insgesamt sagen wird), und was notwendig ist, solche Verhaltensmuster in einem anderen Unternehmen als Toyota zu entwickeln. Zu diesem Zweck behandelt dieses Buch zwei übergeordnete Fragen:

1. Was sind die unsichtbaren Managementroutinen und -denkweisen, die Toyotas Erfolg im Hinblick auf kontinuierliche Verbesserung und Anpassung zugrunde liegen?

2. Wie können andere Unternehmen ähnliche Routinen und Denkweisen in ihrer Organisation entwickeln?

Dieses Buch stellt die Verhaltensmuster bei Toyota bis zu einem Punkt vor, an dem wir mehr über Organisationspsychologie reden als über Toyota an sich. Toyota ist ein Produktionsunternehmen, und die hier vorgestellten Verhaltensmuster wurden im Rahmen von Forschungen in Produktionsumgebungen entdeckt. Dennoch sind sie universell und in vielen unterschiedlichen Organisationen anwendbar – ob alt oder neu, produzierende oder andere Branchen, ob Organisationsspitze oder -basis. Letztendlich geht es hier nicht nur um Toyota, sondern um eine andere Art, Menschen zu führen und Ereignisse im täglichen Leben zu betrachten und damit umzugehen.

Wie ich gelernt habe

Ich war nie bei Toyota angestellt und habe auch nie in einer Toyota-Fabrik gearbeitet. Im Nachhinein erwies sich das aus zwei Gründen als Vorteil:

1. Ich musste Vieles durch Ausprobieren und Experimentieren in realen Betrieben und Managementumgebungen selbst herausfinden.
2. Nach etlichen Versuchen begann ich die Denk- und Verhaltensmuster zu erkennen, die sich von unseren vorherrschenden Managementroutinen unterscheiden. Diese Unterschiede werden von Toyota-Insidern meistens übersehen, weil ihnen die Vergleichsmöglichkeiten fehlen. Besucher, Beobachter oder Interviewer bei Toyota erkennen die Unterschiede ebenfalls nicht, weil sie unter der Oberfläche liegen.

Die meisten Erkenntnisse in diesem Buch beruhen auf Erfahrungen aus erster Hand bei der Arbeit mit sehr vielen Unternehmen. Dieser iterative »Do it yourself«-Ansatz nimmt viel Zeit in Anspruch, liefert jedoch ein deutlich tieferes Verständnis und mehr Einsichten, als dies durch Benchmarking oder Interviews allein möglich ist. Die daraus gezogenen Lehren entstanden in mehreren Jahren durch

- Anwendung bestimmter technischer und betriebswirtschaftlicher Toyota-Methoden in anderen Unternehmen. Dazu gehören iterative Anwendungsversuche mit besonderer Aufmerksamkeit für das, was *nicht* wie geplant funktioniert, dem Erforschen der Gründe, der Anpassung und dem erneuten Versuch. Dieser experimentelle Ansatz wird bekanntlich als PDCA-Zyklus (Plan-Do-Check-Act) bezeichnet.

- regelmäßige Besuche von Toyota-Standorten, Zulieferern von Toyota sowie einer Vielzahl von Treffen mit aktuellen und ehemaligen Toyota-Mitarbeitern, um Beobachtungen anzustellen und neu gewonnene Erkenntnisse zu besprechen.

Die Forschung beinhaltete ein ständiges Zusammenspiel dieser beiden Untersuchungsaspekte, die sich gegenseitig beeinflussten. Um diese Wechselwirkung zu ermöglichen und zu fördern, führe und aktualisiere ich stets ein Dokument, in dem Gelerntes reflektiert und die nächsten Fragen bestimmt werden. Dieses Dokument stellt sicher, dass Besprechungen soweit wie möglich auf Fakten und Daten basieren. Sie halten im Wesentlichen die bis dato aktuelle Version dieser Aufzeichnungen in Händen. Auf diese Weise habe ich die grundlegenden, aber nicht auf Anhieb sichtbaren Aspekte des Toyota-Ansatzes extrahiert – das, was sich sozusagen hinter dem Vorhang befindet.

Die fünf Teile dieses Buches spiegeln den Forschungsverlauf wider. Teil I beschreibt die Herausforderung an ein Unternehmen, langfristig zu überleben. In Teil II wird diese Herausforderung vor dem Hintergrund des heutigen Managements von Unternehmen betrachtet. Dies ist eine wichtige Vorstufe: Um zu verstehen, was an den Denk- und Verhaltensroutinen bei Toyota anders ist, müssen wir zuerst unsere eigenen verstehen. Das führt zu der nächsten Frage: Wie sollen die Menschen in einer Organisation handeln, damit diese langfristig erfolgreich ist? Bei Toyota liegt die Antwort hierauf vor allem in dem, was ich als *Verbesserungs-Kata* bezeichne. Teil III geht detailliert auf diese Kata ein und bildet das Herzstück des Buches. In Teil III sollte der Groschen fallen.

Die Verbesserungs-Kata kommt jedoch nicht allein deshalb in Schwung, weil es sich dabei um eine gute Idee handelt. Die logische nächste Frage lautet deshalb: Wie bringt Toyota allen Mitarbeitern ein der Verbesserungs-Kata entsprechendes Verhalten bei? Die Antwort hierauf ist das, was ich als Toyotas *Coaching-Kata* bezeichne, und wird in Teil IV beschrieben. Im Anschluss stellt sich die Frage: Wie entwickelt man ein Verbesserungs-Kata-Verhalten in anderen Unternehmen? Diese Frage wird in Teil V angesprochen. Teil V ist der Schwerpunkt meiner aktuellen Forschungen und behandelt folgendes Thema: Wie können andere Organisationen eine eigene Verbesserungs-Kata entwickeln?

Natürlich endet der Forschungszyklus niemals, weshalb dieses Buch den Erkenntnisstand zu einem bestimmten Zeitpunkt widergibt. Es gibt immer noch mehr zu lernen und es gibt in diesem Buch zweifelsohne einige Fehler und Aussagen, die irgendwann nicht mehr zutreffen. Es ist ein Zwischenbericht, so wie jedes Buch, weil nichts endgültig ist.

Abschließend sei noch darauf hingewiesen, dass die hier beschriebene Art des Denkens und Handelns ein Potenzial birgt, das über die Wirtschaftswelt hinausgeht. Uns wird ein wissenschaftlich-systematischer und konstruktiver Weg aufgezeigt, mit Problemen, Ungewissheit und Veränderung umzugehen. Mit anderen Worten: eine Art und Weise, wie Menschen zusammenarbeiten und Ziele, die hinter den Horizonten liegen, erreichen können. Je mehr ich Toyota studiert habe, desto mehr faszinierten mich die weitergehenden Möglichkeiten solcher »Life Lessons«, und ich möchte Sie einladen, beim Lesen dieses Buches ebenfalls darüber nachzudenken.[3]

Mike Rother
Frühjahr 2009
Ann Arbor, USA/Köln, Deutschland

3 Ein Hinweis zur Terminologie: Einige der hier verwendeten Begriffe werden von Toyota nicht benutzt. Um das Verständnis zu erleichtern, wie die Mitarbeiter von Toyota denken und handeln, musste ich einige neue Begriffe prägen. Diese Begriffe werden Mitarbeitern von Toyota vielleicht zunächst nichts sagen; dennoch arbeiten und verhalten sie sich so, wie es hier beschrieben wird.

Teil I

Die Situation

Kapitel 1

Was macht ein Unternehmen aus, das langfristig Erfolg hat?

Der Applaus verebbt, während der nächste Redner das Podium betritt. Der Vortrag dreht sich um Toyota, und auf seinem ersten Chart präsentiert der Redner einige beeindruckende Zahlen, die Toyotas überlegene Leistung demonstrieren. Das Publikum nickt anerkennend.

Seit mehr als zwei Jahrzehnten wiederholt sich diese Szene immer wieder. Unzählige Bücher, Artikel, Vorträge, Seminare und Workshops haben mit einer Statistik über Toyota, die etwa wie die folgende klingt, begonnen:

- Toyotas Verkaufszahlen sind über 50 Jahre gewachsen, während im gleichen Zeitraum die Verkaufszahlen der US-Autobauer stagnierten und herabfielen.
- Der Gewinn von Toyota übersteigt den von anderen Autoherstellern.
- Die Marktkapitalisierung von Toyota ist seit Jahren größer als die Marktkapitalisierung von GM, Ford und Chrysler, und in den letzten Jahren sogar größer als die gesamte Marktkapitalisierung dieser Konkurrenten.
- Im Ranking der Absatzzahlen hat Toyota weltweit die Spitzenposition erreicht.

Allerdings sind solche Statistiken nur in einer Hinsicht interessant und nützlich: Sie zeigen uns, dass bei Toyota etwas anderes geschieht. Die Frage ist dann: Was ist bei Toyota anders?

Wie sehr ist es uns bisher gelungen, diese zweite Frage zu beantworten? Eher nicht so gut. Bücher und Artikel über Toyota-artige Methoden gibt es seit Mitte der 1980er Jahre. Andere Hersteller haben daraus gelernt und deutliche Fortschritte bei Qualität und Produktivität gemacht. Ohne Frage sind unsere Betriebe heute besser als vor 20 Jahren. Aber selbst nach vielen Jahren des Versuchs, Toyota zu kopieren, sind wir nicht in der Lage, auch nur *ein* Unternehmen außerhalb der Toyota-Gruppe zu finden, das seine Qualität und Wettbewerbsfähigkeit im Bereich Kosten so systematisch, effektiv und kontinuierlich adaptiert und verbessert. Auch das ist eine interessante Statistik, und sie wird von Toyota-Insidern und -Beobachtern übereinstimmend getragen.

Natürlich haben wir zuerst die offensichtlichen Methoden und Werkzeuge von Toyota betrachtet. Das war gewissermaßen die Tür, durch die wir uns dem Thema Toyota genähert haben. Es war ein Schritt in dem Lernprozess, der selbstverständlich auch nach Erscheinen dieses Buchs fortgesetzt wird. Danach habe ich mich aber wieder dem »Forschungslabor«, also verschiedenen Betrieben, zugewandt, um weiter zu experimentieren, und in diesem Buch möchte ich Ihnen berichten, was ich dabei gelernt habe. Die sichtbaren Elemente, Werkzeuge, Methoden und sogar Prinzipien des Toyota-Produktionssystems sind oft »benchmarked« und detailliert beschrieben worden. Aber es scheint nicht zu funktionieren, diese sichtbaren Elemente einfach zu kopieren. Warum? Was fehlt?

Wir haben versucht, die falschen Dinge zu kopieren

Was wir getan haben, ist, Toyotas sichtbare Praktiken zu beobachten, sie in Listen von Elementen und Prinzipien zu klassifizieren und zu versuchen, sie zu übernehmen. Man bezeichnet das als »Reverse Engineering« – die Zerlegung eines Objekts in seine einzelnen Bestandteile, um zu sehen, wie es funktioniert und es dann nachzubauen. Aber das funktioniert in diesem Fall nicht gut. Hier drei Gründe dafür:

Entscheidende Aspekte von Toyota sind nicht sichtbar

Die Werkzeuge und Techniken von Toyota – das, was wir sehen können –, sind besonders auf unsichtbaren Denk- und Handlungsroutinen im Management aufgebaut, die sich bedeutsam von denen unterscheiden, die man in den meisten westlichen Unternehmen findet. Wir haben versucht, die Methoden und Prinzipien des Toyota-Produktionssystems auf unser vorhandenes Managementdenken und die -praktiken aufzusetzen, ohne den Managementansatz anzupassen. Ohne die zugrunde liegende Logik von Toyota, die außerhalb unseres Blickwinkels liegt, werden die Toyota-Methoden aber nicht wirksam und erzeugen keine kontinuierliche Verbesserung und Adaptivität.

Interessanterweise haben auch Toyota-Mitarbeiter Schwierigkeiten, ihr einzigartiges Denken und ihre Routinen zu formulieren und zu beschreiben. Der Grund ist vielleicht, dass diese Arbeitsmethoden dort üblich sind, und dass viele Toyota-Mitarbeiter – die in der Regel ihre gesamte Karriere

Abbildung 1: Toyotas Praktiken sind auf unsichtbare Denk- und Handlungsroutinen im Management aufgebaut

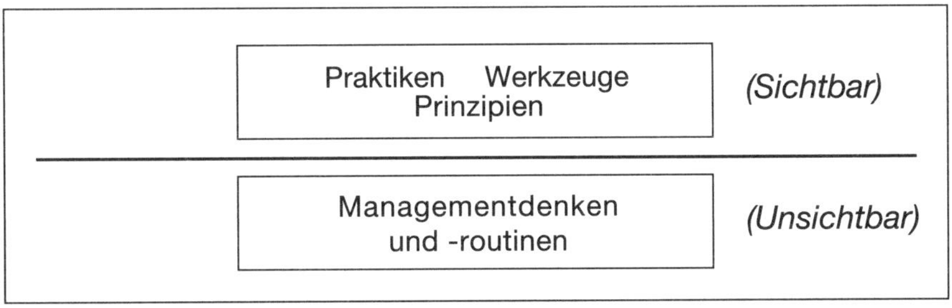

bei Toyota machen – wenige Vergleichsmöglichkeiten haben. Zum Beispiel würden Sie mir sicher, wenn ich fragen würde, was Sie heute getan haben, viele Dinge aufzählen, aber das *Atmen* würden Sie wahrscheinlich nicht erwähnen. Folglich können wir nicht einfach Mitarbeiter bei Toyota interviewen und erwarten, allein dadurch das tiefere Verständnis zu erreichen, das wir suchen.

Durch Reverse Engineering wird eine Organisation weder adaptiv noch kontinuierlich verbesserungsfähig

Toyota öffnet uns immer wieder die Fabriktore, aber ich könnte mir vorstellen, dass die Toyota-Führungskräfte insgeheim den Kopf schütteln und denken: »Klar, schauen Sie sich um. Aber warum interessieren Sie sich so sehr für die Lösungen, die wir für unsere spezifischen Probleme entwickeln? Warum befassen Sie sich nicht damit, wie wir dahin kommen, solche Lösungen zu entwickeln?« Da die Zukunft außerhalb des Sichtbaren liegt, werden unsere heutigen Lösungen vielleicht nicht effektiv bleiben. Der Wettbewerbsvorteil eines Unternehmens liegt weniger in den Lösungen selbst – ob Lean-Praktiken, dem heutigen Rennerprodukt, oder der Art und Weise, wie wir heute über das Weltgeschehen denken – als vielmehr in der Fähigkeit, eine Lage wahrnehmen zu können und dazu passende und smarte Lösungen zu kreieren.

Eine Konzentration auf Lösungen macht eine Organisation nicht anpassungsfähig. Ein Beispiel: Ein Kollege besuchte vor Jahren eine Toyota-Fabrik in Japan und beobachtete, dass dort die Bauteile den Mitarbeitern in der Montagelinie an Durchlaufregalen angeliefert wurden. Soweit möglich, befanden sich alle verschiedenen Teilekonfigurationen für die verschiedenen Fahrzeugtypen in den Regalen. Auf diese Weise hatte der Mitarbeiter immer das entsprechende Bauteil griffbereit, um es in das bestimmte Fahrzeug einzubauen, das gerade vor ihm auf dem Fließband vorbeilief. Dieses Verfahren ermöglicht eine gemischte Montage verschiedener Modelle ohne die Notwendigkeit, die Bauteile in den Regalen auszutauschen. Viele von uns kopieren diese Idee jetzt schon seit Jahren für sich.

Als mein Kollege vor kurzem in dieselbe Fabrik zurückkehrte, stellte er fest, dass viele der Durchlaufregale entlang der Toyota-Montagelinie verschwunden waren. Stattdessen befinden sich jetzt viele Bauteile für ein Fahrzeug in einem Bausatzkasten, dem sogenannten »Kit«, der zusammen mit dem Fahrzeug am Fließband läuft. Wenn das Fahrzeug die Arbeitsstation eines Arbeiters erreicht, sieht der Arbeiter nur diese Teile und kann sie ohne unnötige Bewegungen entnehmen.

Mein Kollege war etwas verärgert und fragte seine Gastgeber bei Toyota: »Was ist denn der richtige Ansatz? Was ist besser, Durchlaufregale oder Kitting?« Die Toyota-Gastgeber verstanden seine Frage nicht und antworteten: »Als Sie vor ein paar Jahren in unserer Fabrik waren, haben wir an dieser Montagelinie vier verschiedene Modelle produziert. Heute produzieren wir acht verschiedene Modelle auf demselben Band, und es war nicht länger machbar, die verschiedenen Teile in Durchlaufregalen verfügbar zu halten. Abgesehen davon versuchen wir, uns immer mehr einem 1x1-Produktionsfluss anzunähern. Jedes Mal, wenn Sie uns besuchen, sehen Sie einfach die Lösung, die wir für eine bestimmte Situation zu einem bestimmten Zeitpunkt entwickelt haben.«

Als wir Benchmarking-Studien durchführten und die Gründe für die Leistungsdifferenz zwischen Toyota und anderen Automobilherstellern zu erklären versuchten, sahen wir bei Toyota die inzwischen bekannten Lean-Methoden wie Kanban, Zellenfertigung, kurze Umrüstzeiten und Andon-Tafeln. Viele dachten – anfangs gehörte ich auch dazu –, dass diese neuen Produktionstechniken und die Tatsache, dass sich westliche Unternehmen weiterhin auf herkömmliche Methoden stützten, die hauptsächlichen Gründe für Toyotas überlegene Leistung waren. Zu folgern, dass es einen technologischen Wendepunkt gegeben hat, ist allerdings eine »Benchmarking-Falle«, die auftritt, weil Benchmarking-Studien zu einen bestimmten Zeitpunkt stattfinden. Unser Benchmarking hat weder Toyotas zugegeben weniger sichtbare innere Funktionsweise noch den langfristigen und graduellen Anstieg seiner Produktivitätsverbesserungen im Laufe der vergangenen Jahrzehnte hinterfragt. Aus diesen Gründen haben die Studien Ursache und Wirkung nicht erstellt. Der springende Punkt waren nicht die neuen Produktionsmethoden selbst, sondern die Tatsache, dass Toyota sich im Laufe der Zeit veränderte und neue Produktionsmethoden entwickelte, während viele andere Hersteller dies nicht taten. Michael Cusumano hat in seinem 1985 erschienenen Buch *The Japanese Automobile Industry* aufgezeigt, dass die Produktivität von Toyotas Betrieben bereits in den frühen 1960er Jahren anfing, die der US-Automobilhersteller zu übertreffen. Und sie stieg weiter.

Eine genauere Betrachtung des Innenlebens von Toyota fand erst statt, als Steven Spear für seine Dissertation an der Havard Business School, die 1999 veröffentlicht wurde, einige Zeit mit seinen Forschungen bei Toyota verbrachte. Er beschreibt, dass Toyotas hervorragende Ergebnisse mehr aus den Routinen kontinuierlicher Verbesserung durch Experimentieren resultieren, als aus den Werkzeugen und Praktiken, die die Benchmarking-Studien aufgezeigt hatten. Spear stellt fest, dass viele dieser Werkzeuge und Praktiken tatsächlich Maßnahmen und Lösungen sind, die aus Toyotas Routinen kontinuierlicher Verbesserung entwickelt wurden. Das war einer der Impulse für die Forschung, die zu diesem Buch geführt hat.

Durch Reverse Engineering bringen wir uns in einen Implementierungsmodus

Implementierung ist ein Begriff, den wir oft im positiven Sinne gebrauchen, aber – kaum zu glauben – eine Implementierungsorientierung hemmt eigentlich den Fortschritt unserer Organisation und die Entwicklung der Fähigkeiten der Menschen. Wir werden nicht in dem Toyota-Stil erfolgreich sein, bis wir einen stärkeren »Do it yourself«-Problemlösungsmodus annehmen.

Lassen Sie mich an einem Beispiel erklären, was ich mit Implementierungs- versus Problemlösungsmodus meine. Während eines dreitägigen Workshops in einem deutschen Werk verbrachten wir die ersten zwei Tage damit, zu lernen, was Toyota macht. Am dritten Tag verlagerten wir unsere Aufmerksamkeit auf die Frage: »Wie wollen wir vorgehen?« Daraufhin hob eine Teilnehmerin die Hand und sagte: »Während der vergangenen zwei Tage haben Sie ein klares Bild davon vermittelt, wie Toyota vorgeht. Aber jetzt, da wir versuchen festzustellen, was wir tun wollen, ist der Weg unklar. Damit bin ich nicht zufrieden.« Meine Antwort darauf war: »Ja, genau so soll es sein.« Da diese Antwort der Workshop-Teilnehmerin aber – verständlicherweise – nicht weiterhalf, zeichnete ich die folgende Grafik dazu (siehe Abbildung 2).

Es gibt vielleicht nur drei Dinge, die wir mit Sicherheit wissen können und müssen: Wo wir sind, wo wir sein wollen und mit welchen Mitteln wir uns durch das unklare Terrain zwischen dem Hier und dem Dort bewegen sollten.

Abbildung 2: Der Implementierungsmodus ist unrealistisch

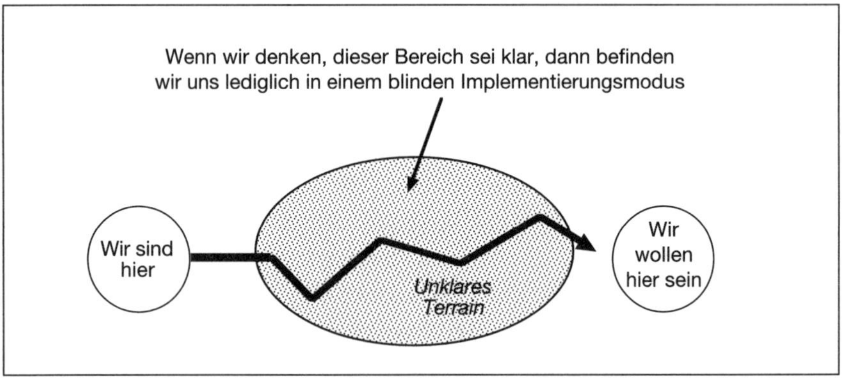

Der Rest *soll* sogar einigermaßen unklar sein, weil wir nicht in die Zukunft sehen können. Der Weg von da, wo wir sind, dorthin, wo wir sein wollen, ist eine Grauzone voller unvorhersehbarer Hindernisse, Probleme und Themen, die wir nur auf dem Weg entdecken können. Das Beste, was wir tun können, ist, nicht im Voraus den Inhalt unseres Handeln (die Lösungen) zu kennen, sondern den Ansatz (die Mittel), den wir nutzen können, um den unklaren Weg hin zu einem gewünschten Zustand effektiv begehen zu können.

Das ist gemeint, wenn in diesem Buch von *kontinuierlicher Verbesserung und Adaption* die Rede ist: Die Fähigkeit, sich durch unklares und unvorhersehbares Terrain in Richtung eines gewünschten Zustands zu bewegen, indem man sensibel für aktuelle Verhältnisse am Ort des Geschehens ist, und entsprechend darauf reagiert.

So wie die gerade zitierte Workshopteilnehmerin tendieren wir Menschen dazu, ein Gefühl der Sicherheit haben zu wollen. Im Zweifelsfall stellen wir es manchmal sogar durch unseren Glauben künstlich her, und an dieser Stelle geraten wir in Gefahr. Wenn wir nämlich glauben, dass der Weg nach vorne bestimmt und klar ist, tendieren wir dazu, einen vorgefassten Implementierungsplan blind auszuführen, statt sensibel für das zu sein, was während des Weges auftaucht, daraus zu lernen und angemessen zu reagieren. Und so erreichen wir trotz bester Absichten nicht das gewünschte Ziel.

Wenn jemand behauptet, die geplanten Schritte hin zu einem angestrebten Ziel wären sicher und stünden fest, sollte man gewarnt sein. Unsicherheit ist normal, der Weg kann nicht exakt vorhergesagt werden, und deshalb ist es von immenser Bedeutung, wie wir damit umgehen und woher wir unsere

Sicherheit und Zuversicht gewinnen können. Ich kann Ihnen eine Vorschau auf den Rest dieses Buches geben, indem ich sage, dass wahre Sicherheit und Zuversicht nicht in vorgefassten Implementierungsschritten oder Lösungen liegt, sondern in dem Verstehen der Logik und der Methode, wie man durch unbekanntes Terrain vorgeht. Wie kommen wir durch dieses Terrain? Mit welchen Mitteln können wir über das hinausgehen, was wir sehen können? Welche Rolle spielt das Management dabei?

Wie ist die Situation?

Wie die meisten von uns wissen, ist dies die Situation, in der sich viele unserer Unternehmen befinden:

- *Obwohl Verhältnisse innerhalb und außerhalb des Unternehmens vielleicht stabil erscheinen, verändern sie sich beständig.*
  Der Prozess der Evolution und Veränderung setzt sich ständig fort, ob Sie es wahrnehmen oder nicht. Veränderung kann manchmal so schleichend oder subtil sein, dass Ihre Vorgehensweise nicht als Problem erscheint – bis es zu spät ist. Versuchen Sie es mal so zu sehen: Wäre Ihr Arbeitsleben plötzlich 100 statt 35 Jahre lang, würden Sie dann auch erwarten, dass Verhältnisse während dieser ganzen Zeit unverändert bleiben?
- *Wir können unmöglich vorhersagen, wie sich die Verhältnisse entwickeln werden.*
  Wir können es noch so sehr versuchen, aber Menschen haben nicht die Fähigkeit, die Zukunft vorherzusehen.
- *Wenn Sie hinter Ihre Wettbewerber zurückfallen, ist es nur selten möglich, schnell wieder aufzuholen.*
  Wenn es etwas gäbe, das wir tun oder implementieren könnten, um schnell aufzuschließen, dann würden unsere Wettbewerber das Gleiche tun.

> Die Zukunft ist grundsätzlich anders, als sie auf unserem Radar erscheint.
> DANIEL GILBERT[4]

Die Implikation dieser Situation ist: Wenn wir wollen, dass unser Unternehmen für eine lange Zeit gedeiht, dann ist es wichtig, wie es mit den

---

4 Aus: Daniel Gilbert/Burkhard Hickisch: *Ins Glück stolpern. Über die Unvorhersehbarkeit dessen, was wir uns am meisten wünschen.* München: Riemann Verlag, 2006.

Verhältnissen innerhalb und außerhalb des Unternehmens umgeht. Es gibt keine »Ziellinien-Mentalität«. Das Ziel ist nicht, zu gewinnen, sondern die Fähigkeit der Organisation zu stärken, sich zu entwickeln, sich stetig zu verbessern, zu adaptieren und dynamische Kundenanforderungen zu befriedigen. Diese Fähigkeit zur kontinuierlichen, inkrementellen Evolution und Verbesserung stellt vielleicht die beste Sicherstellung einer nachhaltigen Konkurrenzfähigkeit und des Überlebens des Unternehmens dar. Warum?

Kleine, inkrementelle Schritte lassen uns Kurskorrekturen vornehmen und helfen uns dadurch, den Weg dahin zu finden, wo wir sein wollen

Da wir nicht weit voraussehen können, können wir uns nicht allein auf die Vorausplanung verlassen. Verbesserung, Adaption und sogar Innovation entstehen größtenteils aus der Akkumulation kleiner Schritte. Jeder entspricht einer gelernten Lektion, die uns hilft, den nächsten Schritt zu erkennen und unser Wissen und unsere Fähigkeiten zu erweitern.

Sich auf technologische Innovation allein zu verlassen, verschafft oft nur einen vorübergehenden Wettbewerbsvorteil

Technologische Innovationen sind wichtig und bieten Wettbewerbsvorteile, aber sie sind rar und können oft von Wettbewerbern kopiert werden. In vielen Fällen können wir nicht mehr erwarten, als nur einen kurzlebigen technologischen Vorteil gegenüber Wettbewerbern zu haben. Technologische Innovation ist vermutlich auch selten das Ergebnis eines revolutionären Durchbruchs einzelner Personen, sondern vielmehr das Gesamtergebnis vieler inkrementeller Adaptierungen, die in eine bestimmte Richtung gelenkt und mit besonderer Aufmerksamkeit und Energie durchgeführt wurden.

Wettbewerbsfähigkeit bezüglich Kosten und Qualität resultieren in der Regel aus der Akkumulation vieler kleiner Schritte

Um es zu wiederholen: Müsste man lediglich ein paar Maßnahmen ergreifen, um Kosten- und Qualitätswettbewerbsfähigkeit zu erzielen, könnte es jeder Wettbewerber tun. Kosten- und Qualitätsverbesserungen finden eher in kleinen Schritten statt und brauchen viel Zeit, um erreicht und akkumuliert zu werden. Die Ergebnisse einer kontinuierlichen Kostenreduktion und Qualitätsverbesserung sind deshalb schwer zu kopieren – und bieten deshalb einen besonderen Wettbewerbsvorteil. Für ein Unternehmen in einem wettbewerbsintensiven Umfeld ist es vorteilhaft, Innovation mit einer kontinuierlichen Verbesserung von Kosten- und Qualitätswettbewerbsfähigkeit zu koppeln, selbst bei angeblich ausgereiften Produkten.

Allein auf periodische Verbesserungen und Innovationen zu bauen – das heißt Verbesserungen nur durch besondere Anstrengungen oder Kampagnen – verbirgt ein in sich statisches und anfälliges System

Denken Sie einmal darüber nach: In vielen Fällen ist der normale Betriebsmodus einer Organisation, also dessen natürlicher Zustand, *nicht* zu verbessern. Viele von uns denken bei Verbesserungen an etwas, das periodisch auftritt, wie bei einem Projekt oder einer Kampagne: Wir unternehmen besondere Anstrengungen, um etwas zu verbessern oder zu verändern, wenn es notwendig wird. Aber damit entstehen weder kontinuierliche Verbesserung noch Adaption oder nachhaltige Konkurrenzfähigkeit. Sich auf zeitweilige Verbesserungen oder Veränderungsbemühungen zu verlassen, sollte als das gesehen werden, was es ist: Nur eine temporäre Ergänzung zu einem System, das von seiner Natur her eher still steht.

Der Präsident eines bekannten Unternehmens sagte einmal zu mir: »Wir verbessern uns kontinuierlich, denn in allen unseren Fabriken findet jede Woche ein Kaizen-Workshop statt.« Als ich fragte, wie viele Prozesse es in jeder dieser Fabriken gibt, antwortete er: »Vierzig bis fünfzig«. Das bedeutet, dass jeder Prozess ungefähr einmal im Jahr im konzentrierten Verbesserungsfokus steht. Das ist nicht schlecht; und auch Toyota nutzt Kaizen-Workshops. Aber dies ist nicht deckungsgleich mit kontinuierlicher Verbesserung. Viele Unternehmen sagen von sich: »Wir verbessern uns kontinuierlich«, meinen aber damit, dass jede Woche irgendein Prozess im Unternehmen irgendwie verbessert wird. Wir sollten uns über Folgendes im Klaren sein:

Projekte und Workshops ≠ kontinuierliche Verbesserung

Folgende Definition von *kontinuierlicher* Verbesserung können wir hier festlegen: Kontinuierliche Verbesserung bedeutet, dass alle Prozesse gleichzeitig verbessert werden, und zwar tagtäglich. Bei Toyota zeigt sich der Verbesserungsprozess jeden Tag bei jeder Aktivität und auf jeder Ebene des

Abbildung 3: Standards werden manchmal als Keil dargestellt, der ein Zurückrutschen verhindert. Dies ist ein beliebtes Konzept, aber die Realität läuft anders

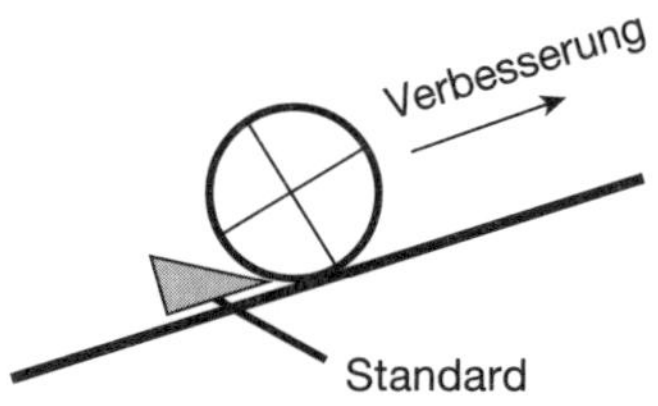

Unternehmens. Diese Verbesserung läuft weiter, selbst wenn die angestrebten Zahlen bereits erreicht wurden. Natürlich kann das von einem auf den anderen Tag winzige Schritte bedeuten.

Wir können einen Prozess nicht sich selbst überlassen und trotzdem hohe Qualität, niedrige Kosten und Stabilität erwarten. Ein gängiges Konzept besteht darin, Standards anzuwenden, um einen Prozesszustand zu erhalten. Solche Standards werden grafisch manchmal wie ein Keil dargestellt, der den Prozess am Zurückrutschen hindert (siehe Abbildung 3).

Allerdings ist es generell nicht möglich, ein Prozessleistungsniveau einfach nur zu *halten*. Ein Prozess wird zum Nachlassen tendieren, selbst wenn ein Standard definiert ist, jedem erläutert wird und alle auf dem Laufenden gehalten werden. Das liegt nicht etwa an mangelnder Disziplin der Mitarbeiter (wie wir oft glauben), sondern an Interaktionseffekten und Entropie, die besagen, dass jeder organisierte Prozess von Natur aus dazu neigt, in einen chaotischen Zustand zu fallen, wenn wir uns nicht darum kümmern.[5] Es geschieht Folgendes:

In jeder Fabrik treten in jedem Produktionsprozess täglich kleine Probleme auf – die Testeinrichtung läuft inkorrekt, irgendeine Maschine fällt kurz aus, es gibt ein paar schlechte Bauteile, die Vorrichtung klemmt und so weiter – und die Mitarbeiter müssen Wege finden, mit diesen Problemen fertig zu werden und trotzdem die nötige Produktionsmenge zu erbringen. Ihnen bleibt dabei gerade genug Zeit, um einen Fehler schnell zu reparieren oder ihn zu umgehen, aber nicht, um die Ursachen zu verstehen und sie zu beseitigen. Bald schleichen sich in den Prozess noch mehr Zwischenpuffer, Ausnahmen und sogar zusätzliche Mitarbeiter ein, was trotz bester Absich-

5 Mein Dank gilt an dieser Stelle Herrn Ralph Winkler, der mich in dieser Hinsicht auf den zweiten Hauptsatz der Thermodynamik aufmerksam gemacht hat.

ten zu noch mehr Variablen, Schwankungen und Problemen führt. In vielen Fabriken hat sich das Management an diese Situation gewöhnt und sie ist zum Normalzustand geworden. Ironisch, dass den Mitarbeitern mangelnde Disziplin vorgeworfen wird. Das Problem liegt eher im System, für das das Management die Verantwortung trägt.

Der beste und vielleicht sogar einzige Weg, Rückfall zu vermeiden, ist das Streben, sich stets nach vorne zu bewegen, wenn auch nur in kleinen Schritten. In wettbewerbsintensiven Märkten würde »Wassertreten« sowieso den Rückfall bedeuten, sobald sich die Wettbewerber verbessern.

> Produktqualität muss nicht zwangsläufig hohe Qualität bedeuten. Sie bedeutet kontinuierliche Verbesserung des Prozesses, damit der Kunde sich auf gleichbleibende Qualität eines Produkts verlassen und es zu einem niedrigen Preis kaufen kann.
>
> W. Edwards Deming im Jahr 1980

Unseren Weg in die Zukunft finden – Mit welchen Mitteln können Organisationen adaptiv sein?

Während nicht-menschliche Spezies der natürlichen Auslese unterliegen – die Selektion wirkt auf sie ein –, besitzen Menschen und von Menschen geschaffene Organisationen zumindest das Potenzial, bewusst zu adaptieren. Möglicherweise sind alle Organisationen zu einem gewissen Grad adaptiv, aber Verbesserung und Adaptivität treten typischerweise nur periodisch auf und werden von Spezialisten durchgeführt. Mit anderen Worten: Solche Organisationen sind nicht von Natur aus adaptiv. Das bedeutet, dass viele Organisationen ein beträchtliches menschliches Potenzial nicht nutzen. Doch wie können wir Adaptivität erreichen? Worauf müssen wir uns konzentrieren?

Obwohl wir lange geglaubt haben, dass Produktionstechniken wie Zellenfertigung und Kanban oder einige besondere Prinzipien die Quellen für Toyotas Wettbewerbsvorsprung sind, besteht der wichtigste Faktor, der Toyota so erfolgreich macht, aus den Fähigkeiten und Handlungsweisen aller Mitarbeiter in der Organisation. Nach meiner Einschätzung ist das der entscheidende Unterschied zwischen Toyota und anderen Unternehmen. Es ist eine Frage menschlichen Verhaltens. Jetzt nähern wir uns dem Thema »Menschen führen«.

Menschen besitzen erstaunliche Fähigkeiten, zu lernen, zu kreieren und

Probleme zu lösen. Toyotas Fähigkeit zur kontinuierlichen Verbesserung und Adaptivität liegt in den Aktionen und Reaktionen der Menschen im Unternehmen beziehungsweise in ihrer Fähigkeit, wirksam Situationen zu verstehen und kluge Lösungen zu entwickeln. Toyota betrachtet die Verbesserungsfähigkeit aller Menschen in der Organisation als die Stärke eines Unternehmens. Aus dieser Sichtweise heraus ist es für die Adaptivität, Wettbewerbsfähigkeit und das Überleben einer Organisation wichtiger, eine große Zahl von Menschen zu haben, die jeden Tag systematisch und methodisch viele kleine Verbesserungsschritte macht, als eine kleine Gruppe, die regelmäßig große Projekte und Maßnahmen durchführt.

> Toyota betrachtet seine Fähigkeit, permanent Probleme zu lösen und dann stabile Prozesse zu verbessern, schon seit langem als Wettbewerbsvorteil des Unternehmens. Das intellektuelle Kapital des Unternehmens ist überwältigend, wenn die gesamte Belegschaft die Verantwortung für die Lösung der Probleme am Arbeitsplatz tragen kann.
>
> Kathi Hanley während ihrer Zeit als Gruppenleiterin bei TMMK

Wie können wir die Fähigkeiten der Menschen nutzen?

Idealerweise würden Organisationen den menschlichen Intellekt eines jeden in der Organisation nutzen, um diese den Kräften der natürlichen Selektion zu entziehen und sie bewusst adaptiv zu machen. Allerdings sind unsere Instinkte und unser Urteilsvermögen sehr variabel, subjektiv und sogar irrational. Wenn Sie fünf Menschen fragen: »Was müssen wir hier tun?«, bekommen Sie sechs verschiedene Antworten. Außerdem sind Verhältnisse zu dynamisch, komplex und nicht-linear, als dass wir Voraussagen über mehr als nur eine kurze Zeitspanne machen können. Wie können wir dann die Fähigkeiten der Menschen für die Verbesserung und Evolution unserer Organisation nutzen, wenn wir uns nicht auf das menschliche Urteil verlassen können?

Wenn eine Organisation durch kontinuierliche Verbesserung und Evolution langfristig erfolgreich sein will, braucht sie ein systematisches Verfahren und Routine, eine Methode, um menschliche Fähigkeiten zu kanalisieren und das Potenzial ans Tageslicht zu bringen. Eine derartige Methode würde jeden in der Organisation leiten und unterstützen, indem sie ein spezifisches Muster vorgibt, wie in Punkto Wahrnehmung, Adaption und Verbesserung vorzugehen ist. Toyota hat eine Methode beziehungsweise ein

Mittel, um genau das zu tun. Bei Toyota sind Verbesserung und Anpassung systematisch, und die Methode ist ein grundsätzlicher Bestandteil jeder durchgeführten Aufgabe, nicht etwas Zusätzliches oder eine spezielle Initiative. Jeder bei Toyota wird gelehrt, mit dieser Standardvorgehensweise zu arbeiten, und sie wird auf fast jede Situation angewandt. Das geht über Schritte für das sogenannte Problem Solving weit hinaus und ist bei Toyota eine durchgängige Verhaltensroutine. Dieses Verhalten zu entwickeln und am Laufen zu halten ist die Aufgabe des Managements.

> Meine Definition von Management: Das systematische Anstreben erwünschter Zustände durch den konzertierten Einsatz menschlicher Fähigkeiten.

Bei näherer Betrachtung ist der Toyota-Weg weniger durch seine Werkzeuge oder Prinzipien charakterisiert, als durch Vorgehenssequenzen – Denk- und Verhaltensmuster –, die, wenn sie in der täglichen Arbeit beständig wiederholt werden, zum gewünschten Ergebnis führen. Diese Muster sind der Kontext, in dem die Werkzeuge und Prinzipien von Toyota entwickelt werden und wirken. Wenn es eine Sache gibt, auf die man achten sollte, um Toyota zu verstehen und vielleicht seinem Erfolg nachzueifern, dann sind es diese Verhaltensmuster und die Art und Weise, wie sie unterrichtet werden.

In Japan werden solche Muster oder Routinen *Kata* genannt. Das Wort stammt von grundlegenden Bewegungsformen im Kampfsport ab, die über Generationen hinweg vom Meister an den Schüler weitergegeben werden. Einige übliche Übersetzungen oder Definitionen für das Wort »Kata« sind:

- Art und Weise, etwas zu tun; eine Methode oder Routine,
- Muster,
- Standardform der Bewegung,
- vorbestimmte oder choreografierte Sequenz von Bewegungen,
- übliche Prozedur,
- Trainingsmethode oder Übung.

Bei tiefergehender Analyse findet sich noch eine weitere Definition und Übersetzung für das Wort Kata: Art und Weise, zwei Dinge miteinander in Einklang zu bringen und zu halten.

Dieser zweite Teil der Definition ist hinsichtlich der dynamischen Verhältnisse, die außerhalb und innerhalb eines Unternehmens existieren, von besonderem Interesse. Er weist darauf hin, dass es die Möglichkeit gibt, dass unsere Organisation über eine Methode (Kata) verfugt, durch die sie

Abbildung 4: Eine Kata sorgt dafür, dass eine Organisation mit dynamischen und unvorhersehbaren Verhältnissen effektiv umgehen kann

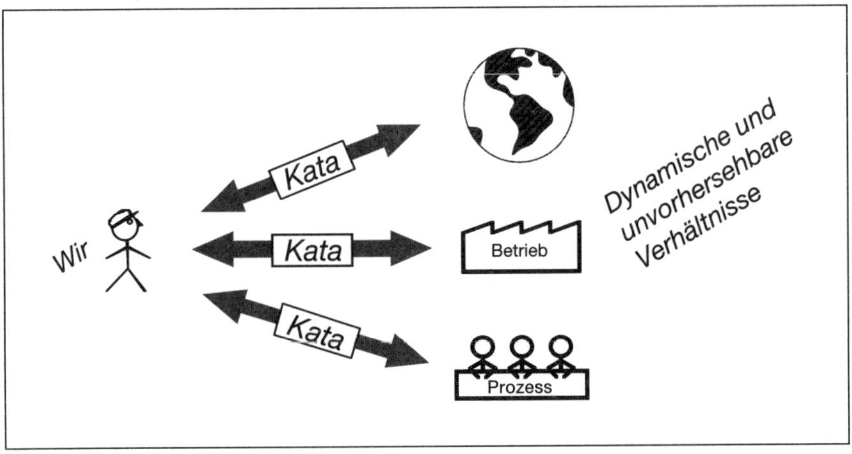

mit dynamischen und unvorhersehbaren Verhältnissen effektiv umgehen kann. Das ist eine interessante Perspektive. Eine derartige Methode würde die Organisation mit gegenwärtigen Zuständen in der Welt, im Betrieb und in den Arbeitsprozessen verbinden, und helfen, synchron und in Übereinstimmung mit diesen Zuständen umzugehen. Ein grundlegendes Konzept hinter einer Kata ist Folgendes: Während wir oft wenig Kontrolle über die uns umgebenden Realitäten haben, können wir dennoch bestimmen, wie wir mit diesen Realitäten umgehen.

Kata unterscheiden sich von Produktionstechniken dadurch, dass sie speziell das Verhalten von Personen betreffen und wesentlich allgemeiner anwendbar sind. Die in diesem Buch beschriebenen Kata sind nicht auf die Produktionsumgebung und nicht einmal auf Business-Organisationen beschränkt. Kata sind auch anders als Prinzipien. Der Zweck eines Prinzips ist, uns zu helfen, eine Wahl zu treffen, eine Entscheidung zu fällen, wenn wir mit Optionen konfrontiert werden, wie etwa *Kunde an erster Stelle* oder *Pull, nicht Push*. Jedoch sagt uns ein Prinzip nicht, wie man etwas tut, wie man vorgehen soll und welche Schritte zu unternehmen sind. Das ist das, was eine Kata tut. Prinzipien entspringen aus wiederholten Handlungen, und konzertiertes wiederholtes Handeln ist das, wohin eine Kata führt. Die Kata von Toyota sind auf einer tieferen Ebene angesiedelt und gehen Prinzipien voran.

Was wären Attribute einer Verhaltensform – einer Kata –, die für die kontinuierliche Verbesserung und Anpassung genutzt wird?

- Die Methode würde insbesondere auf der Prozessebene funktionieren. Ob in der Natur oder in einer menschlichen Organisation: Verbesserung und Adaption scheinen auf der Detail- oder Prozessebene stattzufinden. Wir können und müssen auf übergeordneten Ebenen denken und planen, aber die Änderungen, die schließlich zu Verbesserung oder Adaption führen, sind häufig Detailänderungen durch »lessons learned« in Prozessen.
- Wenn das Ziel darin besteht, jeden Prozess jeden Tag zu verbessern, dann wäre die Kata untrennbar in die tägliche Arbeit eingebettet. Die Kata wäre die Art und Weise, wie wir arbeiten.
- Da Menschen nicht die Fähigkeit besitzen, die Zukunft vorauszusagen, wäre die Methode, die Verbesserung und Adaption erzeugt, inhaltsneutral, das heißt sie würde in jeder Situation anwendbar sein. Die Methode und die Verhaltensweise wird festgelegt, aber nicht der Inhalt.
- Da das menschliche Urteilsvermögen ungenau oder subjektiv ist, würde die Methode, wo immer möglich, Fakten anstatt Meinungen oder Urteile nutzen. Mit anderen Worten: Sie wäre depersonalisiert.
- Die Methode zur Verbesserung würde über die Amtszeit jeder Führungskraft hinausgehen. Jeder in der Organisation würde gemäß der Methode agieren, unabhängig davon, wer im Moment die Leitung innehat.

> Letztlich wird für Historiker offensichtlich, dass wichtige Änderungen in der Produktion häufig allmählich als das Ergebnis von vielen kleinen Verbesserungen stattfinden. Technologiehistoriker und Industriearchäologen müssen über die großen Erfinder und die wenigen revolutionären Entwicklungen in der Produktion hinausschauen; sie müssen auf die inkrementellen Neuerungen schauen, die Jahr für Jahr nicht nur am Zeichentisch und im Kopf eines Ingenieurs entstehen, sondern auch an der Produktionsstätte und ›im Herzen des Maschinists‹. Vielleicht werden wir dann anfangen, etwas über den normalen Verlauf technologischer Änderungen zu lernen.
>
> Dr. Patrick M. Malone[6]

Dieses Buch konzentriert sich auf die zwei vielleicht grundsätzlichsten Kata von Toyota. Die eine nenne ich die *Verbesserungs-Kata* (Teil III), die die sich wiederholende Routine ist, durch die Toyota verbessert und adaptiert und sich weiter entwickelt. Die Verbesserungs-Kata passt genau zu den

---

6 Aus seinem Artikel »Little Kinks and Devices at Springfield Armory, 1982–1918.« In: *The Journal of the Society for Industrial Archeology*, Volume 14, Number 1, 1988.

Abbildung 5: Coaching- und Verbesserungs-Kata

oben aufgelisteten Attributen. Sie bietet ein hocheffektives Modell dafür, wie Menschen zusammenarbeiten können und wie man eine Organisation führen kann.

Die zweite bezeichne ich als die *Coaching-Kata* (Teil IV). Hierbei handelt es sich um die sich wiederholende Routine, durch die die Führungskräfte und Manager von Toyota die Verbesserungs-Kata jedem Mitarbeiter der Organisation beibringen.

Die Management-Herausforderung

Wie meine Erfahrung der letzten Jahre zeigt, besteht die Herausforderung, der wir gegenüberstehen, nicht darin, die Blicke der Executives und Manager auf die Implementierung neuer Produktions- oder Managementtechniken oder die Einführung neuer Prinzipien zu lenken. Sie besteht vielmehr in der Erreichung systematischer kontinuierlicher Evolution und Verbesserung in der gesamten Organisation durch die Entwicklung von wiederholt und konsistent angewendeten Verhaltensroutinen, sprich Kata. Diese Herausforderung unterscheidet sich deutlich davon, wie wir bis jetzt in unseren Lean-Implementierungsanstrengungen gearbeitet haben, und diese Herausforderung ist in erster Linie ein Problem dessen, wie wir Menschen managen und führen. Einige Anpassungen in der Art und Weise, wie wir bisher versucht haben, »Lean Manufacturing« umzusetzen, werden notwendig sein.

Übrigens: Die Idee von standardisierten Verhaltensroutinen generiert häufig die Prognose, dass dadurch unsere Kreativität gelähmt und unser Potenzial begrenzt werden. Aber was wäre, wenn wir noch kreativer, konkurrenzfähiger, smarter und erfolgreicher sein könnten, *weil* wir eine Routine haben, die unsere menschlichen Fähigkeiten besser kanalisiert und nutzt? Der Unterschied liegt darin, was wir als Routine definieren. Bemerkenswert ist, dass Toyotas Haupt-Kata, die sogenannte Verbesserungs-Kata, keinen Inhalt vorgibt. Sie kann es nicht, da dieser Inhalt je nach Zeit und Situation unvorhersehbar variiert. Die Verbesserungs-Kata gibt lediglich die Form vor, der unser Denken und Verhalten in der Reaktion auf eine Situation folgen sollte.

Menschen leiten einen Bestandteil ihres Sicherheitsgefühls und ihrer Zuversicht aus vorhersehbaren Routinen ab, das heißt daraus, Dinge immer wieder auf die gleiche Weise zu tun. Dieses Sicherheitsgefühl und diese Zuversicht nennt der Psychologe Alfred Bandura »self efficacy«, also Selbstwirksamkeit. Jedoch wird es nicht möglich sein, dass der Inhalt dessen, was wir tun, immer derselbe bleibt, und wenn wir versuchen, diesen Inhalt künstlich aufrechtzuerhalten, verursacht das Probleme, weil wir uns viel zu spät und ruckartig an die Realität anpassen. Jede Organisation, deren Mitglieder unvorhersehbaren und dynamischen Verhältnissen mit Selbstvertrauen und effektivem Handeln gegenüberstehen können, weil sie eine entsprechende Verhaltensroutine gelernt haben, kann einen Konkurrenzvorteil genießen.

Die Verbesserungs-Kata von Toyota ist ein ausgezeichnetes Beispiel dieser zweiten Art einer Routine. Sie definiert, wie man vorgeht, und nicht, wie der Inhalt aussieht, und gibt so Mitgliedern der Organisation einen Ansatz und ein Mittel, durch das sie mit einer unendlichen Zahl von Situationen umgehen und erfolgreich sein können. Vielleicht sind wir kurz davor, unsere Organisationen auf eine neue Art zu führen. Aber um diese neue Organisationsführung erkennen und durchsetzen zu können, müssen wir zuerst unseren Ist-Zustand verstehen, das heißt wie wir heute unsere Organisationen führen.

Teil II

Sich selbst kennen

Einleitung zu Teil II

Unsere eigenen Annahmen, Instinkte und Reflexe sowie die Kontexte, innerhalb derer wir agieren, sind oftmals schwierig für uns zu erkennen. Wie läuft unser Denken ab? Was ist der Ursprung unserer Denkweise? Welche Handlungsweisen resultieren daraus? Was sind die Auswirkungen?

Die Antworten hierauf versetzen uns besser in die Lage, wahrzunehmen, was Toyota tut, es mit unserem Vorgehen vergleichen und auf dieser Basis bewusst gestalten zu können, wie unsere Organisation funktionieren soll.

Kapitel 2

Wie gehen wir an Prozessverbesserung heran?

Wie gegen Ende des letzten Kapitels beschrieben, sind Verbesserung und Adaption kritische Erfolgsfaktoren und greifen in der Regel auf der Prozessebene. Meine Beobachtungen in vielen Fabriken zeigen drei hauptsächliche Ansätze, wie wir heute auf der Prozessebene vorgehen: Workshops, Value Stream Mapping und, vor allem, Maßnahmenlisten.

Workshops

Verbesserungsworkshops sind spezielle Maßnahmen, bei denen ein Team für eine befristete Zeit zusammengebracht wird, um sich auf einen Prozess zu konzentrieren. Die Dauer eines Workshops ist typischerweise ein bis fünf Tage. Workshops sind weitverbreitet, haben durchaus ihre Berechtigung und finden auch bei Toyota statt, allerdings nicht als primäres Mittel zur Verbesserung und Adaption.

Wie in Kapitel 1 dargestellt, geschehen projekt- und workshopartige Verbesserungsbemühungen bezüglich eines Prozesses nur gelegentlich und werden durch eine speziell zusammengestellte Mannschaft bewirkt. Ergo sind Workshops keineswegs dasselbe wie kontinuierliche Verbesserung. Im Hinblick auf Workshops sind zudem folgende Aspekte interessant:

- Die Durchführung eines ein- bis fünftägigen Verbesserungsworkshops setzt keinen besonderen Managementansatz voraus. Ein Kaizen-Workshop kann problemlos durchgeführt werden, ohne dass der vorherrschende Managementansatz angepasst werden muss. Das mag auch ein Grund für die Beliebtheit von Workshops sein.
- Da das Workshopteam nach Beendigung des Workshops an einem anderen Prozess weiterarbeitet oder aufgelöst wird, ist zu erwarten, dass der natürliche Verlauf von Entropie beginnen wird, die erreichten Verbesserungen zu erodieren.

Value Stream Mapping (Wertstromdesign)

Value Stream Mapping ist ein äußerst nützliches Werkzeug, das sowohl den Fluss von Material und Informationen als auch die assoziierte Durchlaufzeit über mehrere Prozesse hinweg betrachtet. Die Durchlaufzeit durch einen Wertstrom ist jedoch ein Ergebnis, das mit Bestandsmengen in Beziehung steht, und die Bestandsmengen sind wiederum Ergebnisse, die aus den Eigenschaften der einzelnen Prozesse im Wertstrom entstehen. Sollen Durchlaufzeiten reduziert werden, sollte man folglich Prozesse verbessern.

Wie im vorherigen Kapitel angesprochen, finden die Wirkungsmechanismen der kontinuierlichen Verbesserung und Adaption zumeist in einzelnen Prozessen statt. Beispielsweise folgt die Anwendung der Verbesserungs-Kata auf Prozessebene – eine Ebene unter dem Value Stream Mapping – dem Anfertigen einer Value Stream Map.

Value Stream Mapping ist also nicht als Methode zur Prozessverbesserung gedacht, sondern vielmehr als ein Werkzeug, um sicherzustellen, dass Verbesserungsbemühungen auf Prozessebene

- von Prozess zu Prozess zusammenpassen, sodass ein fließender Wertstrom entsteht,

Abbildung 6: Wertstrom- und Prozessebene

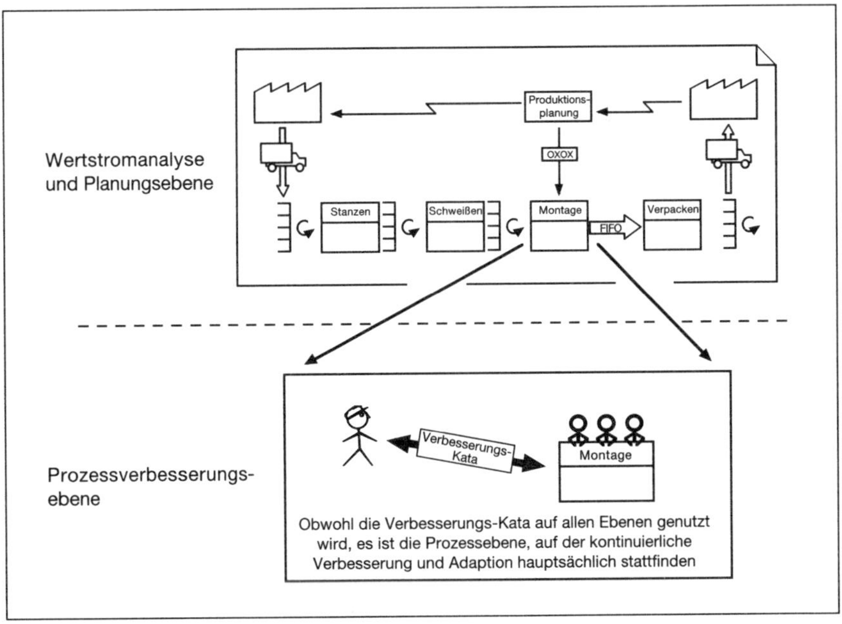

- mit den Zielen der Organisation übereinstimmen,
- den Bedürfnissen der externen Kunden entsprechen.

Wenn wir uns auf Value Stream Mapping als Methode zur Prozessverbesserung stützen, können folgende negative Effekte auftreten:

- Eine Value Stream Map kann so viel Verbesserungspotenzial an derart vielen Stellen offenbaren, dass es schwierig wird, zu erkennen, was zu tun ist. Diverse Probleme innerhalb des Wertstroms anzugehen, statt sich auf spezifische Zielzustände auf Prozessebene zu konzentrieren und diese zu verfolgen, verwässert unsere Verbesserungskapazität, da sie kleinteilig über den Wertstrom verstreut wird.
- So nützlich und notwendig Value Stream Maps auch sind, mit ihnen betrachten wir lediglich die Oberfläche und entwickeln so nicht die Fähigkeit, die tatsächliche Situation in den Prozessen tiefergehend zu verstehen.

Es ist am effektivsten, Value Stream Mapping zu verwenden, um das Gesamtbild im Auge zu behalten, und – wie in Teil III beschrieben – auf Prozessebene mit der Verbesserungs-Kata zu arbeiten.

Was ist mit betrieblichem Vorschlagswesen (Employee Suggestion Systems) passiert?

Der ehemalige Enthusiasmus bezüglich des Vorschlagswesens scheint etwas eingeschlafen zu sein. Gegenwärtig finde ich nicht viel, was in dieser Richtung in Produktionswerken passiert.

Wir hören oft von der relativ hohen Zahl von Vorschlägen pro Mitarbeiter und der hohen Zahl umgesetzter Vorschläge bei Toyota, aber wir vergleichen dabei Äpfel mit Birnen. Toyota-Produktionsmitarbeiter arbeiten mit einem Teamleiter zusammen, der die Verbesserungs-Kata verfolgt. Innerhalb dieses Rahmens wird erwartet, dass Teamleiter aktiv eine bestimmte Zahl von Vorschlägen von ihren Teammitgliedern beschaffen. Darüber hinaus hilft der Teamleiter seinen Teammitgliedern durch Coaching beim Feinschliff ihrer Vorschläge, bevor diese eingereicht werden. Dies ist etwas anderes, als einfach einen »Vorschlagskasten« einzurichten, und dient auch einem anderen Zweck. Mehr zu diesem Thema folgt in Kapitel 7.

Maßnahmenlisten

Meinen Beobachtungen zufolge sind Maßnahmenlisten derzeit bei weitem unser häufigster Ansatz zur Prozessverbesserung. In fast jeder Fabrik finden sich Manager und Ingenieure, die sich darauf verlassen. Diese Vorgehensweise ist so weit verbreitet, dass sie kaum der Erläuterung bedarf, obwohl viele wahrscheinlich noch nicht erkannt haben, dass wir solche Listen als Ansatz, als Methode und Vorgehensweise verwenden.

Eine Maßnahmenliste ist die Auflistung mehrerer Verbesserungsideen und -punkte, die bei einem Prozess implementiert werden sollen. Diese Listen werden auch als Action-Item-Liste oder Open-Points-Liste bezeichnet und existieren in verschiedenen Formen wie Flipchart-Blättern, Whiteboards oder Moderationskarten. Die Maßnahmen in den Listen stammen aus Aufzeichnungen von Prozessproblemen, Brainstorming, Problemlösungsaktivitäten, Waste Walks, Value Stream Mapping und so weiter. Obwohl wir vielleicht glauben, dass solche Aufnahmeaktivitäten, wie Waste Walks oder Problemlösungsaktivitäten, den eigentlichen Verbesserungsansatz bilden, so verschmelzen sie doch alle zu einer Sache: einer Liste von Maßnahmen. Und genau mit dieser Liste versuchen wir dann, den Verbesserungsprozess zu managen.

Zusammengefasst funktioniert der Listenansatz wie folgt:

1. Wenn Menschen einen Produktionsprozess betrachten, kommen sie zu guten punktuellen Beobachtungen. Wir haben durchaus internalisiert, was Verschwendung ist, und sind in der Lage, viele Probleme, Verschwendungen und Verbesserungsmöglichkeiten zu entdecken.
2. Mit wenigen Ausnahmen werden aus solchen Beobachtungen Maßnahmenlisten erstellt.
3. Manchmal werden in der Liste Prioritäten gesetzt oder eine Rangordnung der Aktivitäten festgelegt, beispielsweise durch Abstimmung oder Abschätzen der Benefits.
4. Aktivitäten werden Personen oder Teams zugeteilt und Fälligkeitstermine festgelegt.
5. Der Manager konzentriert sich dann darauf, wer was bis wann erledigen soll. Regelmäßige Review Meetings werden angesetzt, zum Beispiel auf wöchentlicher oder zweiwöchentlicher Basis, um zu überprüfen, ob Personen die Aktivitäten, für die sie verantwortlich sind, termingerecht ausführen.

Um sich selbst vom Zutreffen dieser Beobachtungen zu überzeugen, ist jetzt vielleicht genau der richtige Moment, einmal aufmerksam durch Ihre eigene Fabrik zu gehen.

Abbildung 7: Maßnahmenliste in einer Fabrik in Frankreich

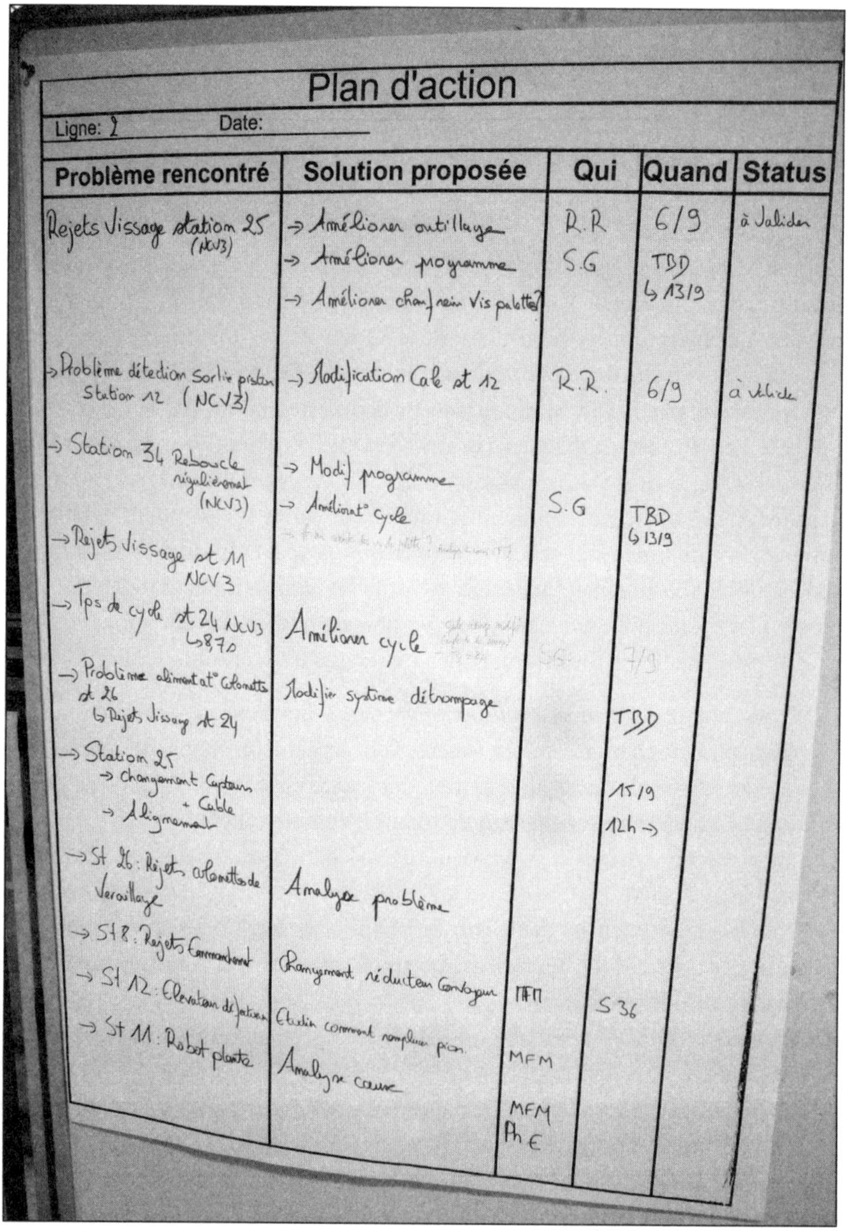

Welche Ergebnisse bringt der Maßnahmenlistenansatz?

Begrenzte Wirksamkeit

Offenbar liegt dem Listenansatz das Denken zugrunde, dass der Prozess umso stärker verbessert wird, je mehr Aktivitäten wir haben. Je länger die Liste der Aktivitäten ist und je mehr Verbesserungsprojekte in Gang sind, desto überzeugter sind wir, dass etwas Positives geschieht. Oftmals ist aber das Gegenteil der Fall. Es scheint viel in Bewegung zu sein, aber es gibt wenig Fortschritt.

Wenn Sie Teil III dieses Buches zu Ende gelesen haben, werden Sie erkennen, dass der Listenansatz eine unwissenschaftliche und unwirksame Methode für die Prozessverbesserung ist. Er ist in Wirklichkeit ein Gießkannenprinzip, das heißt zahlreiche Aktivitäten werden in der Hoffnung angestoßen, dass eine davon ein Treffer ist und wirkt. Obwohl es nur wenige zugeben, erzeugt der Listenansatz oft überraschend wenig Kosten- und Qualitätsverbesserung. Die unwesentlichen Ergebnisse, die er generiert, zeigen sich am mangelnden Fortschritt – in den verschwenderischen und instabilen Prozessen, die überall auf dem Shop Floor andauern. In vielen Fällen schafft das Gießkannenprinzip sogar mehr statt weniger Schwankungen und Instabilität in einem Prozess.

Bei näherer Betrachtung resultieren viele Kostenreduzierungen, von denen die Unternehmen sprechen, aus der Eliminierung von Ressourcen oder der Produktionsverlagerung in Niedriglohnländer statt in der Verbesserung der eigentlichen Arbeitsprozesse. Viele der genannten Qualitätsverbesserungen sind lediglich Verbesserungen der ausgelieferten Qualität – erreicht durch intensiveres Überprüfen und Aussortieren fehlerhafter Stücke – anstatt Verbesserungen des Prozesses, um die Anzahl produzierter Fehler zu verringern.

Wir tasten uns blind voran

Das Definieren und Implementieren mehrerer Maßnahmen auf einmal und das Festlegen von deren Priorität (manchmal sogar mithilfe einer Abstimmung) weist darauf hin, dass wir nicht wissen, was wir tun müssen, um Dinge und Prozesse zu verbessern. Es wäre sinnvoller, einfach innezuhalten und zuzugeben, dass wir noch nicht wissen, was genau zu tun ist. »Ich weiß es nicht«, ist eine völlig akzeptable Antwort und einem Vortäuschen eindeutig vorzuziehen, aber dieser Satz gehört zu den am schwierigsten auszusprechenden Worten.

Wir stellen uns die falsche Frage

Wenn wir Verschwendung oder Gelegenheiten zur Verbesserung aufspüren und eine entsprechende Liste von Aktivitäten erstellen, konzentrieren wir uns auf die Frage »Was *können* wir tun, um zu verbessern?« Diese Frage ist aber zu einfach und führt automatisch zu Listen und einem Gießkannenprinzip. Die wesentlich gezieltere Frage lautet: »Was *müssen* wir tun, um diesen Prozess zu verbessern?« Zugegebenermaßen ist das eine schwierigere Frage.

Ein Beispiel: Ein großer Autoteilehersteller trainierte vier junge Ingenieure für ihren Eintritt in die Lieferantenentwicklungsabteilung des Unternehmens. Als Teil dieser Schulung wurde jeder Ingenieur zu einer anderen Lieferantenfabrik geschickt, um eine Analyse durchzuführen und einen Bericht zu erstellen. Drei der Ingenieure kehrten mit Listen von 30 bis 40 Verbesserungsideen zur Umsetzung aus der Fabrik zurück, die sie besucht hatten. Der vierte Ingenieur hatte aber nur acht Vorschläge für Verbesserungen zusammengetragen. Der Leiter der Lieferantenentwicklungsabteilung war sauer auf den vierten Ingenieur und sagte: »Ihre Kollegen haben 30 bis 40 Verbesserungsmöglichkeiten entdeckt und Sie nur acht?! Ich denke, dass Sie zurückgehen und noch einmal genauer hingucken müssen.«

Interessanterweise wäre die bessere Antwort des Leiters genau die entgegengesetzte gewesen. Er würde den drei Ingenieuren sagen: »Jeder kann eine lange Liste von Verbesserungsvorschlägen erstellen und hoffen, dass etwas davon funktionieren wird. Gehen Sie bitte zurück, schauen Sie genauer hin, und nennen Sie mir nur maximal drei Dinge, die wir jetzt angehen müssen, um bei diesen Lieferanten mit dem Verbesserungsprozess zu beginnen.«

Es ist viel schwieriger, genau hinzusehen und zu verstehen, was wir tun *müssen*.

Wir ergreifen zu schnell Gegenmaßnahmen

Eine Schwäche des Listenansatzes ist die Tendenz, vorschnell Gegenmaßnahmen zu ergreifen, bevor wir eine Situation überhaupt verstanden haben. Das Aufstellen einer Liste von Aktivitäten und die oft gleichzeitige Einführung verschiedener Gegenmaßnahmen spiegelt häufig das unausgesprochene Ziel wider: *Stell das Problem einfach ab!* Die Menschen werden nicht für Analysen belohnt, sondern dafür, ein Problem zu beseitigen, einen Brand zu löschen, obwohl das Problem später wiederkehren kann, weil es noch nicht ausreichend verstanden wurde.

Abbildung 8: Es ist eine häufige Tendenz, direkt von Problemen auf mögliche Lösungen zu springen

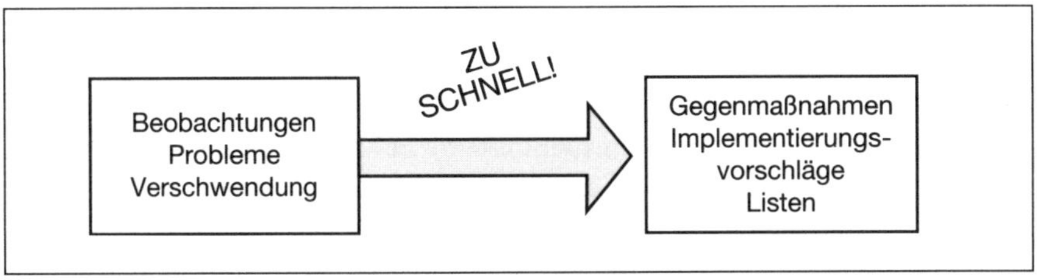

Im Gegensatz hierzu ist es Toyotas Ziel, in der Prozessverbesserung zu lernen. Es geht darum, ein immer tieferes Verständnis des Arbeitsprozesses zu entwickeln, und den Prozess von dieser Basis aus zu verbessern.

Werden mehrere Gegenmaßnahmen bei einem Prozess implementiert, verschwindet natürlich auch manchmal das Problem. Das geschieht aber oft nicht deswegen, weil die Ursachen des Problems entdeckt und beseitigt worden wären, sondern wegen der Extraaufmerksamkeit, die der Prozess erhalten hat. Später kehrt dasselbe Problem zurück – lange nachdem der Verbesserungserfolg gefeiert wurde.

Wir entwickeln nicht die Fähigkeiten unserer Mitarbeiter

Der Listenansatz nutzt und entwickelt unsere Problemlösungs- und Verbesserungsfähigkeit nicht sonderlich effizient.

Warum hält sich der Listenansatz?

Unterm Strich vergeuden wir mit dem Listenansatz zu viel Zeit. Aber warum hält sich dieser Ansatz, wenn er als Methode zur Steuerung der Prozessverbesserung nicht sonderlich wirksam ist? Warum neigen wir dazu, immer wieder auf dieses Verfahren zurückzugreifen?

Ein wahrscheinlicher Grund ist der bereits erwähnte Irrglaube, dass wir umso mehr Verbesserungen erreichen, je mehr Aktivitäten wir initiieren. Ein weiterer Grund kann darin liegen, dass Manager es praktisch finden, den Listenansatz und regelmäßig vorgesehene Reviews von Maßnahmenlisten in deren Arbeitstag einzupassen. Den Beteiligten vermittelt der Listenansatz die Möglichkeit, sich bei der Verbesserungstätigkeit eingebunden zu fühlen, ohne die sonstigen Arbeitsroutinen stark abändern zu müssen.

Der Listenansatz schützt uns auch vor Schuldzuweisungen. Wir können sagen: »Ich habe meine Aktivitäten rechtzeitig abgeschlossen. Wir kommen unserer Verpflichtung nach, ohne notwendigerweise echte Prozessverbesserung erzeugen zu müssen. Die Durchführung der aufgelisteten Aktivitäten, für die ich verantwortlich bin, wird zum Ziel – und nicht die Verbesserung selbst. Wenn die gewünschten Ergebnisse nicht eintreten, ist das nicht mein Fehler, weil ich getan habe, wozu ich mich verpflichtet hatte.«

Als weiterer Grund wurde mir zudem genannt, dass insbesondere lange Listen von Ansatzpunkten oder Aktivitäten vielleicht auch als Widerspiegelung dessen betrachtet werden können, wie aufmerksam wir sind.

Es gibt einen wirksameren Weg, zu verbessern

Der listenbasierte Verbesserungsansatz ist nicht nur begrenzt wirksam, er macht zudem Verbesserungen zu kompliziert und schwierig.

Um zu verstehen, was ich meine, führen Sie sich vor Augen, dass Toyota den Mitarbeitern beibringt, zu versuchen jeweils nur eine Variable nach der anderen an einem Prozess zu ändern, und bei jeder Veränderung erst das tatsächliche Resultat dem erwarteten Ergebnis gegenüberzustellen und zu überprüfen. Sie können an mehreren Dingen gleichzeitig arbeiten, aber wenn möglich, ändern Sie nicht mehr als ein Element auf einmal in einem Prozess. Solche Ein-Faktor-Experimente werden bevorzugt, weil Toyota will, dass die Mitarbeiter Ursache und Wirkung sehen und verstehen. Das hilft, ein tieferes Verständnis der Arbeitsprozesse zu entwickeln. Die Betrachtung dieser Verbesserungstaktik von Toyota führt zu einigen interessanten Entdeckungen:

- Sobald wir auch nur einen Aspekt eines Prozesses verändern, schaffen wir faktisch einen neuen Prozess mit neuen und möglicherweise anderen Eigenschaften. Das bedeutet: Sobald wir ein oder zwei Punkte einer Maßnahmenliste umgesetzt haben, passen die restlichen Punkte auf dieser schon vordefinierten Liste möglicherweise nicht länger zu der neuen Situation und den neuen Prioritäten im Prozess. Können Sie erkennen, warum das Erstellen einer Maßnahmenliste durchaus Zeitverschwendung sein kann?
- Mehrfaktoren-Experimente (bekannt als Design of Experiments oder DOE), bei denen zahlreiche Variablen gleichzeitig geändert werden, sind manchmal notwendig, aber nur eine kleine Gruppe von Spezialisten ist

qualifiziert, sie durchzuführen. Idealerweise wollen wir, dass jeder in der Organisation an der kontinuierlichen Verbesserung beteiligt ist. Ein-Faktor-Experimente kann jeder verstehen und ausführen.

- Wenn ich Ihnen sage, dass Sie, wenn möglich, bei einem Prozess nur ein Element nach dem anderen ändern sollten: Wie wirkt das auf Sie?
  - Das scheint viel zu langsam zu sein! Und doch wissen wir, dass sich Toyota in der Regel schneller verbessert als andere Unternehmen. Was bedeutet das für die Zyklen eines Nur-eine-Sache-auf-einmal-ändern-Ansatzes?
  - Die Zyklen müssen schnell ablaufen! Mit anderen Worten: Bei dem Toyota-Ansatz können wir nicht auf den nächsten wöchentlichen oder zweiwöchentlichen Reviewzyklus warten, um weiterzukommen. Wenn wir so lange mit der Überprüfung des Ergebnisses warten, wird der Fortschritt einfach zu langsam sein. Und bis zu dem späten Zeitpunkt, an dem wir das Resultat eines Schrittes überprüfen, wird sich der Prozess wahrscheinlich verändert haben. Wir sollten die Ergebnisse einer Änderung so bald wie möglich vor Ort überprüfen und basierend auf dem Ergebnis den nächsten Schritt überlegen. Im Unterschied zu unserem Workshop und listenbasierten Ansatz der Prozessverbesserung wird diese Vorgehensweise Auswirkungen darauf haben, wie Manager, Ingenieure und Führungskräfte ihre Arbeitstage einteilen.

Bilanz

Verbesserung ist harte Arbeit, aber sie muss nicht zu kompliziert sein. Nach dem Studieren der Toyota-Verbesserungs-Kata in Teil III werden Sie Verbesserungsbemühungen wahrscheinlich neu ausrichten, die sich auf den Listenansatz stützen. Sie werden wissen, dass es einen besseren Weg gibt, fortzufahren und zu führen.

Kapitel 3

Philosophie und Fahrtrichtung

Um Toyotas Verbesserungs-Kata und Coaching-Kata zu verstehen, müssen wir zwei Aspekte des Kontextes berücksichtigen, innerhalb dessen sie wirken: Die Geschäftsphilosophie – beziehungsweise der Unternehmenszweck – und die Richtung.

Die Geschäftsphilosophie des Unternehmens

Die Geschäftsphilosophie eines Unternehmens definiert stark das Denken und Handeln jedes Einzelnen in der Organisation. Allerdings meine ich mit Geschäftsphilosophie nicht jene allgemeinen Statements, die auf dem Poster am Empfang aufgelistet sind. Ich meine das, was Sie sehen würden, wenn Sie sich einen Tag lang in die Fabrik stellen und beobachten, was die Menschen dort tun: Was ist ihnen wichtig? Was wird gemessen? Welche Schlussfolgerungen würden Sie ziehen, worauf dieses Unternehmen Wert legt? Oder wie es bei Toyota heißt: »Der Shop Floor ist ein Spiegelbild des Managements.«

Für viele Produktionsunternehmen reduziert sich die Firmenphilosophie oder der Unternehmenszweck auf eine Aussage wie diese:

> »Wir produzieren gute Produkte für den Kunden.«

Und das ist keinesfalls schlecht. Aber betrachten Sie im Vergleich dazu die Philosophie von Toyota:

> »Langfristig als Unternehmen zu überleben, indem wir verbessern und weiterentwickeln, wie wir gute Produkte für den Kunden produzieren.«

Auf den ersten Blick ähneln sich beide Philosophien vielleicht, aber es gibt einen bedeutenden Unterschied. Achten Sie auf den Stellenwert von Verbesserung und Adaption in beiden Fällen. In der ersten Philosophie sind Verbesserung und Adaption zusätzliche Themen; etwas, was wir tun, wenn es die Zeit zulässt oder es einen speziellen Bedarf dafür gibt. In der zweiten Philosophie rücken Verbesserung und Adaption in den Mittelpunkt. Verbesserung und Adaption sind das, worum es uns geht.

Stellen Sie sich einmal die folgenden Fragen, um die Position von Verbesserung in Ihrer Organisation einzuschätzen:

- Sehe ich Verbesserung als legitime Arbeit oder als Zusatzaktivität zu meinen eigentlichen Job?
- Ist Verbesserung ein periodisches Zusatzprojekt (eine Kampagne) oder die zentrale Aktivität?
- Wird es in unserem Unternehmen akzeptiert, gelegentlich an Verbesserung zu arbeiten?

Insbesondere die letzte Frage kann einiges deutlich machen. Stellen Sie sich vor, dass Sie in das Büro eines Managers gehen und sagen: »Wir haben eine gute Verbesserung bei Prozess X erreicht ... und nächsten Monat werden wir vielleicht wieder versuchen diesen Prozess zu verbessern.« Das würde wahrscheinlich akzeptiert werden. Stellen Sie sich jetzt vor, dass Sie sagen: »Wir haben mit Prozess X heute 400 Stück produziert ... und nächsten Monat werden wir vielleicht wieder mit diesem Prozess produzieren.« Dann würden Sie wahrscheinlich aus dem Büro geworfen! Wir können hier also sehen, welchen Stellenwert die Verbesserung in unserem Unternehmen hat. Wenn Verbessern Ihre Geschäftsphilosophie ist, dann wären periodische Verbesserungsprojekte oder Kaizen-Workshops nützlich, aber nicht ausreichend. Das hieße nämlich, dass Sie nur gelegentlich am Kernziel Ihrer Organisation arbeiten würden.

Bei Toyota sind Verbessern und Managen ein und dasselbe. Die Verbesserungs-Kata entspricht in hohem Maße dem, wie Toyota tagtäglich seine Prozesse und Menschen führt. Im Vergleich dazu neigen andere Unternehmen dazu, Managen als eine eigenständige und getrennte Tätigkeit anzusehen. Verbesserung ist etwas Zusätzliches, das dem Managen hinzugefügt wird.

Nicht-Toyota-Denkweise:
normales tägliches Management + Verbesserung
Toyota-Denkweise:
normales tägliches Management = Prozessverbesserung

Interessanterweise hätten viele von uns vielleicht sogar Angst, sich so stark auf die Philosophie »Verbesserung« zu konzentrieren, weil wir befürchten, es ginge auf Kosten der ersten Philosophie »produzieren«. Wir hätten das Gefühl, etwas Wichtiges auszuklammern, das wir heute mit hoher Aufmerksamkeit verfolgen: die Stückzahl. Der Grund: Wir sind daran gewöhnt, uns auf Ergebnisse zu konzentrieren und nicht auf Prozessdetails. Bei unserem gegenwärtigen Managementansatz konzentrieren wir uns in hohem Maße auf Ergebnisziele und -konsequenzen. Im Unterschied dazu legt Toyota größeren Wert darauf, wie Menschen an die Details eines Prozesses herangehen, weil genau das die Ergebnisse generiert.

Abbildung 9: Sich auf die Mittel fokussieren, um die erwünschten Ergebnisse zu erreichen

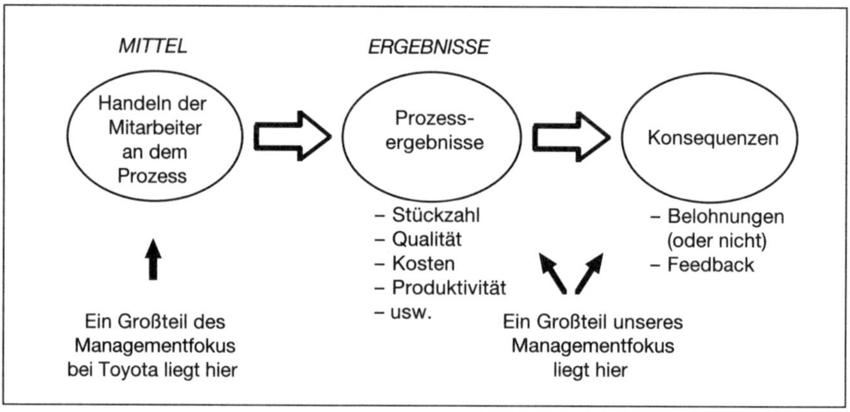

Ergebnisziele, wie die erwünschte Produktionsmenge, sind natürlich notwendig. Aber wenn Sie sich kontinuierlich darauf konzentrieren, den Prozess selbst zu verbessern – systematisch über die Verbesserungs-Kata anstatt durch zufällige Verbesserung – dann werden die gewünschten Ergebnisse erreicht. Die notwendige Produktionsmenge wird beispielsweise automatisch erreicht, wenn Sie sich anhand der Verbesserungs-Kata auf Prozessdetails konzentrieren.

Die folgende Geschichte aus der Zeit vor dem Zweiten Weltkrieg, als Toyota Webstühle herstellte, veranschaulicht diese Denkweise. Sie stammt aus einer Broschüre von Toyota über den Geist und die Ideen, die das Unternehmen geschaffen haben. Die Geschichte erzählt, was Kiichiro Toyoda (1894–1952), Gründer der Toyota Motor Corporation und Sohn des Gründers der Toyoda Automatic Loom Works Sakichi Toyoda sagte, nachdem jemand die Baupläne für einen Webstuhl der Toyoda Loom Works gestohlen hatte:

»Natürlich können die Diebe mithilfe unserer Konstruktionspläne einen Webstuhl bauen. Aber wir modifizieren und verbessern unsere Webstühle jeden Tag. Also werden wir uns zu dem Zeitpunkt, an dem die Diebe einen Webstuhl auf Basis der gestohlenen Pläne gebaut haben, bereits weit über diesen Punkt hinaus entwickelt haben. Und weil ihnen das Wissen fehlt, das wir aus den Misserfolgen bei der Entwicklung des Originals gezogen haben, werden sie sehr viel länger brauchen als wir, um ihren Webstuhl zu verbessern. Wir müssen uns also keine Sorgen machen. Wir müssen nur, wie wir es immer tun, damit fortfahren, unsere Verbesserungen zu machen.«[7]

Entspricht ein schlanker Wertstrom dem Lean Manufacturing?
Vor vielen Jahren habe ich eine kleine Automobilzulieferfabrik besucht, die vordergründig nach einer Lean-Strategie vorging. Und tatsächlich konnte sich die außerordentlich kurze Durchlaufzeit der Firma durch den Wertstrom sehen lassen. Die Firmenstrategie beinhaltete unter anderem folgende Elemente:

- Neue Highschool-Absolventen einstellen. Die Fluktuationsrate war hoch, aber die Belegschaft war jung und der Stundenlohn niedrig.
- Produktionsprozesse wurden mit zirka 40 Prozent zusätzlichen Mitarbeitern bemannt, was aufgrund der niedrigen Stundenlöhne möglich war. Hierdurch konnte jeder Prozess trotz Problemen und Stillständen jeden Tag die benötigte Stückzahl herstellen, und das mit geringer Unterstützung durch indirekte Mitarbeiter oder das Management. Mit den zusätzlichen Mitarbeitern am Band konnten die Produktionsmitarbeiter Probleme selbst beseitigen (aber nicht die Ursachen) und immer noch die angestrebte Ergebnismenge erreichen. Im Grunde handelte es sich um autonome Teams.
- Die Organisation war sehr flach ausgelegt, mit wenigen Führungsebenen und indirekten Mitarbeitern.
- Der Materialbestand wurde niedrig gehalten, da jeder Prozess grundsätzlich in der Lage war, die geforderte Menge zu produzieren. Deshalb war die Durchlaufzeit durch den Wertstrom kurz. Nur etwas mehr als eine Tagesmenge an Fertigerzeugnissen wurde vorrätig gehalten.

---

7 »Open the Window. It's a Big World Out There! The Spirit and the Ideas That Created Toyota.« Broschüre, veröffentlicht von Toyota Kaikan, Toyota Motor Corporation, Oktober 1993.

Niedrige Materialbestände, flache Organisation und ein kurzer Wertstrom klingen »lean«, aber das Problem ist: Jeden Tag und jede Woche traten dieselben Probleme auf, und die Produktionsarbeiter umgingen sie einfach. Das bedeutete, dass die Fabrik auf der Stelle trat – und weder kontinuierlich Fortschritte machte noch Verbesserungen erreichte. Das ist genau das, was Toyota sehr wahrscheinlich am meisten fürchtet.

Ehrlichkeit ist gefragt

Wir betrachten Geschäftszweck oder Philosophie zu Beginn dieses Buches, weil viele Unternehmen, die versuchen, Toyota zu kopieren, bereits an diesem Punkt einen anderen Weg einschlagen. An dieser Stelle ist Ehrlichkeit gefragt: Was ist die wahre Geschäftsphilosophie Ihres Unternehmens?

Während wir alle über die Bedeutung reden, einen Wert für den Kunden und kontinuierliche Verbesserung zu gewährleisten, sind etliche von uns vielleicht eher auf eine kurzfristige Gewinnspanne fokussiert. Die unausgesprochene Geschäftsphilosophie bei einigen Unternehmen besteht schlichtweg darin, mehr zu produzieren und zu verkaufen. Oder es geht um das Ausüben von Status und Privilegien, und deshalb haben das Vermeiden von Fehlern, Verbergen von Problemen und das Bestreben, befördert zu werden, eine größere Bedeutung als Leistung, Ergebnisse und kontinuierliche Verbesserung?

Fahrtrichtung

Eine Verbesserungsphilosophie und eine Verbesserungs-Kata zu haben ist wichtig, aber nicht ganz ausreichend. Idealerweise hat Handeln sowohl eine Form (eine Routine oder Kata) als auch eine Richtung. Zum Beispiel würden viele sagen, dass Verbesserung oder Lean gleichbedeutend ist mit der »Eliminierung von Verschwendung«. Diese gängige Aussage trifft zwar grundsätzlich zu, ist aber zu einfach. Die Denkweise »Verbesserung ist gleich Verschwendung eliminieren« hat zwei negative Konsequenzen: Wir erkennen nicht, was verbessert werden muss, und wir neigen dazu, die Effizienz eines Bereichs auf Kosten eines anderen zu maximieren beziehungsweise wir verschieben Verschwendung von einer Abteilung zu einer anderen, statt das Ganze zu optimieren und zu synchronisieren. Ein klassisches Beispiel hierfür ist die Materiallogistik. In dem Bestreben, Verschwendung zu eliminieren, kommen wir häufig auf die Idee, den Mitarbeitern im Produktionsprozess Teile und Komponenten in kleinen Behältern zur Verfügung zu stellen. Die kleinen Behälter reduzieren Verschwendung im Prozess, weil sie griffbereit in Reichweite des Mitarbeiters sind (keine aufwändigen Handbewegungen oder unnötiges Herumlaufen, um an die Teile zu kommen). Zudem können mehr Teilevarianten innerhalb der Reichweite des Mitarbeiters gehalten werden (kein Austausch notwendig, um verschiedene Produkte zu produzieren). Heute werden aber diese Teile vom Lieferanten in großen Behältern auf Paletten angeliefert und nur in der Nähe des Produktionsprozesses mit einem Gabelstapler abgesetzt.

Spätestens hier ist der Punkt erreicht, an dem ein Logistik-Manager sich normalerweise meldet und sagt: »Moment mal, nur damit ich das richtig verstehe. Meine Abteilung wird nach ihrer Produktivität bewertet, und Sie wollen, dass meine Leute Teile aus den großen Behältern nehmen und in kleine Behälter umfüllen. Dann sollen meine Leute aus dem Gabelstapler aussteigen und die Behälter in greifbarer Nähe des Mitarbeiters platzieren. Und da die Menge der gelieferten Teile jetzt kleiner sein wird, weil so nah an den Mitarbeitern weniger Teile gelagert werden können, werden meine Leute nun mehrere Male pro Schicht, statt nur ein- oder zweimal, liefern müssen. Wir wissen aber doch alle, dass »Lean« bedeutet, Verschwendung zu eliminieren. All diese Extratätigkeiten wären zweifellos Verschwendung, also kann das nicht die richtige Lösung sein.«

Ich habe Debatten dieser Art oft beobachtet, und sie laufen immer gleich ab. Wer am überzeugendsten ist, gewinnt und bestimmt *eine Zeit lang* die Richtung – bis jemand ein anderes überzeugendes Argument aufbringt. Oder wir verwenden einen Abstimmprozess, um unserer Richtungswahl einen systematischen und wissenschaftlichen Anstrich zu geben. Die Organisation ändert oft die Richtung, weil sie der »richtigen« Lösung zum Implementieren nachjagt und von einer potenziellen Lösung zur anderen springt. Manchmal wird ein externer Berater als Entscheidungshilfe dazu geholt, der eine scheinbar eindeutige Antwort liefert – und den man bei Misserfolg verantwortlich machen kann.

Aber wer hat in der dargestellten Situation Recht? Der Manager, der kleine Behälter einführen möchte, oder der Logistikmanager, der zusätzliches Handling meiden möchte? Gemäß dem einfachen Konzept »Lean ist gleich Verschwendung eliminieren«, jeder. Was hier fehlt, ist ein Richtungssinn. Obwohl wir Adaption vielleicht im Wesentlichen als eine Reaktion betrachten, ist sie in Wirklichkeit etwas, was auf dem Weg irgendwohin stattfindet. Die Evolution in der Natur hat vielleicht keine definierte Richtung oder spezifischen Grenzen. Aber der menschlichen Organisation, die bewusst anpassungsfähig sein will, hilft der Richtungssinn, eine langfristige Vision dessen zu haben, wo sie sein will. Diese Vision können wir im Gegensatz zu der Adaption, die zwischen hier und dort stattfinden wird, wählen und definieren. Und mit langfristig meine ich eine Vision, die sogar über eine Lebensarbeitszeit hinausgeht – beispielsweise 50 Jahre oder länger.

Eine Vision, ein Richtungsgeber, ist nicht einfach ein quantitatives Ziel. Sie ist die Beschreibung eines Zustands, den wir in der Zukunft erreicht haben wollen. Die Definition der kontinuierlichen Verbesserung und Adaption, die ich in diesem Buch verwende, lautet: Sich durch unklares und unvorhersehbares Terrain in Richtung eines gewünschten Zustands zu bewegen, indem man sensibel für aktuelle Verhältnisse am Ort des Geschehens ist und darauf reagiert.

Abbildung 10: Eine Vision ist ein Richtungsgeber

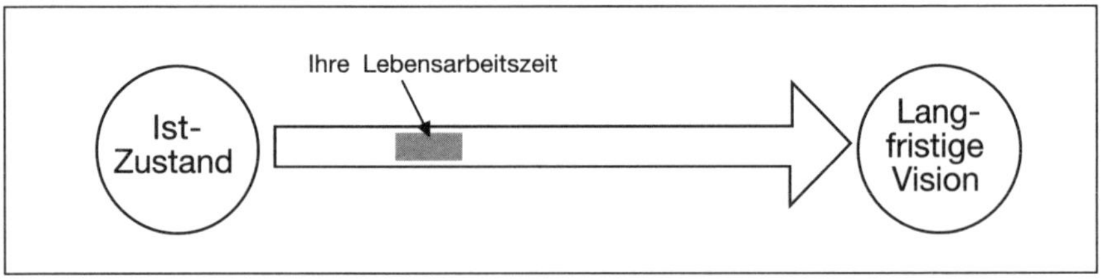

Denk an die großen Dinge, wenn du kleine Dinge tust, damit all die kleinen Dinge in die gewünschte Richtung führen.
ALVIN TOFFLER

Eine langfristige Vision oder Richtung hilft, unser Denken und Handeln zu fokussieren, weil andernfalls Vorschläge isoliert bewertet werden statt als Teil des Strebens in eine Richtung. Eine langfristige Richtung/Vision zu definieren, kann jedoch etwas heikel und sogar gefährlich sein. Beispiel:

- Da wir nicht wissen, was die Zukunft bringt, kann eine Vision, die ausschließlich auf gegenwärtigen Paradigmen, Kompetenzen, Produkten oder Technologien basiert, in der Zukunft die Reichweite unserer Adaption zu sehr einschränken. Zu dem Zweck sollte eine Vision vielleicht eher auf breit definierte Kundenbedürfnisse fokussieren als auf die Organisation selbst.
- Visionen, die darauf angelegt sind, heilige Kühe zu schützen, sind häufig so verwässert, dass sie als Richtungsgeber im Grunde nutzlos sind.

Ein Beispiel einer nützlichen, aber nicht zu eingeschränkten langfristigen

Vision ist die frühe Vision der Toyota Motor Corporation *»Better cars for more people«*.[8] Wozu würde diese Vision, dieser Richtungsgeber, einen Automobilhersteller bewegen? Denken Sie vor dem Hintergrund dieses Visionsstatements und im Vergleich zu General Motors an Toyotas gegenwärtige Marktposition, globale Präsenz und Produktportfolio.

Toyota hat eine Vision für die Produktion

Bei seinen Produktionsaktivitäten verfolgt Toyota seit Jahrzehnten folgende langfristige Vision:[9]

- Null Fehler,
- 100 Prozent Wertschöpfung,
- One-Piece-Flow, in Abfolge, nur auf Kundenanforderung,
- Sicherheit für Menschen.

In den letzten Jahren hat Toyota angefangen, dies als ihr »True North« für die Produktion zu bezeichnen. Sie können sich diese Produktionsvision als einen synchronisierten 1x1-Fluss von A bis Z zu niedrigstmöglichen Kosten vorstellen. Bedenken Sie dabei, dass die Produktionsvision von Toyota einen Zustand beschreibt, nicht eine Finanz- oder Buchhaltungskennzahl.

Abbildung 11: Toyotas Vision für die Produktion

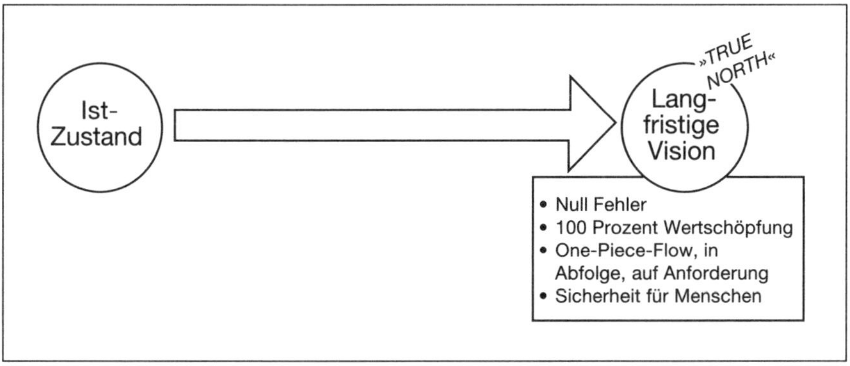

8 Vielleicht ist dies schon bald keine so wirksame Vision für eine Organisation im Transportbusiness des 21. Jahrhundert mehr.

9 In frühen Jahren lautete Toyotas Produktionsvision »highest quality, lowest cost, shortest lead time«.

Was ist One-Piece-Flow? Im Idealfall bedeutet One-Piece-Flow, dass Teile von einem wertschöpfenden Schritt direkt zum nächsten und dann zum Kunden gelangen – ohne Wartezeiten oder Losverarbeitung zwischen diesen Schritten. Jahrelang haben wir das als »Fließfertigung« bezeichnet. Toyota nennt es nun »1x1-Fertigung«. Das liegt vielleicht daran, dass viele Produktionsunternehmen auf eine zwar sich stets bewegende Produktionslinie zeigen, die aber erhebliche Puffermengen zwischen den wertschöpfenden Schritten hat, und irrtümlicherweise sagen: »Wir haben schon einen kontinuierlichen Fluss, weil alles in Bewegung ist.« Eine derartige Fehlinterpretation ist bei der Bezeichnung »1x1-Fertigung« unwahrscheinlicher.

Toyotas Produktionsvision, die wir in diesem Buch als Beispielvision verwenden werden, ist in Wirklichkeit ein altes Konzept und stammt weder von Toyota noch aus Japan. Die Vorteile von sequenziellen Flüssen und 1x1-Flüssen sind seit langem bekannt und in der einen oder anderen Form ist dieses Ideal seit Jahrhunderten immer wieder verfolgt worden. Einige Beispiele:

- Mitte des 16. Jahrhunderts entwickelte die venezianische Schiffswerft ein System für die Massenproduktion von Kriegsschiffen und konnte mit standardisierten Teilen auf Basis einer sequenziellen Produktionslinie fast ein Schiff pro Tag fertigstellen.
- Ende des 18. Jahrhunderts entwickelte Oliver Evans eine automatische Getreidemühle, die alle Schritte des Mahlprozesses in einem durchgängigen System verband. An einem Ende der Mühle wurde das Korn hineingeschüttet, und am anderen Ende kam das Mehl heraus, ohne dass zwischen den einzelnen Produktionsschritten Säcke mit dem Material lose innerhalb der Mühle transportiert werden mussten.
- In den 20er Jahren des 19. Jahrhunderts entwickelte Thomas Blanchard im Springfield Arsenal in Massachusetts eine sequenzielle Abfolge von 13 oder 14 Maschinen, um Gewehrschäfte zu fertigen.

Mein Kollege Gerd Aulinger hat vielleicht sogar noch universellere und aufschlussreichere Beispiele für das Streben nach einem 1x1-Fluss:

- Wenn Sie im 19. Jahrhundert hören wollten, dass Strauß einen Walzer spielt, mussten Sie ihn zu sich einladen. Später konnten wir in ein Geschäft gehen, um Platten und CDs zu kaufen. Heute spielt die Musik auf Ihrem mp3-Player und wurde über das Internet heruntergeladen. Die

Zahlung für diese Musikdatei wird ohne Papiergeld durch eine automatische Belastung Ihrer Kreditkarte geleistet.
- Wenn Sie vor dem 15. Jahrhundert ein Buch haben wollten, musste es jemand mit der Hand schreiben. Dann begann Gutenberg, Bücher zu drucken. Schließlich entstanden Verlage und Sie konnten ein Buch im Geschäft während der Öffnungszeiten kaufen. Jetzt bestellen Sie das Buch jederzeit online. Vielleicht wird es sogar nur auf Ihr Lesegerät heruntergeladen.
- Früher einmal sandten wir Briefe durch berittene Boten. Dann kam die Postkutsche. Ihr folgte die tägliche Postzustellung bis zur Türschwelle. Heute kommunizieren wir jederzeit über Telefon, E-Mail und Skype.

Erstaunlicherweise finden wir immer noch Organisationen, die intern darüber streiten, ob sie mit der steten Tendenz hin zum 1x1-Fluss übereinstimmen oder nicht – als wäre das etwas, worüber sie Kontrolle haben.

Als ich das erste Mal auf die True-North-Vision von Toyota stieß, dachte ich, dass ich einen Fehler entdeckt hätte und wies einen Toyota-Mitarbeiter entsprechend darauf hin. »100 Prozent Wertschöpfung ist ja sehr wahrscheinlich unerreichbar«, sagte ich. »Wenn Sie das Produkt nur von einem Punkt zum nächsten bewegen, gibt es bereits Verschwendung!« Die Antwort lautete: »Es kann sein, dass unsere True-North-Vision theoretisch nicht erreichbar ist, aber das spielt keine Rolle. Für uns dient sie als Richtungsgeber, und wir verbringen keine Zeit damit, zu hinterfragen, ob sie erreichbar ist. Wir beschäftigen uns damit, ihr möglichst nahezukommen.« Mit anderen Worten ist es akzeptabel und vielleicht sogar wünschenswert, dass eine Vision ein scheinbares Dilemma darstellt, und das als Herausforderung anzusehen.

Der Kommentar des Toyota-Mitarbeiters erinnerte mich an die Geschichte von zwei Menschen, die von einem hungrigen Tiger gejagt werden. Als einer von ihnen stehen bliebt, um Turnschuhe anzuziehen, fragt der andere: »Was tust du? Siehst du nicht den Tiger näher kommen?« »Doch«, lautet die Antwort, »aber solange ich einen Vorsprung vor dir habe, bin ich fein raus.« In gewisser Weise ist das ein Teil der Strategie von Toyota. Toyota ist keineswegs perfekt und hat bis zum Idealzustand noch einen langen Weg vor sich. Aber wer auf dem Weg vorne liegt, wird – solange das Produkt Kundenwünschen entspricht – eher Profit machen und überleben.

Das Streben nach Verbesserung in dieser Richtung bei allen Arbeitsaktivitäten ist ein Leuchtturm für die Produktion bei Toyota, und scheint sich nicht zu ändern. Sowohl die Unternehmensphilosophie des Überlebens durch Verbesserung als auch die Vision/Richtung haben über die Amtszeiten jeder Führungskraft hinaus Bestand.

> Als die Produktion während der 1950er Jahre expandierte, verlagerte Toyota seine Prioritäten von der Kapazitätsverbesserung und grundlegenden Produktionstechnologie hin zur Entwicklung eines einheitlichen Massenproduktionssystems, das so kontinuierlich wie möglich von der Schmiede und Gießerei bis zur Endmontage war.
>
> Michael A. Cusumano[10]

Toyotas Fortschritt in Richtung seiner True-North-Vision ist keineswegs geradlinig, aber mitbedingt durch die konsequente Fokussierung seit mehr als 50 Jahren ist Toyota führend bei der Eliminierung von Verschwendung und der Verbesserung des Wertflusses. Und dies wird weiter fortgesetzt.

Eine Vision dient als allgemeiner Richtungsgeber – ist aber sonst nicht viel mehr als das

Das Produktionssystem von Toyota ist beispielsweise darauf ausgelegt, Kosten zu reduzieren und Qualität zu verbessern, indem es sich stetig einem synchronisierten, verschwendungsfreien 1x1-Fluss annähert. Aber wie bringen wir eine Organisation mit Hunderten oder Tausenden von Menschen dazu, kontinuierlich und effektiv in Richtung einer Vision zu arbeiten? Man kann nicht mit einem Schritt vom heutigen Zustand zu einem kostengünstigen, synchronisierten gesamten 1x1-Fluss gelangen. Tatsächlich ist es sogar

Abbildung 12: Eine Vision dient als Richtungsgeber, ist aber sonst nicht viel mehr als das

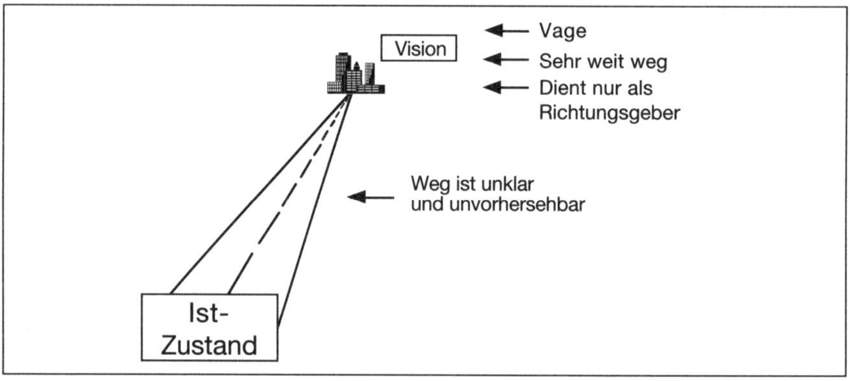

10 Aus: Michael A. Cusumano: *The Japanese Automobile Industry*, Harvard University Press, 1985.

gefährlich, mit einem Satz zu weit zu springen, zu früh den Materialbestand zu reduzieren und Prozesse direkt aneinander zu koppeln. Eine Vision ist weit weg, und der Weg dahin ist lang, unklar und unvorhersehbar. Wie können wir diesen Weg finden und konsequent verfolgen?

Zielzustände

Toyota bewegt sich in Richtung einer Vision, indem mit etwas gearbeitet wird, was ich Zielzustand nenne. Ein Zielzustand entspricht typischerweise einem Schritt in Richtung der Vision und einer Herausforderung, die ein wenig über unsere gegenwärtigen Fähigkeiten hinausgeht. Sie können sich einen Zielzustand als einen wesentlich kurzfristiger gewünschten Zustand vorstellen, der klarer und spezifischer definiert ist als die entfernte Vision. Wie die Vision ist auch ein Zielzustand keine Finanz- oder Buchhaltungskennzahl, sondern die Beschreibung eines Zustands.

Ist ein Zielzustand einmal definiert, ist er weder optional noch leicht veränderbar. Er steht. *Wie* man diesen Zielzustand jedoch erreicht, ist optional. Das ist der Punkt, an dem wir das tun können, worin Menschen gut sind: Ärmel hochkrempeln, Einfallsreichtum und Kreativität zeigen, um neue Leistungsniveaus zu erreichen. Vorausgesetzt, sie haben eine Kata und werden gut geführt. Zielzustände sind eine Komponente der Toyota-Verbesserungs-Kata. Die Zielzustände sollen in Kapitel 5 näher betrachtet werden.

Abbildung 13: An den Zielzuständen findet die Aktion statt

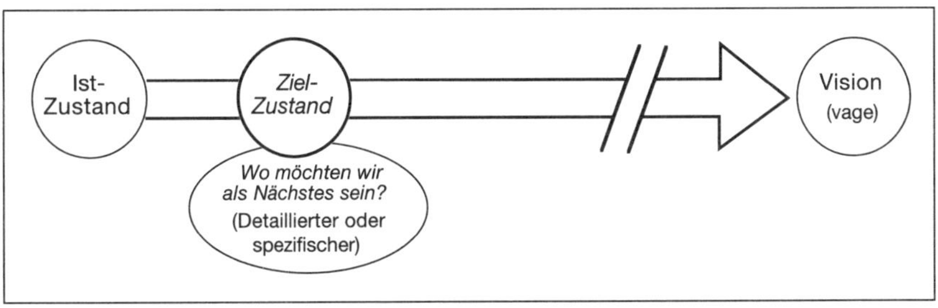

Den Richtungssinn verwenden, um Menschen zu führen

Wie nutzt Toyota seine Produktionsvision als Unterstützung, um die Organisation zu managen? Ein paar Beispiele machen das deutlich:

Beispiel 1

Beim Besuch im Montagebereich einer Fabrik, die Sensorkabel produziert (Kabel mit einem Stecker an einem Ende und einem Sensor am anderen), fanden wir heraus, dass die Losgröße im Montageprozess eine Woche betrug. Das bedeutet, es wird die entsprechende Menge für fünf Verkaufstage produziert, und dann wird der Montageprozess umgerüstet, um eine fünftägige Verkaufsmenge eines anderen Kabeltyps zu produzieren. Eine schnelle Kapazitätsberechnung zeigte jedoch, dass es genügend freie Kapazität gab, um häufigeres Umrüsten und kleinere Losgrößen zu erlauben. Der Montagebereich könnte einen Zielzustand mit einer Losgröße von einem Tag setzen, statt der gegenwärtigen fünf Tage, und dies erreichen, ohne die bereits kurzen Rüstzeiten reduzieren zu müssen.

Im Konferenzraum wiesen wir das Managementteam auf das Potenzial für kleinere Losgrößen hin. Die Vorteile von kleineren Losgrößen sind bekannt und erheblich: Näher am 1x1-Fluss, weniger Materialbestand und Verschwendung, schnellere Reaktion auf unterschiedliche Kundenanforderungen, weniger versteckte Fehler und Nacharbeit, Kanban-Systeme werden möglich und so weiter.

Der Montageleiter antwortete ohne zu zögern: »Das können wir nicht tun«, und fuhr fort, uns zu erklären, warum: »Unser Kabelprodukt ist eine Komponente eines Kraftfahrzeugsicherheitssystems. Deswegen müssen wir jedes Mal, wenn wir auf die Montage eines anderen Kabeltyps umrüsten, Dokumente für die Rückverfolgbarkeit ausfüllen. Wir müssen auch das erste neu montierte Kabel zur Qualitätssicherung bringen und die Produktion anhalten, bis die Qualitätsabteilung uns eine Freigabe erteilt. Wenn wir die Losgröße von fünf Tagen auf einen Tag reduzieren, würden wir diese Papierarbeit und diese Produktionsverzögerungen um den Faktor fünf erhöhen. Solche Extratätigkeiten ohne Mehrwert wären Verschwendung und würden unsere Kosten steigern. Wir wissen, dass Lean bedeutet, Verschwendung zu eliminieren, und so ist das Reduzieren der Losgröße keine gute Idee.«

Der Werkleiter stimmte zu – und darin liegt ein bedeutender Unterschied zu Toyota. Ein Toyota-Werkleiter würde dem Montageleiter wahrscheinlich so antworten: »Sie haben Recht, dass die zusätzliche Papierarbeit und Qualitätsprüfung Hindernisse auf dem Weg zu einer kleineren Losgröße darstellen. Vielen Dank, dass Sie darauf hinweisen. Allerdings ist die Tatsache, dass wir Losgrößen reduzieren wollen, weder optional noch Thema einer Diskussion, weil es uns unserer Vision eines 1x1-Flusses näher bringt. Anstatt Zeit mit Diskussionen zu verlieren, ob wir die Losgröße reduzieren sollten oder nicht, lenken Sie bitte Ihre Aufmerksamkeit auf jene zwei Hindernisse, die unserem

Fortschritt im Weg stehen. Untersuchen Sie bitte die gegenwärtige Papierarbeit und den Qualitätsprüfungsprozess und berichten Sie, was Sie dabei feststellen. Danach werde ich Sie bitten, einen Vorschlag zu erarbeiten, wie wir zu einer Ein-Tag-Losgröße gelangen können, ohne unsere Kosten zu steigern.«

Nutzung der Kosten/Nutzen-Analyse auf eine andere Art

Wie das Sensorkabelbeispiel zeigt, neigen wir ohne Richtungsweiser dazu, Vorschläge isoliert auf ihre Vorteile hin zu bewerten anstatt als Teil einer Bemühung, etwas anzustreben. Dadurch entsteht jenes Hin und Her, die Jagd nach einer Lösung und der Effekt, demjenigen zu folgen, der gerade am überzeugendsten wirkt.

Ohne Richtungssinn neigen wir zu einer kurzfristigen Kosten/Nutzen-Analyse und dem fallweisen Entscheiden, was getan wird und was nicht, in welche Richtung wir streben und was zu tun ist, anstatt uns durch schwierige Hindernisse zu neue Leistungsebenen zu arbeiten. Wie oft haben Sie erlebt, dass eine potenziell interessante, aber noch nicht ausformulierte Idee schnell mit der Frage torpediert und beseitigt wurde: »Rechnet sich das?«

Auch Toyota setzt die Kosten/Nutzen-Rechnung (KNR) ein (Cost/benefit analysis oder Return on Investment (ROI) calculation) – aber anders, als wir es tun. Während wir gelernt haben, eine KNR zu verwenden, um zu bestimmen, *was* zu tun ist, wird bei Toyota als erstes über die Verbesserungs-Kata der Zielzustand bestimmt – also wo man als Nächstes sein will oder muss – und dann wird mithilfe der Kosten/Nutzen-Analyse beschlossen, *wie* man dorthin kommt. Bei Toyota wird eine KNR weniger verwendet, um zu entscheiden, *ob* etwas getan werden sollte oder nicht, sondern eher, um zu entscheiden, *wie* man es tut.

Traditionell: KNR bestimmt, ob wir etwas tun oder nicht.
(»Dieser Vorschlag ist zu kostspielig? Dann müssen wir etwas anderes tun.«)

Toyota: KNR hilft zu definieren, was wir tun müssen, um einen vorbestimmten Zielzustand zu erreichen.
(»Dieser Vorschlag ist zu kostspielig? Dann müssen wir einen Weg finden, ihn preiswerter umzusetzen.«)

Denken Sie jedoch nicht, dass der Ansatz von Toyota bedeutet, den Zielzustand um jeden Preis zu erreichen. Toyota hat strenge Budgets und target costs. Die Grundidee ist, zuerst zu bestimmen, wohin man gehen will, und dann, wie man innerhalb finanzieller Grenzen dorthin gelangt. Gerade hier spielt der auf die Vision ausgelegte Richtungssinn eine bedeutende Rolle. Lassen Sie nicht allein die Finanzkalkulationen Ihre Richtung bestimmen, denn dadurch wird die Organisation mehr nach innen ausgerichtet und weniger adaptiv. Die Organisation oszilliert auf einer fallweisen Basis, statt in eine Richtung zu arbeiten, und sie versucht fertige Lösungen zu finden und zu implementieren, anstatt neue, clevere Lösungen zu entwickeln. Eine Kostendeckungsgrenze ist eine abhängige Variable, nicht eine unabhängige Bedingung, die die Richtung bestimmt.

Beispiel 2

Wenn ein neuer Montageprozess entworfen wird, gibt es gewöhnlich einige verschiedene Prozessoptionen, unter denen man wählen kann. Zum Beispiel kann es ein vollständig automatisiertes Linienkonzept, eine teilweise automatisierte Version sowie ein manuelles Konzept geben. Wenn wir diese Optionen mit einer Kosten/Nutzen-Analyse (ROI-Berechnung) durchrechnen, wird in der Regel die vollständig automatisierte Option am besten abschneiden und das sein, was wir auswählen. Später, wenn die Fertigungslinie eingerichtet ist, gibt es dann oft Beschwerden, dass die automatisierte Linie nicht gut zu der Situation passt.

Wenn wir dem Denken bei Toyota folgen, würden wir anders vorgehen. Zuerst würden wir bestimmen, wo wir stehen wollen. In diesem Fall bedeutet das, zuerst zu bestimmen, welcher Fertigungsprozess für die konkrete Situation am besten geeignet ist. Vollständig automatisierte, teilweise automatisierte und manuelle Fertigungslinien haben alle ihre Berechtigung, abhängig von der jeweiligen Situation, und können alle eine »Lean-Lösung« darstellen. In der frühen Startphase der Produktion eines neuen Produkts kann es sein, dass die Konfiguration des Produkts noch geändert wird und das Verkaufsvolumen sich anders als erwartet entwickelt. In dieser Situation kann es sinnvoll sein, mit einer flexiblen, leicht veränderbaren manuellen Linie zu beginnen und zu höheren Ebenen der Automatisierung überzugehen, wenn das Produkt reift und das Verkaufsvolumen tatsächlich steigt.

Jetzt kommt die Kosten/Nutzen-Analyse, die beispielsweise aufzeigt, dass das manuelle Linienkonzept zu teuer ist. In der Denkart von Toyota bedeutet das nicht, dass die manuelle Fertigungsoption fallengelassen wird. Der Zielzustand, eine manuelle Fertigungslinie, ist bereits definiert worden und steht. Das negative Ergebnis der Kosten/Nutzen-Analyse sagt einem

Manager bei Toyota lediglich, dass mehr Arbeit bei dem Design der manuellen Linie erforderlich ist, um sie zum angestrebten Kostenziel zu bringen. Der Manager wird seine Ingenieure bitten, ihre Bleistifte zu spitzen und das Konzept zu überarbeiten. Das wird schrittweise wiederholt, bis der Zielzustand innerhalb der Budgetlimits erreicht wird. Der Richtungssinn wurde genutzt, um Menschen zu führen, in diesem Fall die Ingenieure, die mit der Entwicklung eines neuen Produktionsprozesses betraut wurden.

Zuhause bleiben statt Benchmarking-Tour

Eine implizite Lehre dieses Kapitels ist, dass wir nicht zu viel Zeit damit verbringen sollten, zu bewerten, was andere – einschließlich Toyota – tun. Sie selbst sind der Benchmark:

- Wo stehen Sie jetzt?
- Wo wollen Sie als Nächstes sein?
- Welche Hindernisse halten Sie davon ab, diesen Zustand zu erreichen?

Wenn Sie zum Beispiel merken, dass Ihr technischer Support nicht schnell genug auf Maschinenprobleme reagieren kann, könnten Sie vielleicht denken: »Wie geht denn Toyota damit um?« Oder Sie fragen: »Wie schnell wollen wir, dass unser technischer Support reagiert? Was steht dem im Weg? Was müssen wir tun, um den gewünschten Zustand zu erreichen?«

Denken Sie daran: Die Fähigkeit eines Unternehmens, konkurrenzfähig zu sein und zu überleben, liegt nicht so sehr in den Lösungen selbst, sondern in der Fähigkeit der Menschen in der Organisation, eine Situation zu verstehen und Lösungen zu entwickeln. Und die Organisation muss keineswegs perfekt sein, sondern in den Bereichen Produkt oder Service lediglich einen Vorsprung vor ihren Konkurrenten haben.

Kapitel 4

Ursprung und Auswirkungen unseres gegenwärtigen Managementansatzes

Vieles an unseren heutigen Führungsroutinen entstammt der US-Automobilindustrie der 1920er Jahre. Ein kurzer Blick auf die Anfänge der zwei Großen, der Ford Motor Company und der General Motors Corporation, wirft Licht auf unser heutiges Denken.

(Beachten Sie bitte bei diesem Kapitel, dass Geschichtsaufarbeitung zwangsläufig aus einer bestimmten Perspektive erfolgt, und trotz meiner Bemühungen, gründlich nachzuforschen und objektiv zu sein, gilt das zweifellos auch für diese.)

Ford – der frühe Ansatz (1906–1927)

Was das 1x1-Fluss-Ideal angeht, hatte Toyota einen Vorläufer in der Ford Motor Company. Anfang des 20. Jahrhunderts strebte Ford die wohl konsequenteste Vision eines zusammenhängenden Flusses in der westlichen Produktion an. (Ich verwende hier bewusst das Wort *zusammenhängend* statt *kontinuierlich*.)

Ford startete die Fluss-Experimente in der Vorfertigung

Alle kennen die Story von dem Endmontagefließband für das T-Modell aus dem Jahr 1913 in der Highland Park Fabrik in Michigan. Aber die Fluss-Experimente von Ford hatten bereits begonnen, bevor das T-Modell 1908 eingeführt wurde.

1906 begannen Ingenieure bei Ford, um der steigenden Nachfrage nach dem Ford N-Modell gerecht zu werden, Maschinen für die Fertigung von Motoren- und Getriebekomponenten in der Reihenfolge der Prozessschritte anzuordnen, statt sie nach dem Maschinentyp zu gruppieren, wie es damals üblich war. Wenn zum Beispiel eine Wärmebehandlung erforderlich war, wurde bei Ford der dafür benötigte Ofen zwischen dem vorherigen und folgenden Fertigungsschritt platziert anstatt in einem getrennten Ofenbereich. Das Ergebnis war eine beträchtlich höhere Produktivität und im Laufe der nächsten Jahre bemühte sich Ford, dieses Konzept einer sequenziellen Verarbeitung auf die Fertigung vieler Komponenten auszuweiten.

Damals wurden aber die verschiedenen *Montage*prozesse bei Ford (Motor, Antriebsstrang, Achse, Magnetzünder, Armaturenbrett, Endmontage und so weiter) noch als stationäre Tische oder Standplätze aufgestellt, auf denen jeweils ein Fertigprodukt zusammenmontiert wurde – oft von einer einzelnen Person, die alle Teile zusammenfügte. Selbst als Ford 1910 seine Komponentenfertigung und Montageprozesse zur Highland-Park-Fabrik verlagerte, blieben stationäre Tische und Standplätze die primäre Montagemethode.

Ford führt den sequenziellen Fluss in der Montage ein

1913 konnte die Highland-Park-Fabrik die rasant steigende Nachfrage nach dem T-Modell immer noch nicht befriedigen; mehr Aufträge kamen herein, als Autos die Fabrik verließen. Die Ford-Ingenieure setzten auf der Suche nach Möglichkeiten, die Aufträge zu bedienen, das erste sequenzielle und sich bewegende Montageband für die Vormontage des Schwungrads ein. Nach einigen Wochen des Experimentierens und der Feinabstimmung konnte die Produktivität dieses Prozesses um das Vierfache gesteigert werden.

Sie können sich die Begeisterung vorstellen, mit der die Ingenieure bei Ford anschließend daran arbeiteten, dieses Montagekonzept auf die vielen anderen Montageprozesse in Highland Park auszuweiten – einschließlich der berühmten Endmontagebänder.

Der Versuch, alles miteinander zu verknüpfen

Gegen Ende des Jahres 1913 gestaltete sich die Situation in der Highland-Park-Fabrik mehr oder weniger so: Die vorgelagerten Komponentenfertigungsprozesse (Stanzen, maschinelle Verarbeitung und so weiter) waren seit einiger Zeit in der Reihenfolge der Prozessschritte angeordnet. Die verschiedenen nachgelagerten Montageprozesse (Motor, Endmontage und so weiter) wurden jetzt ebenfalls in eine sequenziell fließende Reihenfolge gebracht.

Abbildung 14: Komponentenfertigung und Montageprozesse

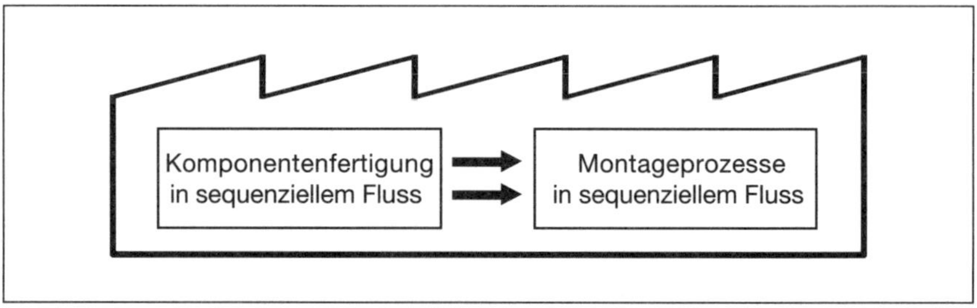

Zudem wurde nur ein Produkt hergestellt, das T-Modell, wodurch kein Umrüsten erforderlich war. Abgesehen von einigen verschiedenen Karosserietypen waren alle Teile in der Produktion des T-Modells identisch.

Was wäre nun der nächste Schritt bei Ford?

Aufbauend auf ihre Erfolge, sowohl Fertigungs- als auch Montageprozesse in einen Fluss zu bringen, und angesichts der Tatsache, dass es nur ein einzelnes Produkt gab, kamen die Ingenieure bei Ford zu der logischen Schlussfolgerung: Warum nicht alle Prozesse in einem zusammenhängenden Fluss verbinden – vom Rohstoff bis zum Endprodukt?

Abbildung 15: Alle Prozesse zu einem zusammenhängenden Fluss verbinden

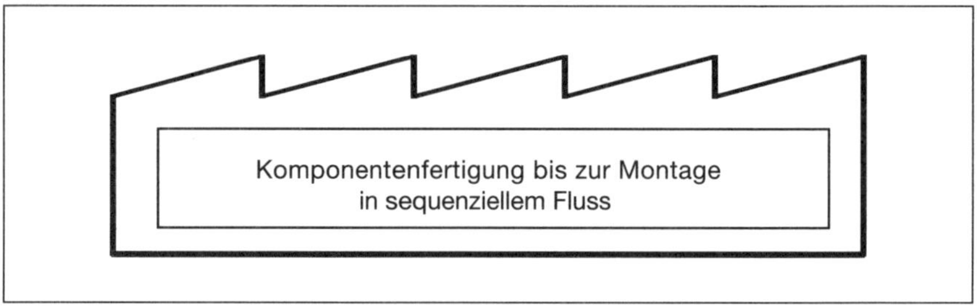

Wir waren nicht dabei und können die Ingenieure des T-Modell-Zeitalters nicht danach fragen, aber sie hinterließen uns mit den ungewöhnlichen sechsstöckigen Gebäuden in Highland Park ein Exoskelett ihres Denkens. Diese Gebäude wurden 1914 zum Highland-Park-Fabrikkomplex hinzugefügt und bis 1919 fand dort die T-Modell-Produktion statt.

Das Konzept hinter diesen Gebäuden war, dass die Endmontage im Erdgeschoss stattfand und die Vormontagen sowie Komponentenfertigung in den Obergeschossen. Damals wurden Materialien mit der Eisenbahn zu den Fabriken gebracht und Gleisspuren führen unter die zentrale Kranlaufbahn in dem Gebäude (siehe Profilzeichnung). Mit dem Kran wurde das Mate-

Abbildung 16: Grundriss der sechsstöckigen Gebäude in Highland Park[11]

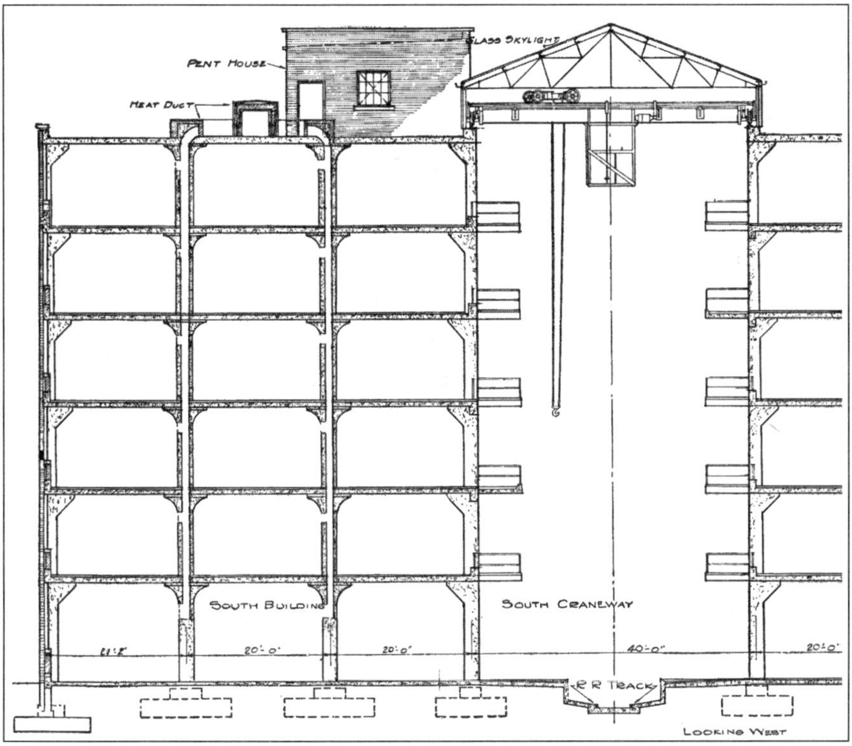

rial von den Eisenbahnwaggons auf Balkone gezogen, die zu den jeweiligen Stockwerken hin offen waren. An diesem Punkt lasse ich Mr. Edward Gray, damals Chief Construction Engineer bei Ford, den Rest des Materialflusses in diesen Gebäuden beschreiben, die er entwarf: »Es gibt Tausende von Löchern, die in die Fußböden jener Gebäude geschnitten wurden, sodass die Teile, die im Dachgeschoss unbearbeitet ankamen, mittels Schwerkraft nach unten gebracht wurden, über Rutschen oder Förderbänder und Röhren, bis sie schließlich als fertiges Produkt auf dem Förderband im Erdgeschoss landeten.«[12]

Bei der Sekundärrecherche für dieses Buch waren mein Kollege Jim Huntzinger und ich fasziniert von den sechsstöckigen Ford-Gebäuden in Highland Park und insbesondere von Edward Grays Beschreibung.

---

11 Die Zeichnung stammt aus: Horace Lucien Arnold/Fay Leone Farote: *Ford Methods and the Ford Shops*. New York: The Engineering Magazine Company, 1915.

12 Edward Gray: Ford Tax Cases, 1927.

Sobald wir sie in den Unterlagen der Ford Tax Cases in der Public Library von Detroit gelesen hatten, schien es, als ob die Behauptung, dass die Ingenieure der Ford-T-Modell-Ära nach einem komplett zusammenhängenden Fluss strebten, nur durch eine persönliche Betrachtung dieser Löcher in den Fußböden des sechsstöckigen Gebäude bestätigt werden könne.

Stellen Sie sich unsere Enttäuschung vor, als wir von unseren Ford-Gastgebern durch die jetzt unbenutzten sechsstöckigen Gebäude geführt wurden und kein einziges Loch in den Fußböden finden konnten. Glücklicherweise hatten wir einen scharfsinnigen Doktoranden der Universität Michigan bei uns, Mr. Eduardo Lander, der plötzlich erkannte: »Diese Fußböden sind 90 Jahre alt und wahrscheinlich oft erneuert worden. Wir sollten unseren Blick auf die Decken, nicht auf die Fußböden richten.« Wir blickten nach oben und dort waren sie, deutlich zu sehen – viele geflickte Löcher.

Das sechsstöckige Bauexperiment von Ford war im Endeffekt kein Erfolg, und das Konzept wurde nicht ausgeweitet. Wir können vermuten, dass die zwei Kräne in jeder Kranbahn, die Materialien von den Eisenbahnwaggons abladen sollten, ein ernsthafter Engpass waren. Das Weiterleiten von Teilen durch Löcher in einem Stahlbetonfußboden dürfte auch ziemlich unflexibel gewesen sein, denn das Ändern einer Maschinenanordnung würde bedeuten, ein Loch flicken und mit dem Presslufthammer ein neues schaffen zu müssen.

Es gab zudem eine Fülle von Umlaufbeständen in den Highland-Park-Wertströmen; in all den verschiedenen Förderbändern, Rutschen, Schiebern, Fässern, mit denen Komponenten zwischen Prozessen transportiert wurden, und oftmals sogar zwischen den einzelnen Schritten eines Prozesses. Ford war noch weit entfernt vom idealen 1x1-Fluss von A bis Z. Aber der entscheidende Punkt ist ein anderer: Ob bewusst oder nicht, mit dem Bemühen, unaufhörlich die Produktion in Richtung des Ideals eines komplett verbundenen Flusses zu verbessern, nutzte die frühe Ford Motor Company eine Vision und Zwischenzielzustände auf eine Art, die kritische Hindernisse hervorhob, um daran zu arbeiten, statt sie zu umgehen. Das ähnelt in überraschendem Maße Toyotas Verbesserungs-Kata, die eine langfristige Vision und Zielzustände nutzt, um Menschen zu führen und die Organisation voranzubringen. Die Ford-Story ist zwar oft erzählt worden, aber aus Sicht von Management and Organization Behavior haben wir diesen Punkt übersehen.

Abbildung 17: Auf ähnliche Weise wie Toyota nutzte Ford schon früh Vision und Zielzustände

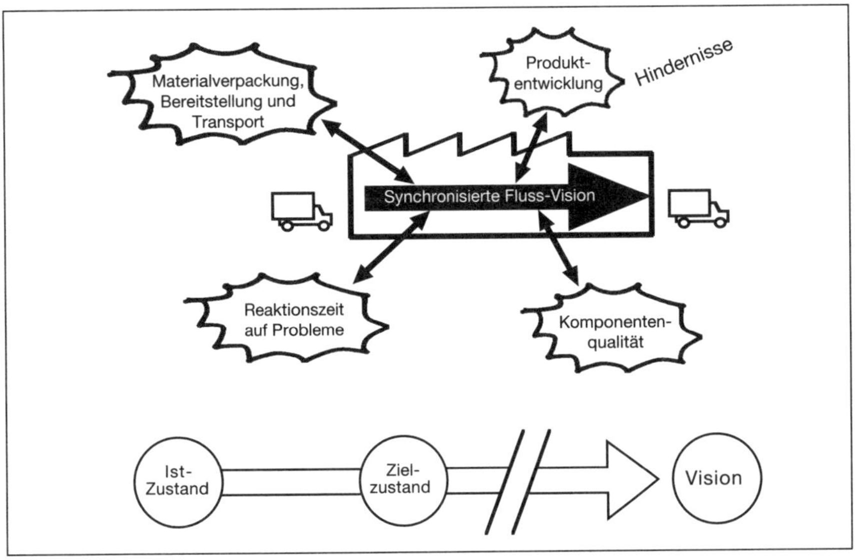

Das Ende der Fluss-Experimente bei Ford

Nach den sechsstöckigen Gebäuden unternahm Ford mit dem integrierten, horizontalen Layout des River-Rouge-Fabrikkomplexes noch einmal einen umfangreichen Versuch, alle Prozesse vom Rohstoff bis zum Endprodukt zu verbinden. Von 1919 bis 1927 wurde dort das T-Modell produziert. Aber ab Mitte der 1920er Jahre waren Kunden weniger bereit, nach wie vor dasselbe T-Modell zu kaufen. Die Anzahl der Produktvarianten stieg an, während die Lebensspanne jedes Modells schrumpfte.

Diese zwei neuen Anforderungen an die Fabriken – größere Vielfalt und kürzere Produktlebensspannen – erschwerten ein Synchronisieren der gesamten Produktion im Vergleich zu den Ein-Produkt-Tagen des T-Modells erheblich. Einige Prozesse mussten jetzt verschiedene Versionen einer Komponente produzieren und dazwischen umrüsten. Stellen wir uns vor, ein Kurbelwellen-Fertigungsprozess, der bisher nur eine Kurbelwelle für das T-Modell produziert hatte, musste jetzt verschiedene Kurbelwellen für unterschiedliche Motorvarianten herstellen. Idealerweise würde dieser Fertigungsprozess synchron mit dem Motormontageprozess umgerüstet, was aber schwierig ist, da ein Fertigungsprozess häufig mehr als einen Montageprozess versorgt und bedeutend längere Umrüstzeiten aufweist.

In dieser Situation gibt es zwei Möglichkeiten. Die schwierigere Option ist, weiterhin die Vision eines »zusammenhängenden Flusses« zu verfolgen. Dazu müssten die zugegebenermaßen großen Hindernisse in Angriff genommen und durch neue Lösungen bewältigt werden, um den synchronisierten Fluss herzustellen. Die leichtere und schneller umzusetzende Option besteht dagegen darin, vom synchronisierten Fluss-Ideal abzurücken, die Prozesse im Wertstrom voneinander abzukoppeln und sie als von einander losgelöste Inseln zu betrachten und zu steuern.

Im Allgemeinen wählte man nach der T-Modell-Ära zunehmend die Entkoppelungsoption. Neben der zunehmenden Produktvielfalt mag ein weiterer Grund dafür gewesen sein, dass ab etwa 1924 die Produktionskapazität der amerikanischen Automobilhersteller die Nachfrage endlich abdecken konnte. Das Auftragsvolumen entwickelte sich nicht mehr schneller als die Kapazitäten, und dies reduzierte spürbar die Dringlichkeit, unvermindert um mehr Fluss und Produktivitätsverbesserungen zu kämpfen.

Ein weiterer Grund bestand darin, dass General Motors mit seinem Managementansatz in eine neue Richtung aufbrach und anstelle von Ford das Vorbild wurde, dem man nacheiferte. Als sich die T-Modell-Ära dem Ende näherte, scheint das im Großen und Ganzen auch für die gezielten Versuche, den Fabrikfluss kontinuierlich zu verbessern, und für das damit verbundene Vorgehen im Stil der Verbesserungs-Kata zu gelten. Das Bemühen um ein integriertes Fluss-Ideal schlief ein, bis sich in den 1950er Jahren Toyota dieser Aufgabe annahm.

Der Ansatz von General Motors (1920er Jahre bis heute)

Eine neue Richtung im Management

Das frühe Ford-Unternehmen strebte schwerpunktmäßig in Richtung einer Vision – dem Produktionsfluss-Idealzustand –, konzentrierte sich aber zu wenig auf Produktentwicklung und das systematische Organisieren und Managen des Unternehmens. Im Gegensatz dazu zollte General Motors (GM) der Entwicklung eines systematischen Managements und der Strukturierung der Organisation große Aufmerksamkeit. Im Folgenden werden drei Konzepte aus dem damals neuen Managementansatz von GM vorgestellt, die für unsere Diskussion von besonderem Interesse sind. Sie sollten jedem, der in einem mittleren oder großen Unternehmen gearbeitet hat, bekannt sein:

Rate-of-Return-Entscheidungsansatz

Das GM-Finanzkomitee stützte sich bei der Entscheidungsfindung über Investitionen auf eine Rate-of-return-Analyse (Kosten/Nutzen-Analyse oder Return-on-investment-(ROI)-Berechnung). Im Gegensatz zu Fords Anfangsjahren bestimmte der jeweilige prognostizierte Gewinn, nicht das Anstreben eines Ideals, wie Entscheidungen zu treffen waren.

Mit anderen Worten: *Geld verdienen* wurde die bestimmende Vision oder Ausrichtung für die weitere Entwicklung des Geschäfts oder der Fabrik. Man bewegte sich jetzt nicht in eine besondere Richtung (aufeinanderfolgende Zielzustände auf dem Weg zu einer Vision anstrebend), sondern beurteilte und wählte Optionen isoliert und basierend auf ihrer Rate-of-Return.

> Ich kenne keine bessere Hilfe bei einer Geschäftsentscheidung, als die Rate of Return.
> Unsere Aufgabe besteht nicht darin, Autos zu bauen, sondern Geld zu verdienen.
>
> ALFRED P. SLOAN, JR., PRÄSIDENT VON GENERAL MOTORS (1923–1937), CHIEF EXECUTIVE (1937–1946), CHAIRMAN OF THE BOARD (1937–1956)

Maximierung des Outputs einzelner Prozesse

In frühen Jahren schien man bei GM zu dem Schluss gekommen zu sein, dass niedrige Kosten durch die Produktion großer Mengen mit hoher Maschinenauslastung erreicht werden. Das Management begann, den Produktionswertstrom als getrennte Segmente oder Abteilungen in Form von Inseln zu betrachten. Man schaffte Anreize, die diese Abteilungen dazu brachten, so viel und so schnell wie möglich zu produzieren, um Kosten gemäß betriebswirtschaftlicher Kalkulationen zu reduzieren (das heißt Stückzahl pro Arbeitsstunde je Abteilung oder Segment des Wertstroms).

Zentralisierte Planung und Kontrolle basierend auf betriebswirtschaftlichen Kennzahlen

GM schuf zwar eine dezentralisiert arbeitende Organisation mit mehreren strategischen Geschäftseinheiten, diese unterlagen aber zunehmend einer zentralen operativen Beschlussfassung und Kontrolle. Diese Kontrolle bestand im Vorgeben quantitativer Ziele für die Geschäftseinheiten und deren Rückmeldung ihrer Leistungskennzahlen. Die Entscheidungsfindung beruhte stark auf der Analyse von Buchhaltungsdaten, die an die Zentrale weitergeleitet wurden.

Natürlich führte GM auch bekannte Praktiken ein, um die Kundenseite zu beeinflussen. Diese Praktiken umfassten eine Segmentierung des Marktes und das Versorgen jedes Segments mit einer Produktlinie, jährlich neuen Modellen, segmentspezifischem Marketing und dem Anbieten von Kundenkrediten. Da sich dieses Buch dem Organisationsmanagement widmet, werde ich mich auf die Änderungen konzentrieren, die GM innerhalb des Unternehmens auf der Managementseite einführte.

Beabsichtigte und unbeabsichtigte Auswirkungen

Die Ergebnisse des neuen Ansatzes und der Praktiken von General Motors waren dramatisch und positiv. GM verzeichnete phänomenale Erfolge, wuchs zum größten Unternehmen der Welt heran, und beeinflusste in hohem Maße die Natur des Businessmanagements. Im Laufe der folgenden Jahrzehnte gewann der Managementansatz von GM zunehmend an Bekanntheit und wurde von unzähligen Unternehmen übernommen. In den 1950er Jahren war dieser Ansatz bei amerikanischen Aktiengesellschaften und bei Unternehmen rund um die Welt zur allgemeinen Praxis geworden. Heute ist dieser Ansatz so weit verbreitet, dass er im Grunde unsichtbar ist. Es ist schlichtweg die gängige Vorgehensweise.

Lassen Sie mich jedoch eines anmerken: Der Managementansatz von GM erreichte einen großen Erfolg in der Marktlage, die bis in die 1960er Jahre anhielt. In späteren Jahren, unter anderen Bedingungen, war derselbe Managementansatz weniger erfolgreich. Lassen Sie uns einige der Auswirkungen betrachten, die diese drei GM-Konzepte auf das Managen von Unternehmen hatten. Auch hier sollte das Folgende jedem bekannt sein, der in einem produzierenden Unternehmen gearbeitet hat.

Auswirkungen des Rate-of-Return-Entscheidungsansatzes

Der formelgestützte Rate-of-Return-Entscheidungsansatz von GM ist in einem wachsenden Markt wirksam genug, in dem es Businessmöglichkeiten gibt, zwischen denen man wählen kann. Aber in engeren wettbewerbsgeprägten Märkten oder Märkten mit schwachem Wachstum, wie wir sie heute oft haben, wird er weniger wirkungsvoll.

Der GM-Ansatz stand größtenteils in Zusammenhang mit den frühen Tagen der amerikanischen Automobilindustrie, als man die

Wahl zwischen mehrfachen Optionen hatte. Aber in einem Markt mit schwachem Wachstum und vielen Mitbewerbern sind unmittelbar profitbringende Gelegenheiten – die niedrig hängenden Früchte – bereits gepflückt. In dieser Situation ist das Management gefragt, erfolgversprechende Prozesse, Produkte und Situationen schrittweise in die Rentabilität zu führen, statt diejenigen auszuwählen, die unmittelbar gewinnbringend wären.

Der ROI-Ansatz von GM bezieht sich also mehr auf das Entscheiden zwischen Optionen als auf Verbesserung und Adaption. Beispielsweise entschieden sich die Detroiter Automobilhersteller in der zweiten Hälfte des 20. Jahrhunderts wiederholt dafür, nicht maßgeblich den Markt für kleine Autos anzugehen, weil diese Fahrzeuge aus einer ROI-Entscheidungs-Perspektive nicht gewinnbringend waren – selbst dann nicht, als der Markt dafür wuchs. Die Medien haben diese Entscheidungen oft kritisiert, was jedoch zumindest teilweise nicht angebracht ist. Die Executives trafen jene Entscheidungen rational und im Einklang mit dem Managementsystem, innerhalb dessen sie arbeiteten.

Im Gegensatz dazu veranlasst der Toyota-Ansatz Menschen zur systematischen und kreativen Arbeit auf der Detailebene, um zu tun, was nötig ist, ehrgeizige Zielzustände zu erreichen, die im ersten Anlauf eine Rate-of-Return-Berechnung nicht bestehen würden. Wie im vorherigen Kapitel dargestellt, nutzt Toyota die Kosten/Nutzen-Analyse weniger als Mittel zur Richtungsbestimmung, sondern um herauszufinden, wie ein gewünschter Zustand kosteneffektiv erreicht werden kann.

Wenn wir mit unserer ROI-Denkweise noch weiter gehen und damit einzelne Entscheidungen oder Schritte bewerten, wird dies möglicherweise eine Suboptimierung zur Folge haben. Gemäß der Systemtheorie reduziert oft der Versuch, die einzelnen Teile von etwas zu maximieren, die Wirksamkeit des Ganzen.

Bei diesem Vergleich von GM und Toyota geht es nicht um Bewertungen. Beide Ansätze verkörpern Reaktionen auf unterschiedliche Bedingungen zu verschiedenen Zeitpunkten in der Geschichte der Automobilindustrie. Wichtig für uns ist es zu verstehen, welches die langfristigen Effekte auf eine Organisation sind.

Auswirkungen von der Maximierung des Outputs einzelner Prozesse

Das Bestreben, den Output einzelner Prozesse zu maximieren (beispielsweise jeden Prozess einzeln anhand der Stückzahl pro Arbeitstunde zu messen), hat eine Reihe von Auswirkungen auf den Wertstrom:

- Ein Prozess oder ein Bereich wird zunehmend vom folgenden Prozess entkoppelt, wenn man sich dort bemüht, so viel und so schnell wie möglich zu produzieren.
- Da Rüstzeiten die Produktion unterbrechen, gibt es eine natürliche Tendenz, diese zu vermeiden und größere Losgrößen zu produzieren.
- Der folgende Prozess im Wertstrom braucht die zu früh produzierten Teile noch nicht, sodass diese als Bestand gelagert werden müssen. (Dieser Warenbestand wird übrigens im internen Rechnungswesen als Aktivposten gewertet.)
- Wenn der folgende Prozess die Teile schließlich verwendet, wird er auf fehlerhafte Produkte stoßen. Es ist jedoch unmöglich, die Ursachen dieser Mängel festzustellen, weil die Teile vor einiger Zeit produziert wurden und die Bedingungen im vorhergehenden Prozess, in dem die Mängel entstanden, sich schon lange geändert haben.

Diese Situation wiederholt sich über den gesamten Wertstrom hinweg und resultiert in einer Gesamtdurchlaufzeit durch die Fabrik von Tagen oder Wochen, wohingegen die gesamte Wertschöpfungszeit nur Minuten beträgt. Interessanterweise reduzieren wir dadurch, dass wir einen Prozess beschleunigen, um die Kennzahl »Stück pro Arbeitsstunde« zu verbessern, nur die Minuten der Wertschöpfungszeit und tun nichts, um die Tage und Wochen der Durchlaufzeit zu verringern. Die Auswirkungen können Sie weltweit in Fabriken beobachten.

Um hierbei Bestände nicht zu sehr anwachsen zu lassen, legten wir Grenzen für Puffermengen fest und setzten Ziele für Bestandsmengen, ohne unbedingt die Situation in den Fabrikprozessen zu verstehen. Dadurch entstand das Ziel, jedes einzelne Segment des Wertstroms so genau zu planen, dass Teile möglichst zeitnah am Bedarf des folgenden Segmentes hergestellt wurden. Aber dieser heilige Gral ist in der realen Welt selbst mit hoch entwickelter Software nicht ständig erreichbar, weil sich Prozesszustände entlang des Wertstroms fortwährend ändern.

Es bedarf einer bestimmten Menge an Bestand, um einen Wertstrom zusammenzuhalten, und die Menge hängt von den gegenwärtigen Leistungseigenschaften der Prozesse in diesem Wertstrom ab. Wenn wir Bestandsziele unter dieses Niveau bringen, dann nehmen Fehlermengen, Planumstellungen und Sonderfrachten zu. Jeder Arbeitstag wird dann von Notlösungen geprägt. Derartige Aktivitäten verursachen umso mehr Volatilität in den Wertströmen, und bald sind fast alle Personen in der Fabrik nur noch damit beschäftigt, irgendwie die Produktionsmengen und Lieferposten einzuhalten.

Menschen in einer Organisation handeln entsprechend der Maximierung ihres Erfolgs rational. Den Schwerpunkt auf die Maximierung der Abteilungsproduktion zu legen, statt auf die Optimierung des gesamten Flusses für den Kunden, bedeutet, dass die natürlichen Interessen des Abteilungsleiters möglicherweise mit den langfristigen Überlebensinteressen des Unternehmens kollidieren. Auf lange Sicht fallen die Gesamtkosten höher aus und die Organisation wird mit Firefighting beschäftigt sein, obwohl der Abteilungsleiter seine Ziele erfüllt oder sogar übertrifft.

Auswirkungen von zentralisierter Planung und Kontrolle basierend auf betriebswirtschaftlichen Kennzahlen

Wie Sie in der Beschreibung des Alltags in einer Fabrik sehen konnten, neigt die Führung dazu, den Bezug und das Verständnis hinsichtlich der wirklichen Situation auf dem Shop Floor zu verlieren, wenn Entscheidungen in der Zentrale auf abstrakten Finanzdaten basieren. Die Versuche, sich aus der Distanz über Datenabstraktionen zu behelfen, laufen häufig darauf hinaus, dass Manager von falschen Annahmen ausgehen, unpassende Entscheidungen treffen und zu spät versuchen, Korrekturen und Anpassungen vorzunehmen. Hinzukommend versuchen die Manager vor Ort natürlich, die Kennzahlen, auf deren Basis sie bewertet werden, gut darzustellen, was zur Folge hat, dass die Entscheidungsträger auf höheren Ebenen noch weniger exakte Informationen erhalten.

Kurz, die zentral kontrollierten Geschäftsbereiche sind nicht nur außerstande, autonom und schnell zu adaptieren. Gleichzeitig stützen Entscheidungsträger in der Zentralverwaltung ihre Entscheidungen auf ungenaue, den Tatsachen hinterherhinkende quantitative Abstraktionen.

Was wurde aus Management by Objectives?

Das ursprüngliche Denken hinter Management by Objectives (MBO), wie Peter Drucker es 1954 in seinem Buch *Die Praxis des Managements*[13] darstellte, ist von dem Managen bei Toyota gar nicht so weit entfernt. Drucker erwähnt sogar in einem kurzen Fallbeispiel, dass einige der effizientesten Manager, die er kenne, darüber hinausgehen, nach unten nur quantitative Ziele zu setzen. Drucker beschreibt, wie diese Manager in einen Dialog mit der Ebene unter ihnen treten, um einen schriftlichen Plan zu entwickeln, der beschreibt, wie

13 Peter Drucker: *Die Praxis des Managements*. 6. Auflage, Düsseldorf: Econ, 1998.

die Ziele erreicht werden sollen. Mit anderen Worten widmen sie den Mitteln die nötige Aufmerksamkeit, durch die Ergebnisse erzielt werden.

Es scheint allerdings, dass in der anschließenden Businesspraxis und Lehre MBO eher zu einem Planen und Kontrollieren von oben wurde, umgesetzt durch das Vorgeben quantitativer Ziele und dem Bewerten auf der Basis berichteter Kennzahlen, was einige als »Management by Results« bezeichnen. Leider gibt es eine Menge unterschiedlicher Wege, um quantitative Ziele zu erreichen, die nicht alle mit echter Prozessverbesserung oder dem Bewegen der einzelnen Bestandteile einer Organisation in eine gemeinsame Richtung zu tun haben.

Warum funktionierte die verwässerte Version von MBO dann lange Zeit so gut? Mögliche Gründe dafür könnten sein:

- In der Phase begrenzten internationalen Wettbewerbs (ein Oligopol) und anhaltenden Wachstums, die bis in die 1970er Jahre andauerte, genügten gelegentliche Verbesserungen. Bei derartigen Marktbedingungen ist es möglich, trotz beträchtlicher Verschwendung innerhalb des Systems und ohne ständige Verbesserung gute Profite zu erwirtschaften.
- Derartige Marktbedingungen boten immer noch einige auf Anhieb profitable Möglichkeiten. So gab es weniger Notwendigkeit, noch nicht profitable Produkte und Situationen mühsam zur Rentabilität zu bringen.
- Als sich Mitte der 1970er Jahre die Notwendigkeit von Verbesserung und Adaption abzuzeichnen begann, konnte man möglicherweise noch eine Zeit lang in Führung bleiben, indem man Bestände und Mitarbeiterzahl zurückfuhr, die größer als zwingend nötig geworden waren. Mittlerweile haben wir aber möglicherweise die Grenzen des Verbesserns durch Cutting, also Rationalisierung, erreicht.
- Der Wettbewerb beschleunigte sich nur langsam. Dadurch entstand der Eindruck, dass sich die Verhältnisse nicht allzu sehr veränderten.

Interessanterweise verändert die Verlagerung der Produktion in Niedriglohnländer zwecks Kostenersparnis – auch eine Art Cutting – weder das zugrunde liegende System noch verbessert es die Produktionsprozesse. Manche bezeichneten das als »Verschwendung preiswerter machen«, weil es nicht wirklich die zugrunde liegende Vorgehensweise ändert.

Was lernen wir aus der Geschichte?

1. Einfach ausgedrückt veränderten sich die grundlegenden Eigenschaften des Fabrikflusses nach der T-Modell-Ära in den westlichen Ländern bis

zum Ende des 20. Jahrhunderts kaum noch – als Folge des Managementsystems. Natürlich gab es seit den Tagen des T-Modells viele technische Entwicklungen. Aber, wie es sowohl Michael Cusumano in den frühen Forschungen zu seiner Doktorarbeit in den 1980er Jahren als auch im selben Jahrzehnt die weltbekannte IMVP-Studie feststellten, gab es ansonsten wenig Entwicklung hinsichtlich Produktivität und Fabrikfluss (Lagerumschlagshäufigkeit) in der westlichen Autoindustrie. Die grundlegenden Produktionstechniken blieben mehr oder weniger unverändert.

Toyotas Art und Weise des Vorwärtskommens ist dagegen eine der Adaption und ständigen Verbesserung, des Entwickelns von Prozessen, Produkten und Geschäftsbereichen hin zur Rentabilität, indem das getan wird, was nötig ist, um Zielzustände zu erreichen.

Abbildung 18: Produktivitätsentwicklung bei Toyota und den US-Autobauern

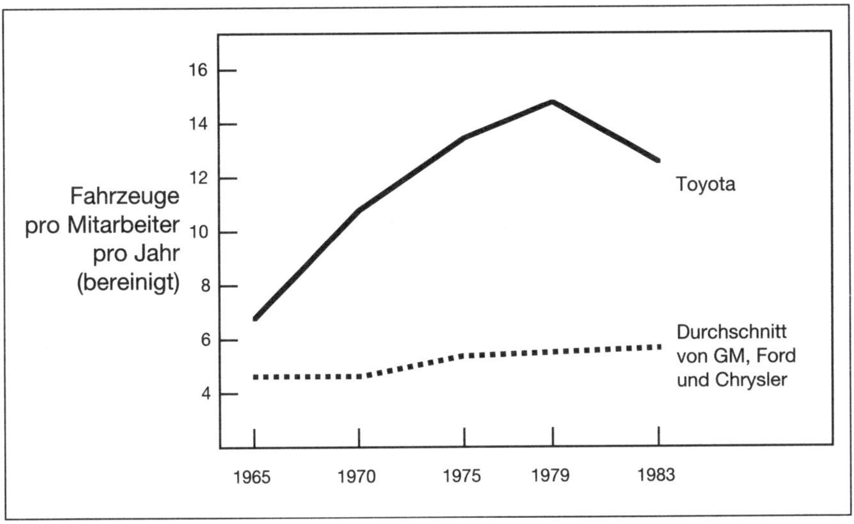

Quelle: Michael Cusumano: *The Japanese Automobile Industry*, Harvard University Press 1985

2. In den frühen 1950er Jahren wurde der Staffelstab der kontinuierlichen Prozessverbesserung in Richtung der idealen Flussvision erneut aufgegriffen – dieses Mal von Toyota. Zum Beispiel entschied sich Toyota in der Produktion, Schritt für Schritt auf etwas Ähnliches wie Fords frühe Vision hinzuarbeiten: Ein verbundener und synchronisierter Fluss mit immer kürzerer Durchlaufzeit. Tatsächlich haben sowohl Ford – in sei-

ner Anfangszeit – wie auch Toyota das Ideal der gesamten Produktion als »ein langes Fließband« bezeichnet.

Toyota erkannte, dass die Hauptquelle für niedrige Kosten nicht in hoher Maschinenausnutzung alleine besteht, sondern darin, dass die Teile mit möglichst wenig Verschwendung ungehindert von einem Prozess zum nächsten übergehen. Diesen synchronisierten Fluss anzustreben bedeutete für Toyota, sich der Herausforderung zu stellen, das Umrüsten zwischen den verschiedenen, vom nächsten Prozess benötigten Artikeln, mit wenig oder keinem Zeitverlust anzustreben.

3. Die wichtigste Lehre, die wir aus diesem Kapitel ziehen können, ist, dass viele von uns unsere Unternehmen mit einer Logik führen, die aus den 1920er und 30er Jahren stammt, und dass diese Logik eventuell nicht mehr angemessen ist für die Situation, in der sich Unternehmen heute befinden.

GMs Vorgehensweise erwies sich während der Phase von Wachstum und oligopolistischer Isolation vom weltweiten Wettbewerb bis in die 1970er Jahre hinein als sehr lukrativ. Sie wurde zu unserem Vorbild sowie der akzeptierten Managementpraxis und wird heute noch an den Business Schools gelehrt. Das bedeutet aber auch, dass viele von uns heutzutage ihre Unternehmen auf Verhältnisse ausgerichtet leiten, mit denen die amerikanische Automobilindustrie Ende der 1920er Jahre konfrontiert war. Das Problem liegt vielleicht nicht darin, dass diese Logik alt ist, sondern dass sie keine kontinuierliche Verbesserung und Adaption beinhaltet. Wenn unsere Geschäftsphilosophie und unser Managementansatz dies nicht beinhaltet, können Unternehmen und ihre Führungskräfte in Mustern stecken bleiben, die im Laufe der Zeit immer weniger zu den dynamischen Verhältnissen im Umfeld passen.

Die Lösung liegt nicht darin, regelmäßig unser Managementsystem zu verändern oder umzustrukturieren, sondern darin, ein Managementsystem zu haben, dass mit Effektivität auf jene unvorhersehbaren Umstände reagieren kann. Dass Toyota sein Managementdenken seit 60 Jahren zu großen Teilen beibehält, ist ein Beispiel dafür. Viele von uns sind gespannt, wie Toyotas Managementsystem sich in den kommenden Jahrzehnten bewähren und den Herausforderungen standhalten wird.

Lassen Sie uns jetzt einen Blick auf dieses Managementsystem werfen.

Teil III

Die Verbesserungs-Kata – Wie sich Toyota kontinuierlich verbessert

Einleitung zu Teil III

Abbildung 19

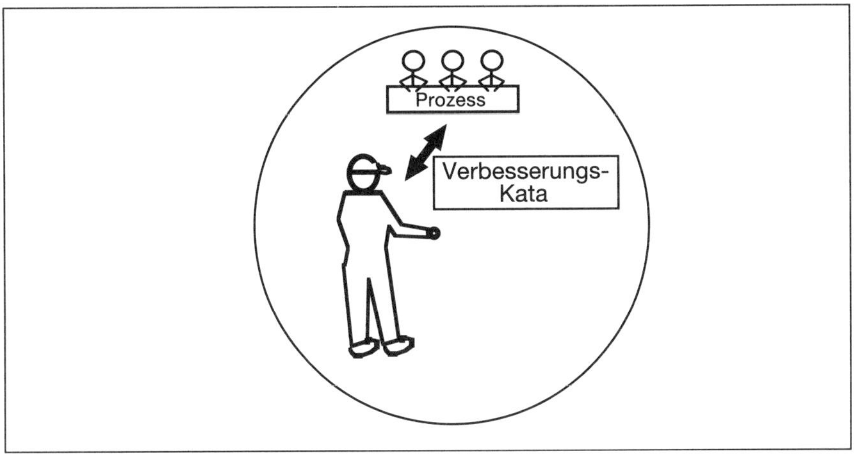

In Kapitel 2 haben wir gesehen, dass die Frage »Was *können* wir tun?« häufig zu Verbesserungsversuchen nach dem Gießkannenprinzip führt. Die schwierigere, aber zielgerichtete Frage lautet: »Was *müssen* wir tun?«

Wie findet Toyota die Antwort auf diese Frage?

Kurz gesagt funktioniert die sich immer wiederholende Routine von Toyotas Verbesserungs-Kata wie folgt: (1) unter Berücksichtigung einer langfristigen Vision, Ausrichtung oder eines Ziels und (2) mit dem Verständnis des aktuellen Zustands (3) wird ein nächster Zielzustand auf dem Weg zur Vision festgelegt. (4) Wenn wir dann schrittweise auf diesen Zielzustand hinarbeiten, treffen wir auf Hindernisse, die definieren, woran wir arbeiten *müssen* – in den meisten Fällen eines nach dem anderen.

Die Kapitel 5 und 6 beschreiben die Verbesserungs-Kata. Kapitel 5 erklärt Zielzustände, und Kapitel 6 veranschaulicht, wie man sich effektiv auf einen Zielzustand hinbewegt.

Obwohl die Verbesserungs-Kata eine Routine für kontinuierliche Verbesserung beschreibt, denken Sie bitte daran, dass diese Kata bei Toyota ein

Abbildung 20: Die Verbesserungs-Kata kurzgefasst

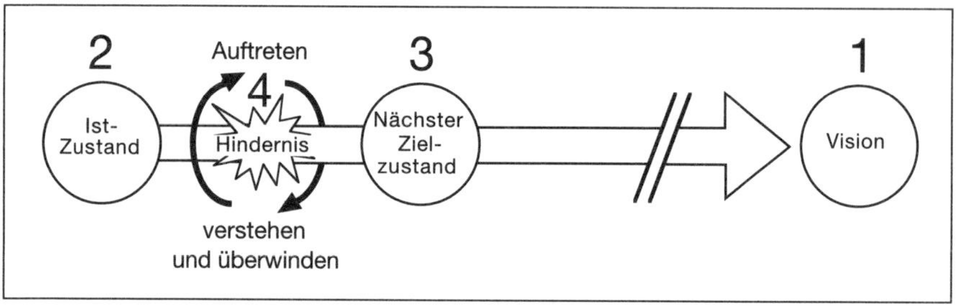

Bestandteil des tagtäglichen Führens von Mitarbeitern ist. Die Psychologie der Verbesserungs-Kata ist allgemeingültig, und bei Toyota wird jedem beigebracht, gemäß dieses systematischen Ansatzes vorzugehen. Dort wird er auf viele unterschiedliche Situationen angewandt, nicht nur in der Produktion. Der Inhalt variiert, aber die Vorgehensweise bleibt gleich.

Außerdem wird die Verbesserungs-Kata bei Toyota auf allen Ebenen praktiziert, ähnlich wie Fraktale. Dieselbe Kata wird auf operativen und strategischen Ebenen angewandt. Der Umfang des von der Verbesserungs-Kata angegangenen Themas wird umfassender, je höher man innerhalb der Organisation geht, aber die Vorgehensweise bleibt auf allen Ebenen grundsätzlich gleich.

Die in Teil III vorgestellten Beispiele stammen aus der Prozessebene in der Produktion, wo ich die Verbesserungs-Kata erstmals kennen lernte. Die Prozessebene ist ein guter Ort, um unsere Aufmerksamkeit zunächst zu konzentrieren und von dort aus zu lernen, wo in einem produzierenden Unternehmen Mehrwert geschaffen wird. Um zwischen Zielzuständen auf Prozessebene und denen auf höheren Ebenen zu unterscheiden, werde ich hin und wieder den Begriff *Prozesszielzustand* verwenden.

Abbildung 21: Einige Beispiele von Prozessen innerhalb eines Produktionswertstroms

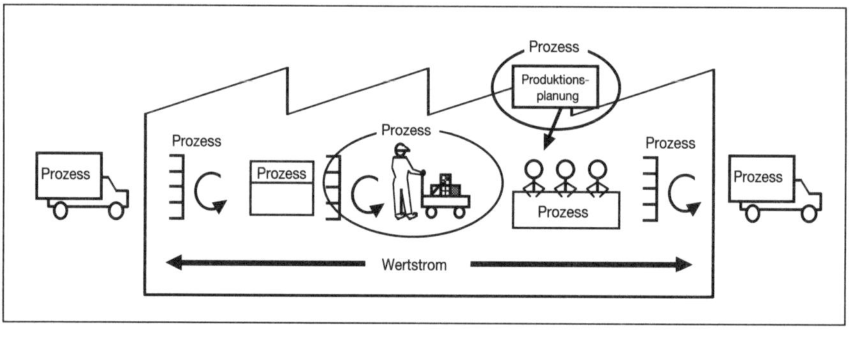

In der Produktion sind Prozesse die individuellen Kettenglieder eines Wertstroms. Das Wort *Prozess* bezieht sich auf verschiedene Aktivitäten, nicht nur Tätigkeiten der Materialbearbeitung wie Stanzen, Schweißen, Lackieren oder Montieren. Beispielsweise die Materiallogistik und die Produktionsplanung sind nicht an sich wertschöpfend. Trotzdem handelt es sich auch hier um Prozesse innerhalb eines Produktionswertstroms. Solche notwendigen, aber nicht wertschöpfenden Prozesse sollten auch kontinuierlich verbessert werden, und zwar so, dass sich der Wertstrom in Richtung des 1x1-Fluss-Idealzustands bewegt.

Kapitel 5

Planung: Einen Zielzustand festlegen

Wenn Sie einmal erlebt haben, welche Rolle ein Zielzustand in Toyotas Verbesserungs-Kata spielt, werden Sie es schwierig finden, ohne diesen zu arbeiten. Sie werden zudem feststellen, wie schwierig es ist, jedem Manager, Ingenieur oder Executive, der es nicht selbst erlebt hat, zu erklären, was ein Zielzustand ist und welche Bedeutung ihm zukommt. Auf diese Zwickmühle werde ich in Kapitel 9 eingehen. Im Verlauf des vorliegenden Kapitels sollten Sie eine deutlichere Vorstellung davon bekommen, was ein Zielzustand ist. Letztlich gibt es jedoch keinen Ersatz für das Learning by Doing.

Ein Zielzustand ist für eine effektive Prozessverbesserung so wichtig, dass Toyota gewöhnlich erst gar nicht anfangen wird, etwas zu verbessern oder sich voranzubewegen, bevor ein Zielzustand definiert worden ist. Der Zielzustand gewährleistet, dass unsere Bemühungen auf tatsächliche Bedürfnisse ausgerichtet werden, und nicht einfach auf verschiedene Ideen und Meinungen darüber, was wir tun *können*.

Ein Zielzustand beschreibt einen gewünschten künftigen Zustand. Er beantwortet Fragen wie:

- Wie sollte dieser Prozess funktionieren?
- Wie ist das beabsichtigte normale Betriebsmuster?
- Welche Situation wollen wir zu einem bestimmten Zeitpunkt in der Zukunft etabliert haben?
- Wo wollen wir als Nächstes stehen?

Ein Zielzustand wirkt wie eine Brille, die Ihnen hilft, zu fokussieren und zu sehen, was Sie tun müssen. Jedesmal wenn Sie einen Zielzustand setzen und dann versuchen, sich dorthin zu bewegen, werden Sie Probleme und Hindernisse entdecken. Das ist vollkommen normal, und Sie haben zwei Optionen: 1. Das Hindernis vermeiden und sich in eine andere Richtung als auf die Vision zuzubewegen oder 2. sich durch das Hindernis durcharbeiten, indem Sie seine Ursache(n) verstehen und beseitigen.

Zum Beispiel hatten die Angestellten in dem Sensorkabelunternehmen in Kapitel 3, die auf Probleme beim Reduzieren der Losgröße hinwiesen,

Abbildung 22: Die Rolle eines Zielzustands

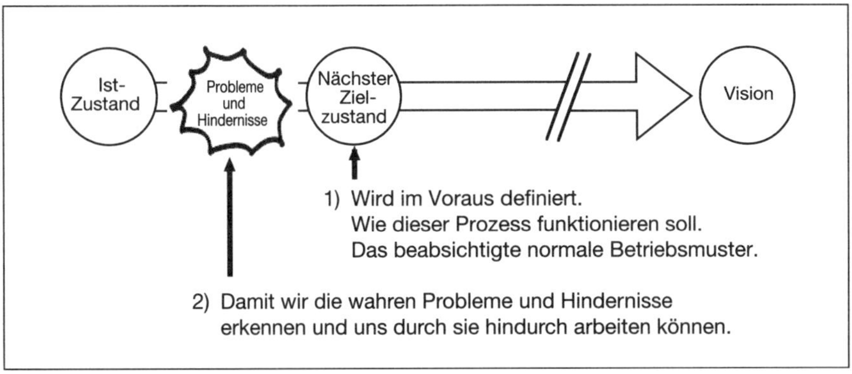

Recht. Sie wiesen jedoch auf Hindernisse hin und nicht auf Gründe, die Richtung zu ändern.

Lean-Praktiken in einem neuen Licht sehen

Ein guter Weg, unsere Diskussion über Zielzustände beziehungsweise Zielzustandsdenken zu beginnen, besteht darin, auf einige Lean-Praktiken zu schauen, von denen wir meinen, sie bereits verstanden zu haben. Jede der vier folgenden Methoden werde ich kurz zusammenfassen und dann ihre weniger sichtbare, aber umso wichtigere Intention im Hinblick auf Zielzustände besprechen.

- Kundentakt beziehungsweise Taktzeit
- 1x1-Produktion (kontinuierlicher Fluss)
- Glätten und Nivellieren (Heijunka)
- Kanban (Pull-Systeme)

Nachdem wir uns anhand dieser Methoden ein erstes Verständnis von der Idee eines Zielzustands verschafft haben, werde ich wichtige Eigenschaften von Zielzuständen insgesamt beschreiben.

Kundentakt

Der Kundentakt ist die Rate der Kundennachfrage nach der Gruppe (Familie) von Produkten, die in einem Prozess produziert wird. Eine Taktzeit wird meistens bei Montageprozessen verwendet, die externe Kunden versorgen. Die Taktzeit wird berechnet, indem man die effektive Betriebszeit eines Prozesses (zum Beispiel pro Schicht oder Tag) durch die Stückzahl teilt, die Kunden von diesem Prozess in diesem Zeitabschnitt verlangen. »Effektive Betriebszeit« ist die verfügbare Arbeitszeit minus geplanter Stillstandszeiten wie Mittagspause, Arbeitspausen, Teamsitzungen, Reinigung und geplante Wartung. Beachten Sie, dass ungeplante Ausfall- und Umrüstzeiten an diesem Punkt nicht abgezogen werden, weil es sich dabei um Variablen handelt, die reduziert werden sollen.

$$\text{Kundentakt} = \frac{\text{Ihre effektive Betriebszeit pro Schicht}}{\text{Vom Kunden geforderte Stückzahl pro Schicht}}$$

Nehmen wir beispielsweise an, dass ein Montageprozess 26 100 Sekunden effektive Betriebszeit pro Schicht hat, und dass der Kunde im Durchschnitt 450 Einheiten pro Schicht verlangt:

$$\frac{\text{26 100 Sekunden verfügbare Zeit}}{\text{450 geforderte Einheiten}} = \text{58 Sekunden Taktzeit}$$

Der Quotient von 58 Sekunden bedeutet, dass, basierend auf unserer Verfügbarkeitszeit, der Kunde durchschnittlich alle 58 Sekunden einen Artikel kauft.[14]

Wie wird diese Zahl verwendet? Sie bedeutet nicht automatisch, dass Sie alle 58 Sekunden einen Artikel produzieren sollten. Die tatsächlich beabsichtigte Zykluszeit eines Montageprozesses, die *geplante Zykluszeit*, ist gewöhnlich niedriger (schneller) als die Taktzeit. Wenn es beispielsweise eine Umrüstzeit zwischen verschiedenen Artikeltypen gibt, dann müssen wir den Prozess schneller als in der Taktzeit wiederholen, um die beim Rüsten verlorene Zeit wettzumachen. Gewissermaßen bedeutet die Taktzeit also den idealen, sich wiederholenden Zyklus bei einem Montageprozess, wobei wir synchron mit der Kundennachfragerate produzieren würden: einen Artikel verkaufen, einen herstellen.

Was ist die Intention hinter Taktzeit?

Taktzeit wird im Hinblick auf Zielzustände in dem Moment interessant, wenn wir sie als etwas verwenden, das wir anstreben. Das kann entweder erfolgen, indem wir versuchen, mit wenig Schwankung im Rhythmus der geplanten Zykluszeit zu produzieren, oder indem wir versuchen, die geplante Zykluszeit näher an die Taktzeit anzugleichen.

14 Kundennachfragequoten ändern sich natürlich mit der Zeit. Toyota berechnet die Montagetaktzeit alle 30 Tage neu und überprüft sie alle zehn Tage.

Abbildung 23: Ein instabiler Prozess

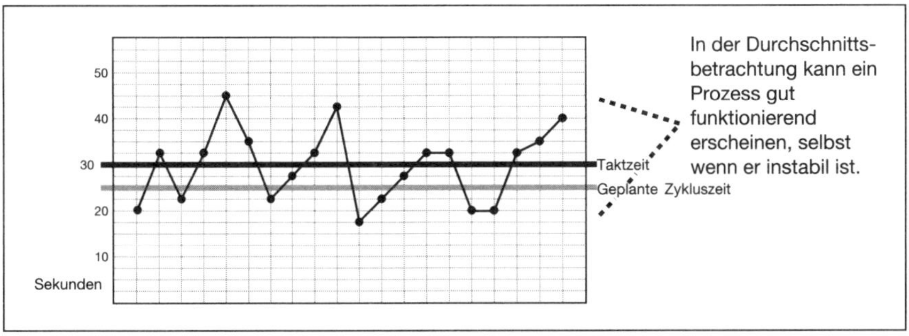

Übereinstimmend mit der geplanten Zykluszeit zu produzieren bedeutet, danach zu streben, einen stabilen Prozess zu entwickeln. Viele von uns kennen zwar die Stückzahl, die pro Stunde oder pro Schicht produziert wird, sind jedoch nicht in der Lage, die Frage »Mit wie vielen Sekunden Zykluszeit pro Stück soll der Prozesszyklus laufen?« zu beantworten. Wir haben also ein Gesamtergebnisziel, aber keinen Zielzustand, und werden durch solche Ergebnisziele geblendet, weil sie uns davon abhalten, den tatsächlichen Zustand des Prozesses zu sehen. Die Konsequenz ist, dass es erstaunlich viele Prozesse zwar schaffen, im Durchschnitt ihre Zahlen nahezu zu erreichen, sie aber bei näherer Betrachtung von Zyklus zu Zyklus schwanken. Dieser Zustand ist nicht nur teuer (wegen erforderlicher Zusatzressourcen) und qualitätsbeeinträchtigend. Viele Prozessverbesserungsanstrengungen werden einfach nicht greifen, wenn der Prozess außer Kontrolle ist.

Wenn Sie den Schwankungsgrad eines Prozesses von Zyklus zu Zyklus identifiziert haben, lautet die nächste Frage: »Wie groß sollte die Schwankungsbreite dieses Prozesses sein?« Mit diesem gewünschten Zustand im Hinterkopf können Sie dann den Prozess beobachten, um Hindernisse zu diesem Zustand zu identifizieren, zu verstehen und zu beseitigen.

Wenn ein Prozess erst einmal relativ gleichmäßig läuft, haben Sie eine Basis, um weiterzugehen und daran zu arbeiten, die Spanne zwischen Taktzeit und geplanter Zykluszeit zu verringern. Zum Beispiel könnten wir einen Prozesszielzustand festlegen, wobei die Zykluszeit nur 15 Prozent unterhalb der Taktzeit liegt. Während Sie dann auf diesen Zustand hinarbeiten, werden Sie wieder auf Hindernisse stoßen (Umrüsten, Maschinenausfallzeit, Ausschuss, Abwesenheit und so weiter), an denen Sie arbeiten müssen.

Eine Anmerkung dazu: Toyota zieht zwar Rüstzeiten bei der Berechnung der geplanten Zykluszeit eines Prozesses ab, nicht jedoch ungeplante

Abbildung 24: Verringern der Spanne zwischen Taktzeit und Zykluszeit

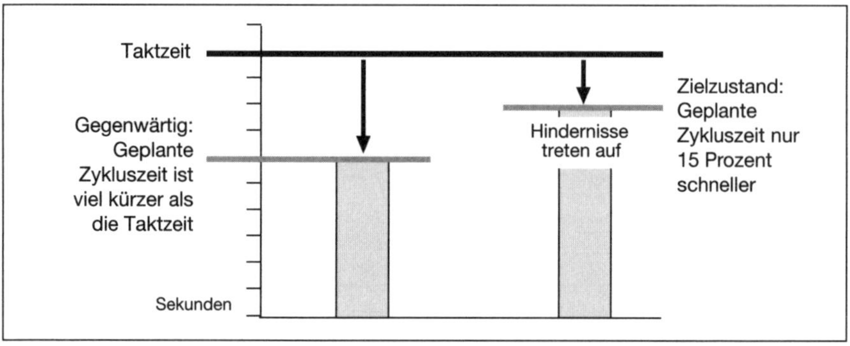

Ausfallzeiten. Ungeplante Ausfallzeit wird, falls notwendig, am Ende jeder Schicht mit Überstunden ausgeglichen, statt die geplante Zykluszeit weiter zu beschleunigen, um dies im Vorfeld zu kompensieren. Das wird getan, um Probleme sichtbar zu halten. Natürlich brauchen Sie bei diesem Ansatz eine Zeitlücke (Pause) zwischen den Schichten, in der solche Überstunden gegebenenfalls untergebracht werden können.

Taktzeit und geplante Zykluszeit sind nur ein Teil des Zielzustands für einen Produktionsprozess, und ich sage nicht, dass das Verwenden von Taktzeit auf diese Weise das Ideal für jede Situation ist. Der Punkt ist, dass wir die Zielzustandsintention hinter der Toyota-Methode »Taktzeit« übersehen haben. Die meisten Fabriken, die ich besucht habe, kennen Taktzeit und berechnen sie sogar, aber ich habe nur sehr wenige Fabriken außerhalb der Toyota-Gruppe gefunden, die Taktzeit als etwas verwenden, das man in der hier beschriebenen Art und Weise anstrebt. Doch nur dann wird sie nützlich.

Einem von Toyotas Supplier-Support-Spezialisten gegenüber erwähnte ich einmal, dass ich herausgefunden hätte, wie man erkennen kann, woran bei einem Prozess gearbeitet werden muss. Meine Idee war, den Supervisor zu fragen, was passieren würde, wenn wir die Zykluszeit verlangsamen, sodass sie nur noch 15 Prozent schneller wäre als die Kundentaktzeit. Die vom Supervisor genannten Hindernisse und Einwände wären schließlich das, woran wir arbeiten müssten.

»Nun«, antwortete der Spezialist von Toyota, »der Supervisor wird Ihnen seine oder ihre Meinung mitteilen. Um die echten Hindernisse zu erkennen, sollten Sie aber vielleicht einen kleinen Sicherheitsbestand anlegen und den Prozess dann mit der langsameren Zykluszeit fahren lassen. Die Hindernisse, die dabei auftauchen, sind die wahren, an denen Sie als nächstes arbeiten müssen.«

1x1-Fluss

Lassen Sie uns bei diesem Thema beginnen, indem wir uns zwei Prozesse ansehen: Einen ohne 1x1-Fluss und einen mit 1x1-Fluss. Der Montageprozess[15], der im Folgenden skizziert ist, hat vier Arbeitsstationen mit je einem Mitarbeiter. Es gibt kleine Mengen an Pufferbestand zwischen den Arbeitsstationen, dargestellt durch die Bestandsdreiecke. Der Arbeitsinhalt jedes Prozesssmitarbeiters pro Zyklus wird in den Balken der »Operator Balance Chart« wiedergegeben.

Abbildung 25: Montageprozess mit vier Arbeitsstationen

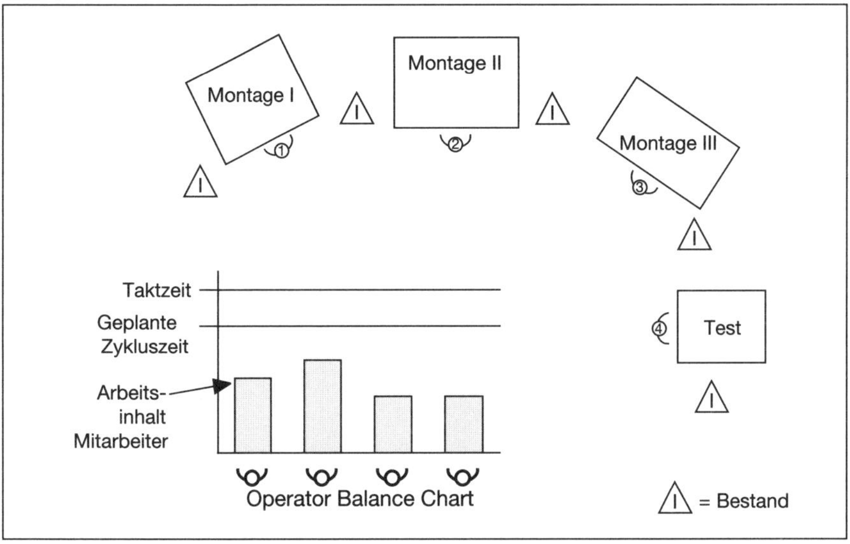

Gibt es in diesem Prozess einen 1x1-Fluss? Nein. Die Werkstücke bewegen sich nicht direkt von einem Verarbeitungsschritt zum nächsten. Sie laufen durch Puffer-Materialbestände.

15 Montageprozessdiagramme aus: Mike Rother/Rick Harris: *Kontinuierliche Fließfertigung organisieren. Praxisleitfaden zur Einzelstück-Fließfertigung für Manager, Ingenieure und Meister in der Produktion.* Aachen: Lean-Management-Institut, 2004.

Ist dies die richtige Anzahl von Mitarbeitern für diesen Prozess? Nein. Die vier Mitarbeiter sind nicht bis zur geplanten Zykluszeit ausgelastet. Es gibt zusätzliche Mitarbeiter in diesem Prozess.

Was geschieht, wenn bei einem Mitarbeiter ein Problem auftritt? Nicht viel. Die anderen Mitarbeiter können wegen der Puffer zwischen den Verarbeitungsschritten weiterarbeiten.

Ist dieser Prozess flexibel? Viele von uns würden sagen: Ja, dieser Prozess ist flexibel, weil er trotz kleiner Prozessprobleme und Stillstände jeden Tag die erforderliche Menge produzieren kann. Mit zusätzlichen Mitarbeitern im Ablauf hat der Prozess die Flexibilität, Probleme zu umgehen und die Zielproduktionsmenge noch zu erreichen.

Jetzt ist hier derselbe Prozess abgebildet, aber die Arbeitsstationen sind ein wenig zusammengerückt und der Arbeitsinhalt ist anders verteilt. Es gibt jetzt zwei Mitarbeiter, die sich zwischen den Arbeitsstationen bewegen, und keine Puffer zwischen den Verarbeitungsschritten. Die Taktzeit und geplante Zykluszeit sind dieselben wie im vorherigen Diagramm.

Abbildung 26: Montageprozess anders betrieben

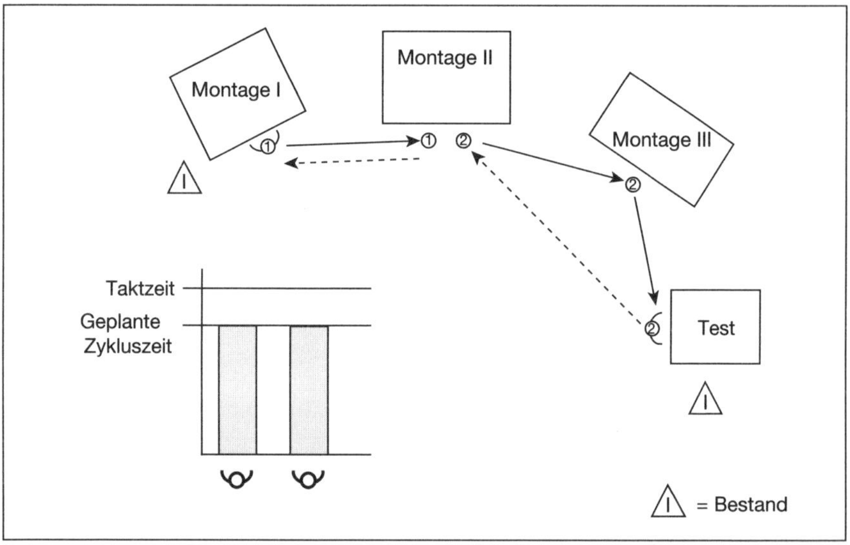

Gibt es in diesem Prozess einen 1x1-Fluss? Ja. Die Werkstücke bewegen sich direkt von einem Verarbeitungsschritt zum nächsten, anstatt Pufferbestände zwischen den Verarbeitungsschritten zu durchlaufen.

Ist dies die richtige Anzahl von Mitarbeitern für diesen Prozess? Ja. Die zwei Mitarbeiter sind bis zur geplanten Zykluszeit ausgelastet. Dieser Prozess arbeitet mit der richtigen Anzahl von Mitarbeitern für die aktuell geplante Zykluszeit.

Was geschieht, wenn bei einem Mitarbeiter ein Problem auftritt? Der gesamte Prozess kommt zum Stoppen. Der andere Mitarbeiter kann nicht weiterarbeiten, weil es keine Puffer zwischen den Verarbeitungsschritten gibt.

Was ist die Intention hinter einem 1x1-Fluss?

Hier der Kernpunkt: Welche der zwei Prozesskonfigurationen besser aussieht, hängt von Ihrer Philosophie ab. Wenn sich die vorherrschende Philosophie darauf konzentriert, »Stückzahl zu machen«, liegt es nahe, den ersten Prozess mit vier Mitarbeitern zu bevorzugen. Dieser Prozess kann um auftretende Probleme herum arbeiten und trotzdem die Zielmenge erreichen. Das ist der Grund, warum diese Prozesskonfiguration in so vielen Werken zu finden ist. Bei Toyota wird diese Art der Flexibilität jedoch negativ gesehen, da Probleme ungelöst weiter bestehen und der Prozess in den Teufelskreis des Firefightings kommt, wo keine Verbesserung stattfindet.

Mit der Toyota-Philosophie des Überlebens durch unaufhörliches Verbessern ist das Streben nach der zweiten Prozesskonfiguration, also nach einem 1x1-Fluss, vorzuziehen, weil sowohl dass Streben als auch der 1x1-Fluss selbst Hindernisse aufdeckt und somit zeigt, worauf wir unsere Aufmerksamkeit richten sollten. Ein 1x1-Fluss ist also nicht nur Teil des idealen Zustands, er ist auch ein Mittel, das dabei hilft, dorthin zu gelangen.

Hier ein Beispiel aus einer Fabrik, die verschiedene Stereolautsprecher herstellt: Die Fabrik hat drei fast identische, nebeneinander laufende Produktionswertströme, deren einzelne Prozesse in einer verbundenen FIFO-Methode (FIFO = »first in, first out«) betrieben werden – so wie in der etwas vereinfachten Wertstrom-Map in Abbildung 27 dargestellt. Lautsprecher werden auf Bestellung gebaut, und deshalb gehen verschiedene Lautsprechergrößen nacheinander durch den Wertstrom. Einem kleinen Lautsprecher kann ein großer Lautsprecher folgen und so weiter.

Der erste Prozess beinhaltet das Schneiden der Holzplatten für ein Lautsprechergehäuse – immer nur jeweils ein Lautsprecher – auf einer automatischen CNC-Maschine. Dieser Prozess hat eine gleichmäßige Zykluszeit, unabhängig von der Lautsprechergröße. Im folgenden Prozess hämmert ein Mitarbeiter manuell Messinggewindeeinsätze in vorgebohrte Löcher

Abbildung 27: Der Lautsprecher-Wertstrom

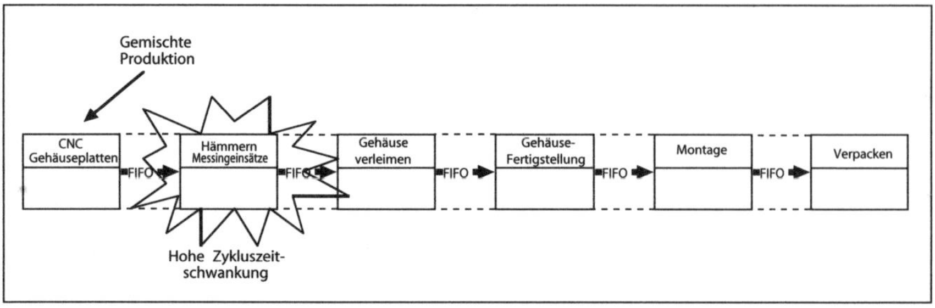

der Gehäusevorderseite. Die Zykluszeit für diesen Prozess schwankt außerordentlich, so wie in Abbildung 28 gezeigt. Ein großes Gehäuse mit 18 Messingeinsätzen verlangt viel mehr Arbeitszeit für das Hämmern als ein kleines Gehäuse, das vielleicht acht Einsätze erhält. Infolge dieser Schwankung bekommen die nachgelagerten Prozesse und Mitarbeiter im Wertstrom häufig ihre Arbeit in einer unregelmäßigen Frequenz.

Abbildung 28: Die Anzahl der Messingeinsätze variiert je nach Gehäusegröße

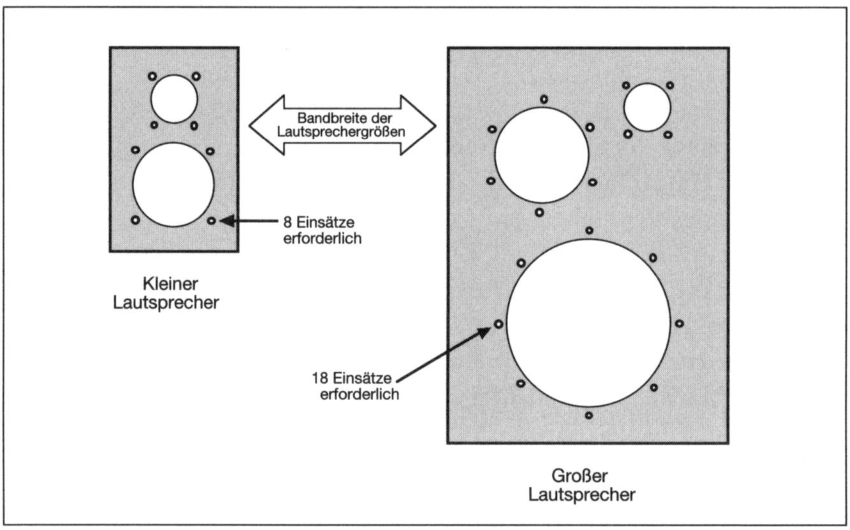

Als Ausgleich für diese Schwankung wandern die nachfolgenden Mitarbeiter natürlich von ihrem Wertstrom zu einem anderen, anstatt nutzlos zu warten. Wenn beispielsweise eine Reihe von großen Lautsprechergehäusen viel Zeit in Anspruch nimmt, um den Messingeinsatzprozess zu durchlaufen, beginnen die Mitarbeiter zu einem benachbarten Wertstrom zu wechseln, um dort zu helfen. Natürlich ist dieses Ausweichen keine Prozessverbesserung, obwohl es in bester Absicht getan wird, und es führt zu noch mehr Schwankungen in den Wertströmen.

Was passiert hier? In diesem Beispiel gibt es keinen Prozesszielzustand, außer »Stückzahl schaffen« oder »Mitarbeiter beschäftigt halten«. Infolgedessen schieben auftretende Probleme die Fabriktätigkeiten ad hoc in diverse Richtungen. Was würde stattdessen geschehen, wenn es einen Prozesszielzustand gäbe, der einen 1x1-Fluss mit der richtigen Anzahl von Mitarbeitern und einer gleichmäßigen Zykluszeit von Lautsprecher zu Lautsprecher umfasst? Jetzt gibt es nur eine Wahl: kreativ sein und einen Weg entwickeln, um die Messingeinsätze immer mit derselben Zykluszeit zu installieren, egal, welche Gehäusegröße bearbeitet wird. Wenn das einfallsreich, mit low cost und low complexity getan wird, wäre dies eine wahre Prozessverbesserung und ein Fortschritt für das Unternehmen.

Dieses Beispiel zeigt, dass ein Zielzustand eine Herausforderung ist. Wir wissen nicht im Voraus, wie wir einen gleichmäßigen Zyklus im Messingeinsatzprozess erreichen werden, und genauso soll es sein! Wenn wir die Antwort im Voraus wüssten, dann wären wir nur im Implementierungsmodus, wie in Kapitel 1 besprochen.

Ein ähnliches und bekanntes Beispiel sind Montagezellen, die mit der Absicht entworfen worden sind, dass die Zellenmitarbeiter einander helfen, wenn ein Problem auftritt, statt einen festen Zielzustand zu haben. Nehmen wir an, dass Mitarbeiter A normalerweise die Montageschritte 1, 2 und 3 durchführt und Mitarbeiter B normalerweise die Schritte 4, 5 und 6. Wenn Mitarbeiter A bei Schritt 2 hängt, dann wird Mitarbeiter B auch Schritt 3 bei diesem Zyklus übernehmen. Ein solcher sich selbst korrigierender Ablauf wird häufig positiv betrachtet, ist aber in Wirklichkeit eine Problemumgehung, die eine »Stückzahl machen« anstelle einer »Verbesserungs«-Einstellung offenbart.

Bei Toyota würden derartige Prozesse mit sich selbst korrigierender Flexibilität Befürchtungen bei den Managern hervorrufen. Sie hätten Sorge wegen all der Probleme, die unbemerkt und unbearbeitet bleiben. Solch eine Verfahrensweise wäre nicht erlaubt und würde als ein Versagen im Management angesehen werden. Das bedeutet jedoch nicht, dass Toyota einfach nur Arbeitsstandards erzwingen und den Zellenmitarbeitern verbieten würde, einander zu helfen. Die Probleme, die die Mitarbeiter erleben, sind echt, und wir müssen uns damit beschäftigen. Wenn Sie einen konsequenten 1x1-Fluss-Zielzustand anstreben und Probleme herausstellen, dann müssen Sie auch ausgerüstet sein, auf jene Probleme zu reagieren und damit umzugehen. Mehr dazu in Kapitel 7.

Lange Zeit habe ich den Wunsch von Toyota, Prozesse mit der richtigen Anzahl von Mitarbeitern zu besetzen, einfach als Produktivitätsziel missverstanden. Höhere Produktivität, höhere Qualität und niedrigere Kosten sind tatsächlich die grundsätzlichen Ziele. Aber heute habe ich erkannt, dass Toyota Zielzustände festlegt, die einen 1x1-Fluss mit der richtigen Anzahl von Mitarbeitern haben, um herauszufinden, was nach und nach bearbeitet werden muss, um jene Ziele zu erreichen.

In einem Prozessbereich in einer Nippondenso-Fabrik in Japan (die zur Toyota-Unternehmensgruppe gehört) laufen Aluminiumteile direkt vom heißen Spritzguss im 1x1-Fluss in die maschinelle Verarbeitung, das heißt ohne zwischengelagerten Puffer. Das ist eine große Leistung und eine wirkliche Verbesserung. Aber der wichtige Punkt, den wir lernen sollten, ist nicht die Lösung, sondern wie sie entwickelt wurde. Stellen Sie sich vor, wie die Fabrik diesen speziellen 1x1-Fluss als einen herausfordernden Zielzustand definiert und sich dann über Monate und vielleicht sogar Jahre durch die Hindernisse hindurcharbeitete – eins nach dem anderen –, bis sie den Zielzustand erreicht hatte.

Heijunka (Glätten und Nivellieren)

Es ist ein Missverständnis, dass Toyota Fahrzeuge in derselben Reihenfolge montiert, in der Kunden diese kaufen. Eines Tages hätte Toyota gern diese Art von 1x1-Flexibilität in seinen Produktionsprozessen erreicht (wie auch gleichmäßigere Kundennachfrage im Markt). Heute ist Toyota allerdings auf dem Stand, dass in vielen Montageprozessen ein beabsichtigtes, geglättetes Produktionsmuster angestrebt wird. Abbildung 29 zeigt auf vereinfachte Weise die grundlegenden Mechanismen von Heijunka oder dem Nivellieren eines Montageprozesses.

Der Produktionsplan für den Montageprozess – in diesem Fall Kanban-Karten, die nach dem Versand entsprechender Produkte in den Umlauf kommen – wird nicht direkt an den Montageprozess geschickt. Stattdessen werden die Karten in eine Art Sortierer gegeben, hier als Fächerschrank dargestellt, einen sogenannten Heijunka-Kasten. Dieser Sortierer glättet Zweierlei, den Mix und die Menge:

Glätten des Mixes: Der Sortierer ordnet Kundenbestellungen (die Kanban-Karten) nach Typart in einer festgelegten Reihenfolge. Diese Reihenfolge könnte zum Beispiel daraufhin vorsortiert werden, die Gesamtrüstzeit zu minimieren oder große Bestellposten aufzubrechen und über den Tag zu verteilen. In unserem Beispiel lautet die vorher festgelegte Reihenfolge: A→B→Z→E→D→F→G→H.[16] Zwei weitere Fächer in diesem Heijunka-Kasten bleiben leer für verschiedene low-volume-Produkte, die nur gelegentlich bestellt werden.

Der Montageprozess versucht, die Artikel in der festgelegten Reihenfolge zu produzieren. Die vorgesehene Zeit, in der die ganze Abfolge durchlaufen sein soll, hängt von der Losgröße ab. Wenn der Prozess zum Beispiel an einem Tag so häufig umrüsten kann, dass alle Typen bearbeitet werden (»every part every day«), dann entspricht die Losgröße jedes Produkts einem Tagesvolumen. In diesem Fall versucht der Prozess, jeden Tag die gesamte Reihenfolge zu durchlaufen und am nächsten Morgen wieder von vorn zu beginnen.

Glätten der Menge: Der Sortierer definiert auch für jedes Produkt die maximale Stückzahl, die bei einem Durchlauf hergestellt werden soll. Diese basiert auf der Losgröße und der aktuellen durchschnittlichen Kundennachfragerate für jedes Produkt. Wenn die Losgröße einem Tag entspricht, dann wird bei jedem Durchlauf jedes Produkt maximal in der durchschnittlichen Nachfragemenge eines Tages hergestellt. In unserem Beispiel umfasst die durchschnittliche Tagesmenge von Typ A = 8 Kartons, Typ B = 7 Kartons, Typ Z = 9 Kartons und so weiter.

In der Abbildung 29 können Sie sehen, dass ein Kunde acht Kartons von Produkt B gekauft hat. Sie werden aus dem Fertigwarenbestand herausgezogen, was acht Kanban-Karten für »B« in Umlauf bringt. Gemäß des Nivellierungsmusters (dem Sortierer) beträgt die derzeit durchschnittliche Nachfrage für B jedoch nur sieben Kartons. Deshalb soll der Montageprozess sieben Kartons herstellen und dann weitergehen zu Produkt C. Die achte Kanban-Karte für Produkt B soll erst beim nächsten Durchlauf bearbeitet werden.

Dies ist der Punkt, an dem Toyotas Nivellierungsbemühungen aus der Prozessperspektive nicht mehr intuitiv sind. Stellen Sie sich vor, der Montagemeister hält acht Kanban-Karten (Bestellungen) für Produkt B in der Hand, der Montageprozess stellt auch gerade Produkt B her und alles läuft gut. Und jetzt sagen wir ihm, dass er nur sieben Kartons von B produzieren und dann umrüsten und weitergehen soll zu Produkt C.

---

16 Ein Produkt wird nur dann produziert, wenn ein Kunde eine Bestellung aufgegeben hat. In der Praxis heißt das: Entweder wurde das Produkt vom Versand ausgeliefert oder, im Fall von low-volume-Produkten, bestellt. Wenn keine neue Kanban-Karte durch einen Kunden in Umlauf gebracht wurde und es auch keine alten Karten durch »Rückstände« noch nicht abgearbeiteter Aufträge gibt, dann überspringt der Montageprozess dieses leere Fach und arbeitet in der vorgesehenen Reihenfolge weiter.

Abbildung 29: Beispiel eines Nivelierungsschemas

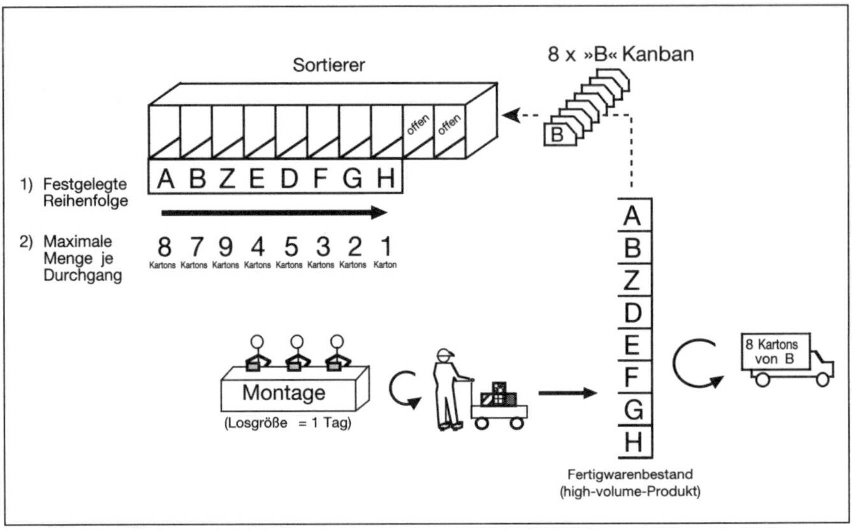

Wieso sollte man das tun?

Zwei bekannte Gründe für Produktionslevelling in einem Montageprozess sind a) eine Vielfalt von Kunden mit kurzer Reaktionszeit beliefern zu können und b) den Peitscheneffekt, auch Bullwhip- oder Forrester-Effekt genannt, im Wertstrom zu minimieren. Das Letztere besagt, dass sich Schwankungen in der Montage flussaufwärts im Wertstrom verstärken. Die vorgelagerten Prozesse müssen dann genügend Bestand aufweisen, um die erhöhten Nachfragespitzen, mit denen sie konfrontiert werden, erfüllen zu können. Die gesamte Menge des Bestands (also die Durchlaufzeit) in einem Wertstrom ist niedriger, wenn die nachgeschalteten Montageprozesse gleichmäßig arbeiten. Aus diesem Grund ist ein Glätten und Nivellieren bei der Montage häufig eine Voraussetzung für die Einführung von Kanban in den vorgelagerten Prozessen, da die Kanban-Systemvorräte (»Supermärkte«) sonst eine unzumutbare Menge an Bestand halten müssten.

In unserem Beispiel hat ein Kunde acht Kartons von Produkt B bestellt, was einen Karton über dem üblichen Tagesschnitt liegt. (Man geht davon aus, dass der Kunde in einem Zeitraum die durchschnittliche Menge kauft – wenn er heute einen Karton mehr kauft, dann erwirbt er in Kürze einen Karton weniger.[17]) Würde der Montageprozess den zusätzlichen

17 Um die Montage in einem geglätteten Modus zu halten und dennoch Spitzen der Kundennachfrage bedienen zu können, müssen genügend fertige Produkte im Bestand

Karton direkt mitproduzieren, würde das eine Nachfragespitze an die vorgelagerten Prozessen im Wertstrom weitergeben, die sich flussaufwärts verstärken und zu immer mehr Verschwendung sowie Zusatzkosten führen würde, je weiter flussaufwärts sie läuft.

Die Produktionsaktivitäten zu glätten ist der maßgebliche Hintergrund des Levellings oder Heijunka. Aber trotz vieler Versuche ist es mir nie gelungen, das Heijunka-Prinzip lange am Laufen zu halten. Genauso erging es vielen der Fabriken, die ich besucht habe. Mir war klar, wie ich die nivellierende Reihenfolge und Losgröße wie Toyota anordnen muss, aber schon bald mussten wir wegen irgendwelcher Probleme von der geplanten Reihenfolge abweichen. Und schnell waren wir wieder bei ständigen Planänderungen und Feuerlöschaktionen gelandet. Es schien so, als wäre Toyota mit weniger Problemen konfrontiert und würde mit mehr Disziplin an dem nivellierten Produktionsplan festhalten. Aber wie?

Die Antwort erhielt ich durch zwei Erlebnisse. Das eine bezieht sich auf meinen zweiten Besuch einer Fabrik in Bayern. Der Leiter der Produktionsplanung empfing mich mit ärgerlicher Miene und dem Ausruf: »Bleiben Sie mir ja vom Hals mit diesem Levelling-Konzept!« Bei meinem ersten Besuch dort hatten wir eine Levelling-Reihenfolge bei einem Montageprozess aufgestellt – die aber nicht lange hielt. »Wir haben immer wieder Komponenten, die fehlen«, erzählte mir der Manager. »Wenn wir also versuchen, diszipliniert an der festgelegten Montagesequenz festzuhalten, verlieren wir wertvolle Produktionskapazität.« Dem musste ich zustimmen.

Der Manager zeigte mir daraufhin die Planungssoftware, die sie entwickelt hatten und nutzten. Jeden Tag werden die Kundenbestellungen, die vorhandene Bestandsmenge und die Komponentenverfügbarkeit in das Programm eingegeben. Auf der Basis dieser Informationen wird der Montageplan für den nächsten Tag erstellt. »Sehen Sie«, sagte der Manager, »das ist ein Montageplan, den wir durchhalten können.« Natürlich sah dieser Plan jeden Tag anders aus.

Das zweite Erlebnis ereignete sich wenig später in derselben Woche. Ich aß mit einem Toyota-Mitarbeiter in Köln zu Abend und irgendwann in unserem Gespräch sagte er: »So vieles, was wir bei Toyota machen, machen wir, damit es ein Muster gibt.« In dem Moment fiel bei mir endlich der Groschen.

---

sein, mit denen die Spitzen gedeckt werden können. Bei manchen Artikeln/Kunden sind Nachfragespitzen so hoch, dass das Fertigwarenlager einen solchen Bestand gar nicht zur Verfügung stellen kann. In dieser Situation sollten Sie nach dem Hindernis fragen: »Warum schnellt die Kundennachfrage manchmal derart in die Höhe?«

Was ist die Intention hinter Heijunka (Levelling)?

Eine Heijunka-Glättungssequenz liefert ein Muster oder – mit anderen Worten – einen Zielzustand. Es ist etwas, das wir anstreben, etwas, das uns dabei hilft, zu erkennen, was getan werden muss, und etwas, das unsere Bemühungen auf das Notwendige konzentriert. Es funktioniert so:

1. Bestücken Sie den Heijunka-Kasten, den Sortierer, entsprechend der geplanten Reihenfolge und der jeweils maximalen Losgröße mit aktiven Kanban-Karten.
2. Stellen Sie die Frage: »Können wir heute so produzieren?«
3. Wenn die Antwort »ja« lautet, dann tun Sie es. Lautet sie »nein«, dann fragen Sie: »Was hält uns davon ab?« Gehen Sie einem Problem nach und weichen Sie vorübergehend von der geplanten Reihenfolge ab. Bemühen Sie sich aber, so schnell wie möglich wieder zur geplanten Reihenfolge zurückzukehren.

Anfangs werden Sie die Frage häufiger mit »nein« als mit »ja« beantworten. Aber wenn Sie dieses Verfahren wieder und wieder anwenden und die Hindernisse eines nach dem anderen angehen, werden die positiven Antworten zunehmen. Was Sie da tun, ist, die damit verbundenen Prozesse Schritt für Schritt auf systematische Weise zu verbessern, indem Sie Menschen in eine Richtung lenken.

Jetzt können wir auch sehen, dass die Planungssoftware der bayerischen Fabrik zwar tagtäglich einen realisierbaren Plan gewährleistet, dass sie dabei aber um Probleme herumarbeitet. Die Fabrik tritt gewissermaßen auf der Stelle, anstatt ihre Prozesse zu verbessern.

»Ach, jetzt verstehe ich«, sagte der Leiter der Produktionsplanung, als ich ihm das, was ich gelernt hatte, erklärte. »Toyota versucht«, sagte er, »dahin zu kommen, die Frage ›Können wir heute so produzieren?‹ immer mit ›ja‹ beantworten zu können.« Interessanterweise ist das aber nicht der Fall. An dem Punkt haben wir den Idealzustand noch nicht erreicht und so muss es noch Verschwendung im System geben. Wenn die Antwort auf die Frage »Können wir nach diesem Nivellierungsmuster produzieren?« immer »ja« lautet, dann würde Toyota beispielsweise die Losgröße weiter reduzieren, um wieder zurück in die Situation zu kommen, gelegentlich mit »nein« zu antworten. Andernfalls würden wir aufhören, uns zu verbessern.

Eine Art und Weise, um festzustellen, wie weit Sie mit Ihren Bemühungen liegen, einen Montageprozess zu glätten, besteht darin, täglich die Sequenzeinhaltung zu messen. In einer Fabrik in den Vereinigten Staaten erstellten wir ein Glättungsmuster. Einen Monat später verkündete das Team stolz eine Sequenzeinhaltung von 73 Prozent. Nie hatte ich diese Kennzahl so schnell so hoch klettern gesehen. Wir sahen uns die Sache näher an und erkannten, dass das Team nicht Sequenzeinhaltung maß, sondern die alte Ergebniskennzahl »Liefererfüllung«. Das heißt, egal, wie sie es schaffen: Wenn die heutigen Lieferungen pünktlich das Haus verlassen, haben sie an diesem Tag Liefererfüllung erreicht. Sequenzeinhaltung dagegen ist eine straffere Prozesskennzahl. Wenn wir von der vorgegebenen Reihenfolge abweichen müssen – auch wenn die Lieferungen letztendlich pünktlich rausgehen –, haben wir Sequenzeinhaltung an diesem Tag nicht erreicht.

Das Team rechnete daraufhin noch einmal neu und stellte enttäuscht fest, dass ihre Erfolgsrate nach einem Monat lediglich bei 13 Prozent lag. Aber das ist kein Grund für Traurigkeit. Es ist lediglich der Ist-Zustand, nicht mehr und nicht weniger. Wir müssen nur darüber nachdenken: »Was ist das erste Hindernis, das wir angehen müssen?« Sobald das Team angefangen hatte, auf diese Weise zu denken, begann es, ein Hindernis auf dem Weg zum Glättungsmuster nach dem anderen aus dem Weg zu räumen – mit bemerkenswertem Enthusiasmus und in Eigeninitiative. Es wurde eine Herausforderung. Nach einem Jahr lag die Sequenzeinhaltung um die 60 Prozent und das Team arbeitet weiter daran. Jeder Schritt nach vorn steht für eine echte Verbesserung in dieser Fabrik, und die Mitarbeiter nehmen eine neue Art zu denken an. Nicht schlecht!

Nach fast 20 Jahren Toyota-Benchmarking sind weltweit unzählige Heijunka-Kästen aufgestellt worden. Es ist jedoch aufschlussreich, zu beobachten, was passiert, wenn ein Senior-Manager die Fabrik besucht. Die Heijunka-Kästen werden zuvor gesäubert und in Ordnung gebracht. Die entsprechenden Kanban-Karten stecken in den vorgesehenen Fächern, und jemand erklärt dem Gast, wie das System funktioniert. Der Besucher stellt ein paar bohrende Fragen hinsichtlich des Mechanismus dieser Produktionsplanung, nickt schließlich und dann gehen alle weiter zum nächsten Besichtigungspunkt in der Firma.

Was hier abläuft, ist eine Vortäuschung. Viele Glättungssysteme funktionieren nicht wirklich (wovon man auch eigentlich ausgehen sollte, zumindest am Anfang) und werden nicht genutzt, weil wir ihren Zweck missverstehen. In vielen Fällen sieht die Realität so aus, dass der Montageprozess nach wie vor nach einem Produktionsplan produziert, der tagtäglich neu erstellt wird. Der Senior-Manager sollte fragen: »Was ist derzeit Ihr größtes Hindernis, um nach diesem Muster produzieren zu können?« Es stehen jede Menge Heijunka-Kästen in unseren Fabriken, aber meistenfalls werden sie (noch) nicht als Zielzustände verwendet.

Im Gegensatz zu dem, was wir vielleicht dachten, ist nicht das Heijun-

Abbildung 30: Das Heijunka-Muster als Zielzustand

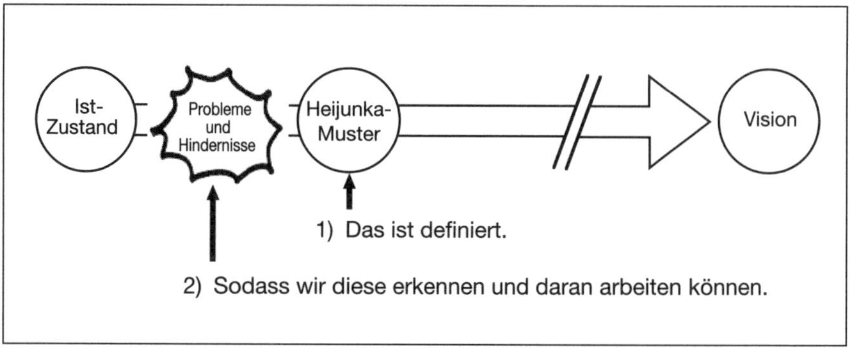

ka-Muster selbst der Grund, warum die Produktionsprozesse bei Toyota glatter und termingerechter ablaufen als in unseren Fabriken. Ein Heijunka-Muster zu erstellen ändert in den meisten Fällen wenig. Der Punkt ist, wie Toyota ein Heijunka-Muster als Zielzustand einsetzt, um die Prozessverbesserung voranzutreiben. Es ist diese Prozessverbesserung – das Anstreben des Zielzustands –, die den Unterschied bewirkt.

Heijunka ist eine der weitreichendsten Techniken in Toyotas Werkzeugkasten und ein besonders nützlicher Zielzustand. Diesen anzustreben wirft nämlich ein Licht auf viele Elemente des Montageprozesses und den assoziierten Wertstrom. Sobald wir verstehen, dass Heijunka (beziehungsweise Glätten und Nivellieren) keine Zwangsjacke ist, sondern ein Zielzustand, können wir besser die Vorteile ernten, die es mit sich bringt, diesen zu verfolgen.

Pull-/Kanban-Systeme

Die traditionelle Vorgehensweise, eine Produktion zu regulieren, die heute noch weitverbreitet ist, besteht darin, dass jeder Prozess im Wertstrom einen Produktionsplan bekommt. Diese Pläne basieren auf Prognosen dessen, was die nachgelagerten Prozesse in Zukunft brauchen werden. Da Menschen aber nicht – selbst nicht mithilfe von Computern – in die Zukunft sehen können, wird diese Vorgehensweise deshalb als Push-System bezeichnet. Das heißt: Jeder Prozess produziert das, wovon wir meinen, dass es der Bedarf des Folgeprozesses sein wird, und »schiebt« sozusagen das Material weiter zum nächsten Prozess.

Die alternative Vorgehensweise der Produktionsregulierung – Toyotas Pull- oder Kanban-System – ist mittlerweile auch bekannt und die grundlegende Mechanik zeigt Abbildung 31.

Abbildung 31: Die grundlegende Mechanik eines Kanban-oder Pull-Systems

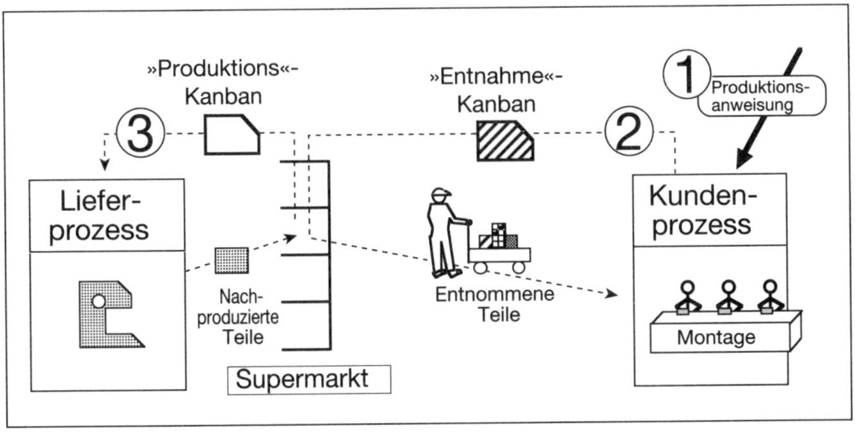

1. Der Kundenprozess, hier eine Montage, erhält eine Produktionsanweisung, möglicherweise eine geglättete, wie auf den vorhergehenden Seiten unter »Heijunka« beschrieben.
2. Der Materialversorger für diesen Montageprozess geht regelmäßig zum flussaufwärts liegenden Lager – manchmal Geschäft, Supermarkt oder Kanban-Lager genannt – und holt dort Teile ab, die der Montageprozess zur Erfüllung der Produktionsanweisung braucht.
3. Der zuliefernde Prozess produziert daraufhin das, was vom Lager entnommen wurde.

Der Unterschied der Pull-Vorgehensweise besteht darin, dass die Produktion des zuliefernden Prozesses durch die Entnahmen aus dem Supermarkt gesteuert wird statt von einem Plan. Auf diese Weise produziert der zuliefernde Prozess nur das, was der Kunde tatsächlich entnommen hat. Die beiden Prozesse werden so durch eine Kunde-Zulieferer-Beziehung miteinander verbunden.

Diese *Mechanik* des Kanban-Systems ist das, was wir bei Toyota gebenchmarked haben, und seit Jahren in unseren Fabriken zu implementieren versuchen. Allerdings – wie beim Levelling – mit nur mäßigem Erfolg. Was in vielen Fällen als Einführung eines Pull-Systems beginnt, endet als lediglich besser organisierter Bestand, und der Zuliefererprozess arbeitet nach wie vor nach irgendeiner Art von Produktionsplan.

Lassen Sie uns die folgende grafische Darstellung eines Materialflusses zwischen zwei Produktionsabteilungen (Abbildung 32) dazu nutzen, einen tieferen Blick in Toyotas Kanban-System zu werfen. Jeder Kreis in dem Dia-

Abbildung 32: Ein Materialfluss zwischen zwei Abteilungen

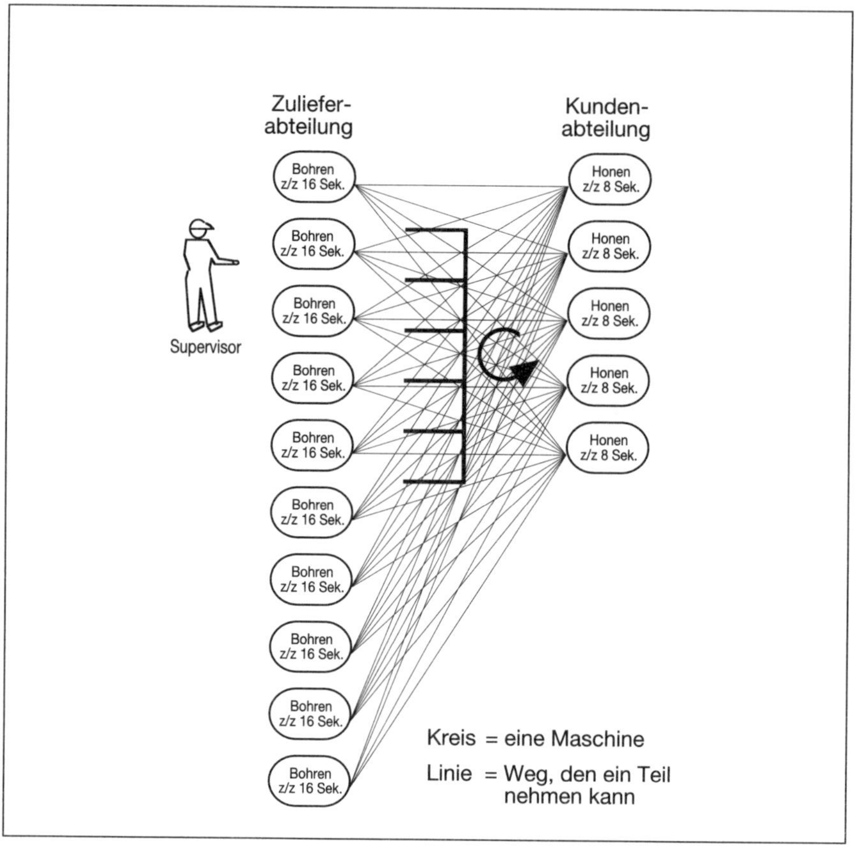

gramm steht für eine Maschine, und es gibt in beiden Abteilungen sämtliche Maschinen derselben Art. Jeder Strich repräsentiert einen möglichen Weg, den ein Teil nehmen kann. Alle Teile können auf beliebigen Maschinen bearbeitet werden. Wie durch die Vielzahl der Striche angezeigt, produziert derzeit die zuliefernde Abteilung an jede gerade verfügbare Maschine. Ebenfalls abgebildet ist der Supervisor der Zulieferabteilung.

Nehmen wir einmal an, wir möchten einen Supermarkt (Kanban-System) zwischen diesen beiden Abteilungen einsetzen, wie es mit dem Supermarkt-Symbol im Diagramm dargestellt ist. Vielleicht tun wir das, weil die Abteilungen räumlich weit auseinanderliegen oder weil die Maschinen in beiden Abteilungen sehr unterschiedliche Rüstzeiten haben.

Um dieses Pull-System zu installieren, benötigen wir einige Informationen, zu denen unter anderem Teilenummern, Menge und die folgenden beiden Ortsangaben gehören:

1. Wo im Supermarkt die mit einer Kanban-Karte verbundenen Teile gelagert werden.
2. An welcher Maschine die mit einer Kanban-Karte verbundenen Teile produziert werden sollen.

Das Spezifizieren der zweiten Ortsangabe, welche Teile auf welcher Maschine laufen sollen, hilft uns zu erkennen, worum es Toyota bei Kanban wirklich geht. Wie, denken Sie, wird der Supervisor reagieren, wenn wir ihn bitten, festzulegen, welche Teile auf welcher Maschine laufen?

Möglicherweise wird der Supervisor Einspruch erheben, wenn jemand versucht, ihm die Flexibilität zu nehmen, die Teile auf jeder gerade verfügbaren Maschine laufen zu lassen. Vielleicht sagt er etwas in der Art: »Wenn wir vorschreiben, welche Teile auf welcher Maschine laufen und es dadurch erschweren, auf andere Maschinen auszuweichen, dann sollten wir mal damit anfangen, die Zuverlässigkeit sämtlicher Maschinen zu verbessern.« Und schon hat Kanban angefangen, für uns zu arbeiten. Es hat uns ein Hindernis gezeigt und jetzt können wir die Ärmel hochkrempeln und uns das Problem ansehen.

Ich habe eine Menge Manager und Ingenieure sagen hören: »Wir haben das Kanban-System ausprobiert, aber bei uns funktioniert das nicht.« Worauf ein Toyota-Mitarbeiter vielleicht antworten würde: »Aber Kanban funktioniert doch schon. Es hat Ihnen ein Hindernis aufgezeigt, an dem Sie jetzt arbeiten müssen. Dann sollten Sie das Pull-System erneut versuchen.« Wir geben also genau an der Stelle auf, an der Toyota die Ärmel hochkrempelt und loslegt.

Es geht wieder um denselben Punkt. Ob all die sich kreuzenden Striche im Diagramm (also die Flexibilität, Teile auf beliebigen Maschinen zu produzieren) gut oder schlecht auf Sie wirken, hängt von Ihrem Unternehmenszweck ab:

- Wenn Ihr Ziel im Produzieren besteht, sieht dieses flexible System gut aus, weil Sie trotz Problemen immer noch die Stückzahl erreichen können.
- Wenn Ihr Ziel darin besteht, »durch kontinuierliche Verbesserung zu überleben«, dann sieht dieses flexible System eher schlecht aus. Tatsächlich ist diese Vorgehensweise bei Toyota nicht erlaubt.[18] An Problemen

18 In einer Notsituation, bei der externe Kunden in Mitleidenschaft gezogen werden könnten, lässt Toyota Teile auf anderen als den zugeteilten Maschinen laufen. Dies erfolgt aber nicht, ohne eine Problemlösungsaktivität zu starten, um die Ursache des Problems zu verstehen.

Abbildung 33: Zwei unterschiedliche Vorgehensweisen

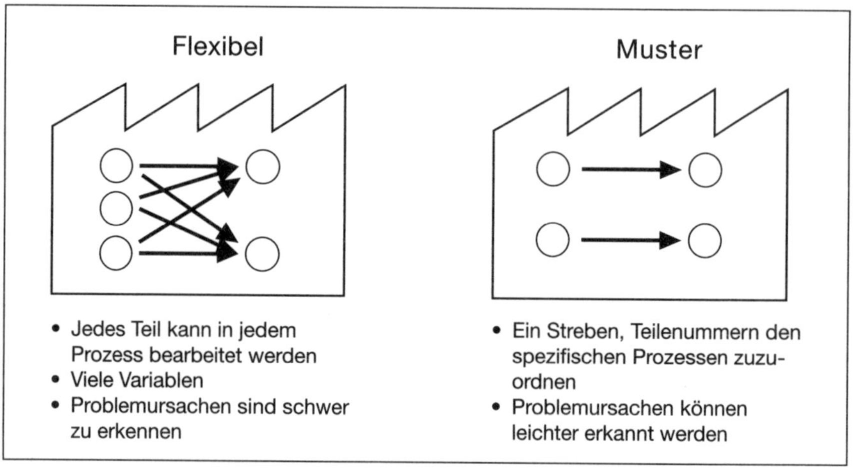

herumarbeiten, indem man die gleichen Teile mal hier, mal da bearbeiten lässt, vergrößert die Anzahl von Variablen und erschwert das Erkennen von Problemursachen beträchtlich. Flexible Systeme, die Probleme autonom umgehen, sind von ihrer Natur aus nicht-verbessernd. Sie können damit zwar heute die Stückzahl erreichen, aber werden Sie damit auch morgen noch die Konkurrenz übertreffen?

Was ist die Intention hinter Kanban?

Der offensichtliche Zweck von Kanban besteht im Schaffen eines Weges zur Produktionssteuerung zwischen Prozessen, die dazu führt, dass nur der tatsächliche Bedarf produziert wird. Der unsichtbare Zweck von Kanban ist die Unterstützung der Prozessverbesserung; die Lieferung eines Zielzustands durch das Definieren einer gewünschten systematischen Beziehung zwischen Prozessen, was Verbesserungsbedarf aufdeckt. In einem Push-System werden Prozesse entkoppelt und die Materiallaufwege sind zu flexibel. Es gibt keinen Zielzustand, der angestrebt wird.

> … laut Ohno dienten die mit Kanban kontrollierten Bestände
> … als Mechanismus, um jegliche Probleme des Produktionssystems
> höchst auffällig zu machen …
> Michael Cusumano

Der Unterschied zwischen den sichtbaren und nicht sichtbaren Zwecken von Kanban entspricht dem Unterschied zwischen der *Implementierungs-*

und *Problemlösungs*ausrichtung, die ich in Kapitel 1 beschrieben habe. Wir haben versucht, den sichtbaren Zweck von Kanban ohne die unsichtbaren Problemlösungsbemühungen zu implementieren. Aber das eine funktioniert nicht ohne das andere. Wie sorgfältig Sie auch rechnen und Details des Pull-Systems planen: Wenn Sie das System starten, wird es nicht wie gewollt funktionieren. Das ist völlig normal, und wir setzen uns ein unerreichbares Ziel, wenn wir glauben, es ginge doch. Was wir in Wahrheit mit all unseren sorgfältigen Vorbereitungen eines Pull-Systems tun, ist, wie bei so vielen Toyota-Techniken, das Definieren eines Zielzustands, den wir anstreben können.

Ich habe einmal mit meinem Kollegen Joachim Klesius eine Fabrik mit 6000 Beschäftigten besucht, die sich entschlossen hatte, Lean Manufacturing einzuführen. Als wir die Betriebsleitung fragten, wie der erste Schritt aussehen sollte, antwortete man: »Wir führen zunächst das Pull-System werksweit ein.« Das entlarvt nicht nur unser fehlerhaftes Denken über Pull-Systeme, es kann schlichtweg nicht funktionieren, denn:

- Jedes Mal, wenn Sie ein Pull-System starten, wird es schon bald zusammenbrechen. Es wird sozusagen einen Crash mit glühenden und qualmenden Stücken geben. Aber genau diese glühenden und qualmenden Stücke verraten Ihnen, woran Sie Schritt für Schritt arbeiten müssen, um das Pull-System wie beabsichtigt zur Funktion zu bringen. Ihr zweiter Versuch mag dann etwas länger halten als der erste, aber auch er wird scheitern. Und wieder werden Sie lernen, woran gearbeitet werden muss. Dieser Kreislauf wiederholt sich, wobei die Intervalle zwischen den Problemen größer werden, bis Sie eines Tages einen 1x1-Fluss haben und an der Stelle kein Pull-System mehr brauchen. Vergessen Sie übrigens nicht, dass das Kanban-System keine Probleme verursacht, sondern sie nur aufdeckt.
- Pull-Systeme sind selten der erste Schritt beim Entwickeln von Lean Manufacturing. Viele Produktionsprozesse sind derzeit noch instabil, und die Menge an Bestand, den Sie brauchen, damit ein Pull-System dennoch funktioniert, wäre inakzeptabel hoch. So viel Bestand wäre ohnehin nachteilig, da Sie dann Instabilität verstecken, anstatt zuerst einen Prozesszielzustand festzulegen, der Ihnen dabei hilft, Prozessinstabilität zu verstehen und zu beheben.

Wenn Kanban ein Instrument zur Prozessverbesserung ist, ist es sinnvoll, Pull-Systeme zuerst in kleinem Maße einzuführen und dann schrittweise auszudehnen, während wir die relevanten Prozesse zunehmend verstehen und verbessern. Wenn wir versuchen, Kanban auf die Schnelle in der gesamten Firma einzuführen, wird eine nicht handhabbare Zahl von Problemen zum Vorschein kommen. Auch Toyota könnte dies nicht bewältigen.

All das heißt im Grunde, dass die Einführung eines Kanban-Systems selbst nur wenig bewirkt. Dieses System wirft lediglich ein Licht auf den vorhandenen Ist-Zustand und spiegelt ihn wider. Es reduziert zum Beispiel nicht von selbst den Bestand. Es organisiert und nutzt ihn lediglich.

Das bedeutet dann auch, dass es unmöglich ist, ein Pull-System zu implementieren. Wir sollten das Pull-System als ein Werkzeug ansehen und nutzen, mit dem wir Zielzustände festlegen und uns in Richtung Idealzustand verbessern. Jeder Zustand, den wir erreichen, ist lediglich die Vorstufe für den nächsten.

Diesen letzten Punkt verdeutlichen Kommentare von zwei Toyota-Mitarbeitern. Der erste sagte: »Der Zweck von Kanban besteht darin, Kanban abzuschaffen.« Als ich noch darüber grübelte, hörte ich einen anderen sagen: »Wir verstehen nicht, wie Sie ohne Kanban Fortschritt machen.« Aha, Kanban ist ein Werkzeug, das uns hilft, den Supermarkt (Bestand) mit der Zeit zu schrumpfen und uns stufenweise dem 1x1-Fluss zu nähern. Das ist auch der Grund, warum ein Toyota-Manager eine Kanban-Karte aus dem Kreislauf nimmt, wenn dieser seit einiger Zeit problemlos läuft. So wird Bestand auf kontrollierte Weise verringert und Probleme können wieder sichtbar werden. Kanban wird genutzt, um auf dem Weg zum 1x1-Fluss sukzessive Zielzustände zu definieren.

Abbildung 34: Kanban erlaubt uns, sukzessive Zielzustände auf dem Weg zum 1x1-Fluss zu definieren

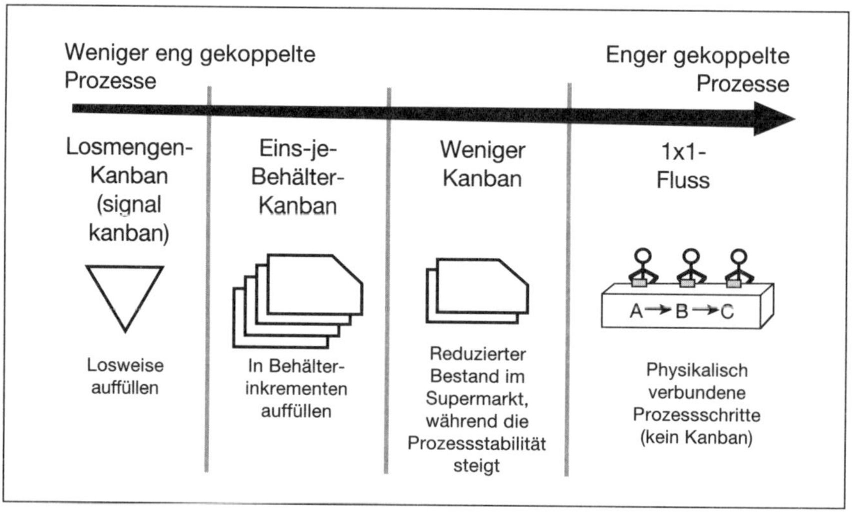

Jetzt haben Toyotas Werkzeuge mehr Sinn

Toyotas Werkzeuge und Praktiken werden nachvollziehbarer und effektiver, wenn wir sie im Kontext des Anstrebens eines Zielzustands betrachten, bei dem wir uns schrittweise durch Hindernisse durcharbeiten. Toyotas Werkzeuge und Praktiken sind der Routine von Toyotas Verbesserungs-Kata untergeordnet. Sie sind keine unabhängigen Elemente, und unser Fehler, das zu verkennen, erklärt vielleicht teilweise unseren nur mäßigen Erfolg beim Versuch, sie zu kopieren.

> Einfach nur Kanban-Karten oder Andon-Tafeln einzuführen heißt nicht, dass Sie das Toyota-Produktionssystem implementiert haben, denn diese Hilfsmittel bleiben nichts weiter als Werkzeuge.
>
> Teruyuki Minoura, 1998–2002 Präsident und CEO von Toyota Motor Manufacturing Nordamerika

Wenn Ihr vorrangiges Ziel im »Produzieren« besteht, dann werden viele der Toyota-Techniken – die von Natur aus Ihre Möglichkeiten einschränken, um Probleme herumzuarbeiten – wenig Sinn machen. Um »zu produzieren« wollen Sie in der Lage sein, bei Störungen schnell von einer Maschine zur anderen zu wechseln (Kanban erschwert das), den Produktionsplan zu verändern, wenn es Materialengpässe gibt (Heijunka macht das schwieriger) und so weiter.

Toyota verwendet viele seiner Werkzeuge wie Taktzeit, 1x1-Fluss, Heijunka (Levelling) und Kanban als Zielzustände, um Probleme und Hindernisse besser zu erkennen. Möglicherweise gibt es einen noch tiefer verankerten und subtileren Grund, warum wir diese Intention übersehen und bisher bei der Anwendung dieser Werkzeuge nur begrenzt erfolgreich sind. Nehmen wir als Beispiel, dass wir die Stückzahl pro Tag oder Schicht überwachen, dabei aber versäumen, uns anzusehen, wie groß die Schwankungen der einzelnen Prozesszyklen sind. Vielleicht passiert uns das in der Tat, weil wir gelernt haben, anhand von Ergebnissen zu führen (anstatt jeden Tag in kleinen Schritten Verbesserungen vorzunehmen), mit Implementierungslisten zu arbeiten (anstatt mit Zielzuständen) und meinen, uns fehle die Zeit, uns mit solchen Details zu beschäftigen. Aber dabei braucht man bei vielen Prozessen mithilfe einer Stoppuhr gerade mal 20 Minuten, um zu erkennen, ob die Zyklusschwankungen innerhalb eines kontrollierbaren Rahmens liegen. Obwohl diese Analyse so leicht durchzuführen ist, habe ich bisher kaum Firmen gefunden, bei denen so etwas geschieht. Warum?

Wie in Kapitel 1 beschrieben, gibt es ein menschliches Bedürfnis nach Sicherheit, selbst wenn diese künstlich hergestellt werden muss. Es ist denkbar, dass das Entscheidende nicht ist, dass wir die Probleme in unseren Prozessen nicht sehen, sondern dass wir sie nicht sehen *wollen*. Sie zu erkennen würde nämlich bedeuten, dass einige unserer Annahmen und einige der Dinge, für die wir gearbeitet haben und an denen wir hängen, vielleicht nicht wahr sind.

Im Nachhinein wirkt es vielleicht etwas übereilt, dass wir gedacht haben, das einfache Implementieren eines Kanban-Systems oder eines Glättungsmusters führe zu deutlicher und kontiniuerlicher Verbesserung. Die Produktionsprozesse laufen ja noch mit denselben Attributen wie zuvor ab. (Es mag kleine, einzelne Verbesserungen geben, die auf eine bessere Organisation oder mehr Aufmerksamkeit zurückzuführen sind.) Jetzt wissen wir, dass es nicht das Glättungsmuster oder die Kanban-Routine an sich sind, die die Verbesserung bewirken, sondern das schrittweise Verfolgen von Zuständen, die erforderlich sind, um diese Techniken wie beabsichtigt wirken zu lassen. Es ist das Anstreben von Zielzuständen über die Routine der Verbesserungs-Kata, was das charakterisiert, was wir bisher als »Lean Manufacturing« bezeichnet haben.

Eine interessante Randbemerkung: Da Toyota das Ideal eines kontinuierlichen Flusses verfolgt, könnte man jede Lösung, jedes Werkzeug und jede Technik, die diesem Ideal noch nicht entspricht, für eine vorübergehende Gegenmaßnahme halten. Zum Beispiel werde ich manchmal nach einer Formel gefragt, mit der man berechnen kann, wie viele Kanban-Karten man in einer Pull-System-Schleife braucht. Betrachtet man das im Licht des Anstrebens eines Idealzustands, spielt es aber kaum eine Rolle, von Anfang an genau die korrekte Anzahl von Karten zu haben. Sie brauchen nur genug Bestand oder Kanban, um das System zusammenzuhalten, während Sie darauf zusteuern, den Prozess kontinuierlich zu verbessern und die notwendige Anzahl von Kanban-Karten mit der Zeit zu reduzieren. Vorher die exakte Anzahl wissen zu wollen, deutet darauf hin, dass wir in statischen statt kontinuierlichen Verbesserungsbegriffen denken.

Unsere Verbesserungsfähigkeit mobilisieren

Unsere Fähigkeit zur Verbesserung, unseren Einfallsreichtum und unsere Kreativität zu nutzen, erfordert ein Managen, das diese Fähigkeiten aktiviert. Wenn Gruppen von Menschen versuchen, ohne Zielzustand in Bewegung zu kommen, so werden sie eine Vielfalt an Ideen und Meinungen produzieren, wohin man gehen und was getan werden soll. Das führt häufig zu einem ständigen Richtungswechsel oder dazu, dass an jedem kritischen Punkt der Weg des geringsten Widerstands eingeschlagen wird.

> Ihr Erfolg hängt von Ihrer Herausforderung ab.
> Shinichi Sasaki,
> früherer TME-Präsident und CEO

Hingegen kreiert ein Zielzustand, sprich ein Zielmuster, eine Herausforderung, die eine Situation entpersonalisiert (nicht deine Idee versus meine Idee über das, was wir tun *können*), und bringt menschliches Streben auf eine Linie. Die folgende Grafik (Abbildung 35), basierend auf einer aufschlussreichen Zeichnung meines Kollegen Bernd Mittelhuber, stellt das anschaulich dar.

Abbildung 35: Der Unterschied, den ein Zielzustand macht

Natürlich genügt es nicht, einfach nur einen herausfordernden Zielzustand festzulegen und dann zu hoffen, dass Menschen schon einen Weg finden werden, diesen zu erreichen. Toyotas Verbesserungs-Kata erfordert mehr als nur das Entwickeln eines Zielzustands. Und im nächsten Kapitel werden wir uns die Toyota-Routine ansehen, mit der man sich auf einen Zielzustand zubewegt.

Zielzustand ≠ Ziel

Es ist wichtig, den Unterschied zwischen einem Ziel und einem Zielzustand zu kennen. Ein *Ziel* ist ein Ergebnis, während ein *Zielzustand* eine Beschreibung ist, wie und nach welchem Muster ein Prozess funktionieren soll, um das gewünschte Ergebnis zu erzielen. Möglicherweise bedarf es einiger Übung, bis Ihnen dieser Unterschied völlig klar wird.

Abbildung 36: Unterschied zwischen einem Zielzustand und einem Ziel

Zielzustand	Ziel Ein Ergebnis oder Resultat
 Eine Beschreibung, wie der Prozess ablaufen sollte, um das Ziel zu erreichen.	Bestandsmenge Umschlagshäufigkeit Durchlaufzeit Stückzahl je Stunde Kosten Personalkosten Qualitätsniveau Produktivität und so weiter
Machbar Diese Zustände generieren …	Kann nicht direkt erreicht werden … diese Egebnisse und Resultate

Wenn Toyota-Mitarbeiter aus Japan auf Englisch kommunizieren, verwenden sie leider oft den Begriff *Ziel*, wenn sie eigentlich *Zielzustand* meinen. Das hat bei westlichen Führungskräften, die gewohnt sind, durch das Setzen quantitativer Ergebnisziele zu managen und sich weniger auf Prozessdetails zu konzentrieren, zu Missverständnissen geführt. Wenn jemand von Toyota fragt: »Was ist das Ziel?«, nehmen wir ganz selbstverständlich an, dass er sich auf eine quantitative Ergebniskennzahl bezieht. In Wahrheit verstehen die Toyota-Mitarbeiter darunter eher etwas, was wir hier als Zielzustand beschreiben.

Die Gefahr ist, dass es viele Wege gibt, ein Ergebnisziel zu erreichen, die wenig mit Prozessverbesserung zu tun haben. Es ist natürlich wichtig, Ergebnisziele zu haben, aber noch wichtiger sind die Mittel, mit denen diese Ziele erreicht werden.[19] Dies ist die Stelle, an der die Verbesserungs-Kata einschließlich der Zielzustände ins Spiel kommt.

So ist zum Beispiel ein quantitatives Kostenreduzierungsziel allein nicht anschaulich genug, damit die Mitarbeiter der Organisation effektiv danach

19 Professor H. Thomas Johnson vertritt diesen Standpunkt, wenn er über »Managing by Means« oder MBM spricht, einem Konzept, das er vom »Managing by Results« oder MBR unterscheidet. Westliche Managementdenker neigen dazu, die Mittel den Ergebnissen unterzuordnen, wobei Johnson die Ansicht vertritt, dass die Mittel, der Prozess, nicht weniger sind als Resultate in Arbeit. (Siehe H. Thomas Johnson/Anders Bröms: *Profit Beyond Measure, Extraordinary Results through Attention to Work and People*. New York: The Free Press, 2000. Insbesondere Kapitel 2.)

handeln können. Das Gesamtziel mag darin bestehen, Kosten zu reduzieren, aber das alleine fördert oft nur ein Cutting von Personal und Beständen.

Bestandsreduzierungsziele sind ebenfalls weit verbreitet und verursachen, wenn sie ohne damit verbundene Prozesszielzustände verwendet werden, zahlreiche Probleme. An der Wand meines Büros hängt eine Auszeichnung, die mir für eine *Bestandserhöhung* verliehen wurde. Der Werkleiter dieser Fabrik hatte als Ziel einen Bestand von nicht mehr als einem Tag Fertigwaren vorgegeben und die Mitarbeiter haben dementsprechend den Bestand reduziert. Das Ergebnis war ein enormer Anstieg von Sonderfracht mit immensen Kosten, weil der Lagerbestand von nur einem Tag zu niedrig angesetzt war in Relation zu der täglich produzierten Losgröße im Montagebereich. Worauf ich hinwies, war, dass die Aufmerksamkeit hauptsächlich auf den Produktionsprozess und nicht auf den Bestand gerichtet werden sollte. Ich bin bei der gemeinsamen Besichtigung einer Detroiter Fabrik mit einem ehemaligen Executive von Toyota, der fast nur Japanisch sprach, darauf gestoßen. An einer Stelle des Rundgangs hob der Toyota-Mann die Hand und sagte: »Mehr Bestand hier.« Wir schmunzelten und sagten: »Ihr Englisch ist ein bisschen schwer zu verstehen, aber wir kennen Toyotas System und Sie meinen natürlich ›weniger Bestand‹.« »Nein, nein!«, rief der Mann. »Mehr Bestand! Dieser Prozess ist noch nicht fähig, eine so kleine Bestandsmenge zu ermöglichen!«

»Bestand reduzieren« ist leicht gesagt, aber zu verstehen, was der angemessene nächste Zielzustand für den Prozess ist, der den Bestand verursacht, ist wesentlich schwerer. Der Bestand um einen Prozess herum ist ein Ergebnis und existiert aus gutem Grund. Wir müssen uns in die Prozesse selbst vertiefen, den nächsten Zielzustand erstellen und die Hindernisse angehen. Dann werden wir lernen, warum wir so viel Bestand benötigen.

Die Psychologie einer Herausforderung

Eine Frage, die immer noch debattiert wird, ist, ob Toyotas Ansatz der kontinuierlichen, inkrementellen Verbesserung sich auch in Krisenzeiten und Innovation eignet, da wir in derartigen Situationen wesentlich aggressiver und schneller vorgehen müssen. Interessanterweise gleicht Toyotas Verbesserungs-Kata, einschließlich der Verwendung von Zielzuständen, wie wir in Krisensituationen Führen und Handeln. Dann ist es nämlich umso wichtiger, sich mit aller Kraft und einfallsreich darauf zu konzentrieren, was getan werden muss, um innerhalb von Zeit, Budget und anderen Beschränkungen einen herausfordernden Zustand zu erreichen. Sie arbeiten in kurzen Zyklen, passen sich auf der Basis dessen an, was Sie auf dem Weg lernen (siehe Kapitel 6) und konzentrieren sich ausschließlich auf das, was getan werden muss. In gewissem Maße nutzt Toyota seine Verbesserungs-Kata, um sich zu einem täglichen Handeln und Managen zu bringen, das wir uns für Krisenzeiten vorbehalten.

Das Folgende mag zum Beispiel für viele von uns schwer zu akzeptieren und anzuwenden sein, aber es stellt einen Schlüssel zur effizienten Nutzung Ihrer Verbesserungsfähigkeit dar: Arbeiten Sie nur an dem, was getan werden *muss.* Während Vorschläge darüber eintreffen, was getan werden *könnte*, ist es angemessen zu fragen: »Erwarten wir, dass diese Aktion uns hilft, uns dem Zielzustand dieses Prozesses näher zu bringen?« Wenn eine Handlung nicht in Verbindung mit einem Zielzustand steht, dann könnte es eine gute Idee sein, vorerst keine Zeit und Ressourcen mehr dafür aufzuwenden.

Jetzt denken Sie vielleicht: »Ja, einige Managementdenker haben vorgeschlagen, dass wir eine Krise herbeiführen sollen.« Aber das ist nicht das, was ich meine. Es ist nicht sonderlich schwer, eine Krisensituation herzustellen und dann zu hoffen, dass die Menschen schon entsprechend arbeiten werden. Das streift das Problem nur am Rande und reicht nicht. Es geht mir darum, den Mitarbeitern der gesamten Organisation eine Verhaltensroutine beizubringen, die ein gutes Krisenverhalten widerspiegelt. Das heißt, eine Routine, die menschliches Handeln kanalisiert und im Einklang mit der Philosophie und der Vision der Organisation funktioniert. Wenn Sie dann hin und wieder eine Krise herbeiführen wollen – okay. Dann verfügen die Menschen nämlich über ein effektives Mittel, um darauf reagieren und durch die Krise hindurcharbeiten zu können.

Ich kann dies mit einem Experiment veranschaulichen, das ich viele Male durchgeführt habe. In einer Fabrik in Deutschland ging ich mit Ingenieuren und Managern zu einem Montageprozess, rüstete sie mit Stift, Papier, Klemmbrett und Stoppuhr aus und gab ihnen schriftlich folgende Anweisung:

Beobachten Sie den Prozess.

- Führen Sie keine Interviews, sondern beobachten Sie für sich selbst.
- Erstellen Sie auf einem Flipchart einen kurzen Bericht zu folgender Frage:
  → Was schlagen Sie zur Verbesserung vor?

In diesem Fall ließ ich die Teilnehmer paarweise arbeiten und bat jeweils ein Paar, einen bestimmten Abschnitt des Montageprozesses zu beobachten.

Ein Team konzentrierte sich auf einen Abschnitt mit einem Mitarbeiter und entwickelte die folgende breitgefächerte und wenig nützliche Liste von Verbesserungsvorschlägen. Sie ähnelte dem, was auch die anderen Teilnehmer vorschlugen:

- Rüstzeit verkürzen,
- den Bereich aufräumen und organisieren (Sauberkeit und Ordnung),
- Verschwendung ausfindig machen,
- mehrere Vorschläge hinsichtlich des Arbeitsplatzaufbaus,
- Kanban anwenden,
- die Linie U-förmig anordnen, damit die einzelnen Mitarbeiter nicht so isoliert sind.

Nach dem ersten Durchgang des Experiments haben wir dann den Montageprozess sorgfältig analysiert und einen Zielzustand definiert, der beschreibt, wie der Prozess arbeiten soll. (In Anhang 2 zeige ich Ihnen die Vorgehensweise der Analyse.) Ausgerüstet mit diesem Prozesszielzustand bekamen die Teams exakt die gleiche Aufgabe erneut gestellt und beobachteten die gleichen Abschnitte des Montageprozesses ein zweites Mal.

Bei diesem zweiten Durchlauf machte das Team, das sich auf den Abschnitt mit einem Mitarbeiter konzentrierte, völlig andere und wesentlich nützlichere Beobachtungen als beim ersten Durchlauf. Bestandteil des Prozesszielzustands war eine geplante Zykluszeit von 16 Sekunden, das heißt der Prozess sollte alle 16 Sekunden ein Teil produzieren. Das Team beobachtete seinen Abschnitt, und maß mit einer Stoppuhr, wie oft Teile eine bestimmte

Abbildung 37: Der Unterschied, den ein Zielzustand macht

Stelle passierten. Die Zykluszeiten wiesen große Schwankungen auf beziehungsweise dieser Abschnitt produzierte nicht im 16-Sekunden-Zyklus. Daraufhin stellte sich das Team folgende Frage: »Was hält uns davon ab, dass alle 16 Sekunden ein Teil diese Stelle passiert?«

Beim Versuch, diese Frage zu beantworten, fiel dem Team auf, dass sich der Mitarbeiter regelmäßig von der Station entfernen musste, um sich Kästen mit neuen Teilen zu holen. Das hatte natürlich Auswirkungen auf die Stabilität der Zykluszeit. Sehen Sie die komplett unterschiedliche Natur der Beobachtung des Prozesses und dem Ziehen von Schlussfolgerungen vor und nach der Definition eines Zielzustands?

Ein weiteres Beispiel, das einige Jahre zurückliegt: In einer Fabrik in Michigan, die Büromöbel herstellt, entwarf die Produktentwicklung eine neue Serie von Aktenschränken, die in dem bereits existierenden Aktenschrank-Wertstrom hergestellt werden sollten. Der Produktionswertstrom musste deswegen etwas umgestaltet und um Kapazitäten erweitert werden, um den neuen Produkten Platz zu machen.
In diesem Wertstrom wurden Aktenschränke in vier Größen hergestellt:

Abbildung 38: Aktenschränke in vier Größen

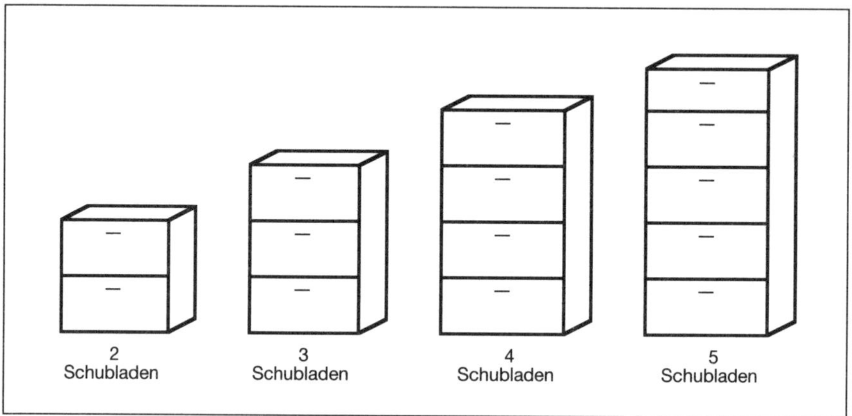

Die Aktenschränke durchliefen bei der Herstellung drei Hauptprozesse: Formen und Schweißen der Bleche → Lackieren → Montage. Der aktuelle Produktionsfluss gestaltete sich wie folgt (siehe Abbildung 39).

Es gab nur einen Formen-und-Schweißen-Prozess mit teuren, automatisierten Maschinen. Insbesondere bei diesem Prozess wurde zusätzliche Kapazität benötigt. Dem folgten zwei Förderketten-Lackieranlangen, die über ausreichend Kapazität verfügten, um die zusätzlichen neuen Schränke aufnehmen zu können. Diese Lackieranlagen und ihre Förderbänder waren

Abbildung 39: Aktueller Produktionsfluss

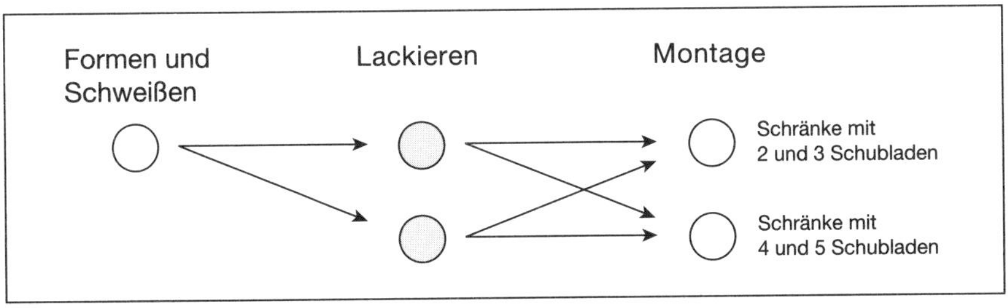

so monumental, dass hier derzeit keine Veränderungen durchführbar waren, weshalb diese Anlagen in Abbildung 39 abgetönt sind. Als letztes folgten zwei Montagelinien: eine für die kleineren Schränke mit zwei oder drei Schubladen, und eine für die größeren mit vier oder fünf Schubladen. Die Pfeile in Abbildung 39 zeigen den Materialfluss.

Die Debatte zwischen den Ingenieuren, wie der Wertstrom zu konfigurieren sei, lief bereits seit Wochen. Es gab immer noch keinen Konsens, aber man musste zu einer Entscheidung kommen, um noch rechtzeitig das benötigte Equipment zu bestellen. An diesem Punkt wurde ich gebeten, eine Woche mit dem Team zu arbeiten.

Das Team bestand aus etwa zehn Leuten, und während meines ersten Tages mit dem Team drehte sich die Diskussion im Kreis. Jemand schlug etwas vor, zum Beispiel einen zweiten Formen-und-Schweißen-Prozess einzurichten, damit der Materialfluss fest zugeordnet wäre, in etwa so:

Abbildung 40: Erster Vorschlag

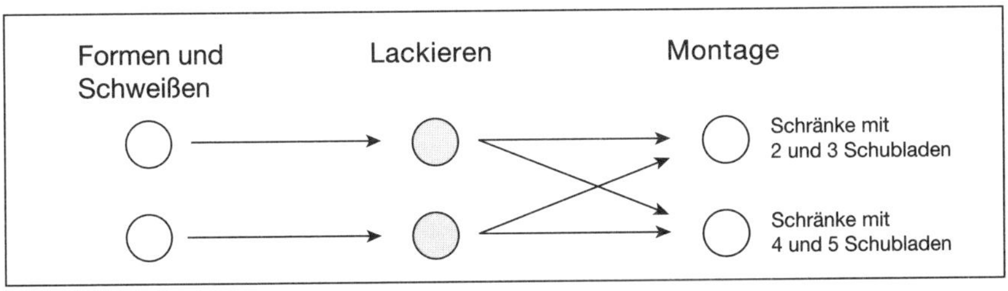

Das Team ging eine Zeit lang darauf ein, bis jemand das Gegenargument brachte, dass ein zweiter Formen-und-Schweißen-Prozess das Budget sprengen würde.

Dann wechselte das Team zu einem anderen Vorschlag. Zum Beispiel die zwei Montagelinien so zu verändern, dass beide alle vier Schrankgrößen bearbeiten konnten (siehe Abbildung 41). Das wäre von Vorteil, da Großkunden manchmal bevorzugt nur kleine oder große Schränke bestellten.

Abbildung 41: Zweiter Vorschlag

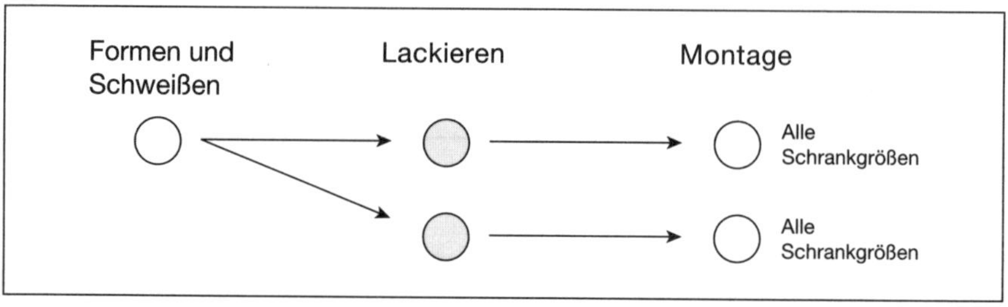

Dadurch war dann die eine Montagelinie überlastet, während die andere nichts zu tun hatte.

Diese Idee wurde verfolgt, bis jemand darauf hinwies, dass der Montageaufwand und die Montagezeiten bei den größeren Schränken wesentlich höher lagen, und dass die Montagelinie für die kleineren Schränke aus ergonomischen Gründen erhöht waren. Kleine und große Schränke waren nun mal nicht ein und dasselbe, und so wechselten wir noch einmal zu anderen Ideen.

Am Ende des ersten Tages waren wir keinen Schritt weiter und ich saß in meinem Hotelzimmer und überlegte, was zu tun sei. Wie in Kapitel 2 erwähnt, verlaufen Gruppendiskussionen und -bemühungen häufig genau in dieser Form. Wer am überzeugendsten auftritt, gibt für eine Weile den Ton und die Richtung an, bis jemand mit einem einleuchtenden Gegenargument kommt. Im schlimmsten Fall wird schließlich abgestimmt, um sich selbst das Gefühl zu geben, wir wissen, was zu tun sei.

Dienstagmorgen verfolgten wir einen anderen Ansatz. Ich fragte die Gruppe, was besser wäre: zwei Formen-und-Schweißen-Prozesse zu haben oder einen? Die Antwort musste lauten: eindeutig zwei, um den fest zugeordneten Materialfluss herzustellen. Sofort gingen die Hände hoch, um Widerspruch anzumelden. »Diesen Vorschlag haben wir schon mehrmals besprochen. Eine zweiter Prozess ist zu teuer.« Dennoch ließen wir den Vorschlag an der Tafel stehen. Dann fragte ich, ob es besser sei, wenn beide Montagelinien alle Schrankgrößen bearbeiten könnten. »Ja, natürlich. Aber auch das haben wir schon mehrfach besprochen. Die großen und kleinen Schränke sind einfach zu unterschiedlich.«

Daraufhin zeichneten wir den Wertstrom aus Abbildung 42 an die Tafel.

Wahrscheinlich weil ich ein Außenstehender war, hat die Gruppe mitgemacht, als ich sagte: »Also gut. Keine weiteren Diskussionen mehr darüber, wo wir hinwollen. Das ist unsere Richtung. Lasst uns jetzt unsere ganze Energie darauf richten, einen Weg zu finden, wie wir diesen Zustand erreichen können – innerhalb unseres zur Verfügung stehenden Zeit- und Budgetplans.« Wir hatten einen groben Zielzustand festgelegt.

Abbildung 42: Ein Zielzustand

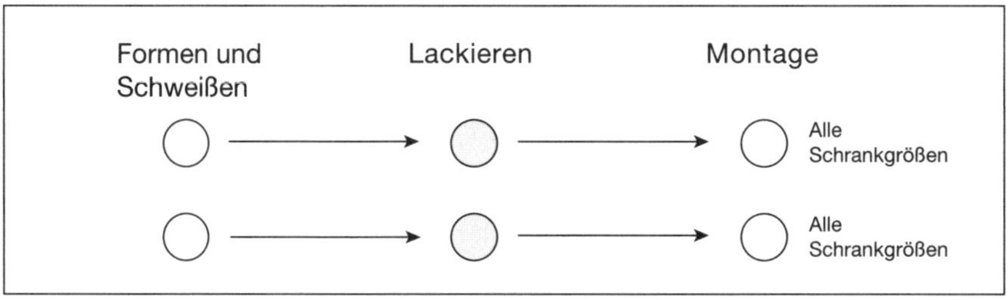

Die Veränderung der Gruppendynamik war auffallend. Wir setzten ein Ingenieurteam auf die Frage an, wie man innerhalb des Budgetrahmens einen zweiten Formen-und-Schweißen-Prozess hinzufügen könnte. Es war bemerkenswert, wie kreativ und einfallsreich das Team an die Aufgabe heranging. Hier nur ein paar Ausschnitte aus der Arbeit dieses Teams während der restlichen Woche:

- »Wir haben uns eine alte unbenutzte Schweißanlage hinten in der Fabrik angesehen, von der wir etliche Teile verwenden können.«
- »Vielleicht könnten wir auf den teuren automatischen Transfer der Bleche zwischen den einzelnen Arbeitschritten des Formprozesses verzichten.«
- »Wir könnten simple Sensoren und Schalter verwenden, um individuelle Punktschweißköpfe an- oder abzuschalten, abhängig von der Größe des zu schweißendes Schrankes. Dann benötigen wir eine weniger komplexe Elektronik.«

Das zweite Team, das sich Gedanken über die Modifizierung der Montagelinien machte, sodass beide alle Schrankgrößen produzieren könnten, erwies sich als ebenso kreativ:

- »Wie können wir zwecks guter Ergonomie ein einfaches Hebesystem für die kleinen Aktenschränke integrieren?«
- »Wenn ein Schrank mit hohem Montageaufwand auf dem Band ankommt, sollten wir die nächste Stelle leer lassen, damit der Montagemitarbeiter doppelt so viel Zeit hat als bei einem kleinen Schrank.«

Nicht alle Ideen waren umsetzbar, und am Ende wurde der Zielzustand, den wir uns gesetzt hatten, zu diesem Zeitpunkt nicht völlig erreicht. Aber der erzielte Fortschritt war ein gutes Beispiel für menschliche Fähigkeiten – wenn wir sie kanalisieren.

Zielzustand = Herausforderung

Ein Zielzustand enthält normalerweise einige Aspekte, die über die jetzige Prozessfähigkeit hinausgehen. Wir möchten dorthin gelangen, aber wir wissen noch nicht, wie.

Zu diesem Thema hat Mr. Toshio Horikiri, CEO der Toyota Engineering Company Ltd., bei einem Vortrag auf der Production-Systems-Konferenz in München am 27. Mai 2008 eine interessante Ansicht vertreten. Er verbindet das Ausmaß an Lernen, Wohlgefühl und Motivation mit dem Grad der Herausforderung, der durch einen Zielzustand gesetzt wird. Seiner Erfahrung nach bringen uns sowohl einfache Zielzustände – bei denen wir schon vor Beginn wissen, wie wir sie erreichen können – wie auch Zielzustände, die unmöglich erreicht werden können, kein großes Maß an Motivation und Zufriedenheit. Wenn ein Zielzustand, der zwischen diesen Extremen liegt, erreicht wird, wird ein adrenalinähnliches Erfolgsgefühl erzeugt – »Wir haben es geschafft!« –, was wiederum die Motivation und den Wunsch, sich weiteren Herausforderungen zu stellen, steigert.

Abbildung 43: Zielzustände als erreichbare Herausforderung

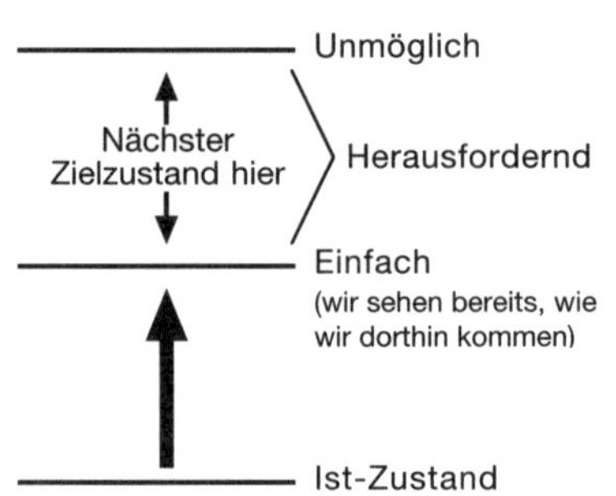

Ein einfaches Beispiel: Ein Mitarbeiter stellt an einer Blechpresse kleine Teile her, die später lackiert und montiert werden. Der Mitarbeiter stapelt die geformten Teile sorgfältig in den Transportbehälter, wodurch sie für das Lackieren leichter wieder entnommen werden können. Dieses Stapeln nimmt jedoch zu viel Zeit in Anspruch, und es wird der Vorschlag gemacht, dass der Mitarbeiter die eigentlich unempfindlichen Blechteile einfach nur in den Behälter wirft.

Auf Anhieb sehen wir, wie dieser Zustand zu erreichen ist, was bedeutet, dass wir wahrscheinlich keine wahre Verbesserung des Arbeitssystems erzielen. Es ist lediglich ein Umgestalten bereits vorhandener Vorgehensweisen oder das Verschieben von Verschwendung von einem Bereich in den nächsten. Wenn wir dagegen einen Zielzustand festsetzen, der das Stapeln der Teile in der Zeit X beinhaltet – wobei X niedriger ist als der jetzige Zeitverbrauch –, dann sehen wir nicht auf Anhieb, wie das realisiert werden kann. Wenn wir diesen Zustand dann jedoch erreicht haben, wäre eine echte, kreative Prozessverbesserung geschaffen.

Wenn Sie einen Zielzustand definieren, sollten Sie nicht exakt wissen, wie dieser zu erreichen ist. Das ist normal, denn andernfalls wären Sie nur im Implementierungsmodus. Sagen zu müssen, »Ich weiß es nicht,« bedeutet oft, dass man auf dem richtigen Weg ist. Wenn Sie echte Prozessverbesserung anstreben, dann erfordert dies häufig eine gewisse Dehnung. Mit diesem Wissen im Hinterkopf sollten Sie keine Kosten/Nutzen-Analyse (ROI) einsetzen, um einen Zielzustand zu definieren. Das ist der Fehler, den das Management der Detroiter Automobilhersteller jedes Mal beging, als es überlegte, kleinere Autos herzustellen. Definieren Sie zuerst den nächsten Zielzustand (einen Zustand, den Sie brauchen oder wollen), und versuchen Sie dann, diesen innerhalb des Budgets oder anderer Beschränkungen zu erreichen. Ein Zielzustand muss natürlich innerhalb des Budgets erreicht werden, aber normalerweise benötigt es einen gewissen Grad an Einfallsreichtum, um die Herausforderung innerhalb der gesteckten Grenzen zu bewältigen.

Die Zielzustand-Denkweise

Mit der Zeit und ein bisschen Übung können Sie eine Zielzustand-Denkweise entwickeln. Toyotas Konzept standardisierter Arbeit (»Standardized Work«) hilft zu veranschaulichen, was ich darunter verstehe. Ein Standard ist eine Beschreibung dessen, wie ein Prozess arbeiten sollte. Es ist das im Voraus spezifizierte, beabsichtigte, normale Muster der Arbeitsschritte.

Anderseits bedeutet bei Toyota der Begriff »standardisierte Arbeit« (Standardized Work) im Wesentlichen, dass ein Prozess tatsächlich so

Abbildung 44: Standard = wie ein Prozess ablaufen soll

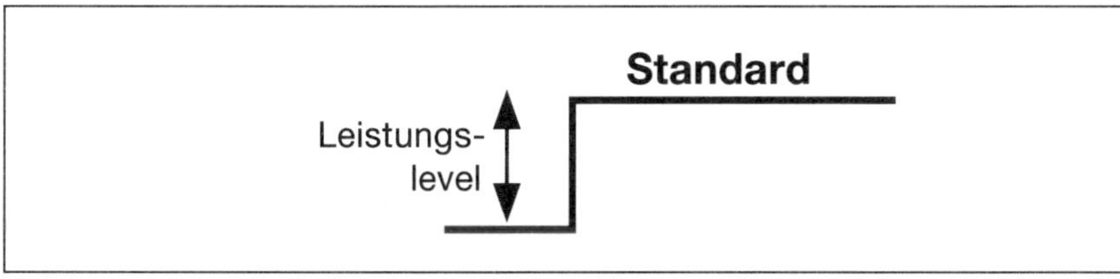

läuft, wie es im Standard spezifiziert ist. Standardisierte Arbeit ist also ein Zustand, und Sie können einen Prozess betrachten und fragen: »Existiert dieser Zustand oder nicht?«

Abbildung 45: Standardisierte Arbeit = der Prozess läuft tatsächlich so, wie im Standard spezifiziert

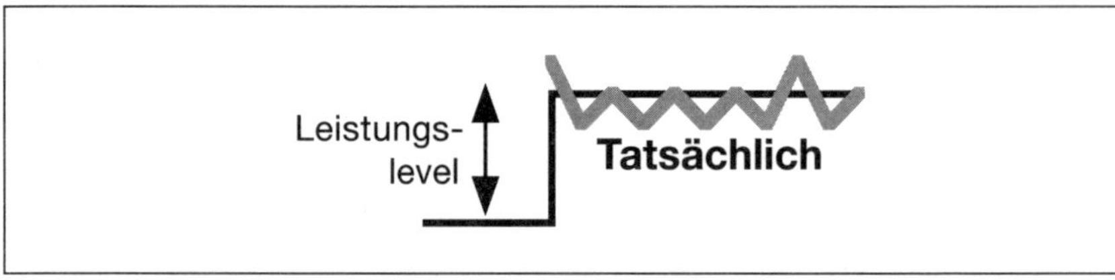

Auf einer Konferenz in Chicago stellte eine Gruppe von Toyotas Produktionssystem-Spezialisten vor, wie sie eine Montagelinie in der Fabrik eines Zulieferers verbessert hatten. Während des Vortrags fragte jemand aus dem Publikum: »Hängen Sie dabei den schriftlichen Standard sichtbar an der Produktionslinie auf?« Auf typische Toyota-Weise (der Student soll durch sein eigenes Tun lernen) kam nur eine knappe Antwort: »Ja, das tun wir.«

Mir fiel auf, dass sich viele Zuhörer dazu sofort Notizen machten, und ich stellte mir vor, wie sie bei Heimkehr ihren Produktionsmitarbeitern Standards über die Köpfe hängen würden, in der irrigen Annahme, dies würde irgendetwas verbessern. So stellte ich eine Anschlussfrage: »Für wen sind diese Standards gedacht?«

»Nun«, kam die Antwort, »als es in diesem Fall soweit war, die Standards an der Produktionslinie aufzuhängen (was Toyota nicht immer tut), mussten wir uns entscheiden, ob wir sie in Richtung der Mitarbeiter oder in Richtung Gang drehen.« Der Sprecher machte eine kurze Effektpause und sagte dann: »Wir hingen sie in Richtung Gang auf.«

Auf dem Gang ist der Teamleiter, und er ist derjenige, der hauptsächlich die Arbeitsstandards verwendet.

Die Schlüsselfrage lautet nicht: »Haben wir Arbeitsstandards aufgehängt?«, sondern vielmehr: »Wie erreichen wir den Zustand ›standardisierte Arbeit‹?« Toyotas Hauptintention bei der Spezifizierung von Standards besteht nicht darin, damit Disziplin, Verantwortlichkeit oder Kontrolle über die Mitarbeiter zu erhalten, sondern einen Referenzpunkt zu haben und um Plan/Ist vergleichbar zu machen, sodass Differenzen zwischen Erwartung und Tatsachen offensichtlich werden. Auf diese Weise können wir sehen, was die wahren Probleme sind und wo Verbesserung nötig ist.

Wenn wir danach gefragt werden, ob wir standardisierte Arbeit haben, dann zeigen wir zum Beweis in der Regel auf einen schriftlichen Arbeitsstandard und sagen: »Ja, wie Sie sehen, haben wir standardisierte Arbeit.« Wenn ein Toyota-Mitarbeiter diese Frage gestellt bekommt, schaut er ebenfalls auf den schriftlichen Arbeitsstandard – aber dann schaut er auf den Prozess und vergleicht ihn mit dem Standard. Wenn zwischen beiden eine Differenz vorliegt, was selbst bei Toyota häufig der Fall ist, würde er antworten: »Noch nicht.« Toyota erreicht nicht deshalb hervorragende Qualität, weil ein Prozess jedes Mal auf die gleiche Weise durchgeführt wird, *sondern weil Toyota den Zielzustand anstrebt, dass der Prozess jedes Mal auf die gleiche Weise durchgeführt wird*. Der Unterschied ist subtil, aber wichtig, wenn Sie Toyotas Erfolg verstehen und ihn erfolgreich kopieren wollen.

Wie wir über Standards denken, zeigt sich auch, wenn eine Abnormalität innerhalb eines Prozesses auftritt. In der traditionellen Betrachtungsweise bewerten wir die Abnormalität als Rückschritt – und denken, wir benötigen eine Korrektur und mehr Disziplin. Meinem Eindruck zufolge dreht Toyota diese Denkweise um 180 Grad: Eine Abnormalität bedeutet, dass wir den Zielzustand *noch nicht erreicht haben* und dass wir weiterhin die Verbesserungs-Kata anwenden müssen.

Abbildung 46: Was denken wir, wenn eine Abnormalität auftritt?

Was ist also der Unterschied zwischen einem Standard und einem Zielzustand? In vielen Fällen kein großer. Es ist häufig gut, Standards in dem Sinne zu betrachten, dass sie etwas sind, das Sie zu erreichen versuchen. Die Hauptfrage ist: »Wie schaffen wir es, dass der Prozess so abläuft, wie es in dem Standard beschrieben ist?« Das ist die harte Arbeit (mehr dazu in Kapitel 6).

Die folgenden Standards, so wie viele andere in einer Fabrik auch, können also als Zielzustände angesehen werden:

Abbildung 47: Diese und viele andere Standards können als Zielzustände betrachtet werden

Arbeitsstandards	Taktzeit, richtige Anzahl an Mitarbeitern, 1x1-Fluss, Arbeitselemente der Mitarbeiter, Zeit für jedes Element und so weiter.
Glätten	Geplante Produktionssequenz, maximale Losgröße, Menge des Fertigwarenbestands und so weiter.
Pull System	Lagerstellen im Supermarkt, Bestandsmengen, Kanban-Karten, und so weiter.
Logistik	Lieferroute, Haltestellen, Timing und so weiter

Ich lade Sie dazu ein, zu überlegen, was Sie erreichen könnten, wenn jeder in Ihrem Unternehmen lernen würde, solche Standards nicht als Zwangsjacke, sondern als anzustrebende Zielzustände zu sehen.

Einen Zielzustand festlegen

Ein Zielzustand wird aus einem detaillierten Verständnis des Ist-Zustands – aus Beobachtung oder Analyse – unter Berücksichtigung der Vision oder Richtung erstellt. Um einen angemessenen Zielzustand zu definieren, müssen Sie zuerst die gegenwärtige Situation verstehen.

Die ersten Zielzustände für einen Produktionsprozess entstammen oft nur der Analyse des Prozesses selbst. Wenn Sie dann weiter vorangehen, sollte ein Prozesszielzustand zunehmend mit den Abteilungszielen abgestimmt werden oder darauf basieren. Aber selbst wenn die übergeordneten Ziele erreicht werden, sollten Sie damit fortfahren, weitere Prozesszielzustände zu bestimmen. Sobald ein Prozess nämlich nicht mehr einen Zielzustand anstrebt, besteht die Gefahr, dass er zurückfällt. Schließlich sollten Sie durch die Fabrik gehen und bei jedem Prozess fragen können: »Und welche Herausforderung (welcher Zielzustand) wird hier gerade angestrebt?«

Einer der am häufigsten zu Anfang festgelegten Zielzustände bei Produktionsprozessen – sowie auch immer wieder nach durchgeführten Prozessveränderungen – besteht darin, Prozessstabilität herzustellen, gemessen durch Schwankungen in Prozesszyklen. Die meisten Produktionsprozesse, denen ich begegne, laufen nicht stabil. Aber ohne Stabilität als Basis werden viele andere und weitere Verbesserungsbemühungen einfach nicht greifen.

Anhang 2 (Prozessanalyse) zeigt Ihnen eine typische Vorgehensweise zur Analyse des Ist-Zustands eines Produktionsprozesses, und wie Sie die benötigten Fakten und Zahlen zusammenbekommen, um einen ersten Zielzustand festzulegen.

Welche Information enthält ein Zielzustand?

Ein Zielzustand beschreibt eine Lage, die wir an einem zukünftigen Zeitpunkt erreicht haben wollen – und zwar auf dem Weg zu einer länger-

Abbildung 48: Einige Beispiele für Ausdrücke, die nicht in einen Zielzustand gehören

Kein Zielzustand	Warum
»Ein Pull- (Kanban) System implementieren« »Eine Milk-Run-Materiallogistik einführen«	Zu diffus. Ein Kanban- oder Logistiksystem kann in der Tat ein Zielzustand sein, aber dafür müssen Sie im Detail beschreiben, wie dieses ablaufen soll.
»5S einführen« (Sauberkeit und Ordnung) »Ein Barcode-System einführen« »Das Layout verändern«	Dies sind Gegenmaßnahmen, die nicht mit einem Zielzustand verwechselt werden sollten. Beschreiben Sie zuerst, wie der Prozess arbeiten soll. Auf dem Weg zu diesem Zielzustand werden die Gegenmaßnahmen dann *nach Bedarf* entwickelt.
»Minimieren« »Reduzieren« »Verbessern« »Steigern«	Wörter wie *minimieren, reduzieren, verbessern, steigern* gehören nicht in einen Zielzustand, weil dieser einen gewünschten Zustand zu einem *Zeitpunkt* beschreibt.
»Zwei Mitarbeiter weniger« »Die Bestandsmenge um zwei Tage reduzieren«	Reduzierte Mitarbeiterzahlen oder Bestände sind Ergebnisse, nicht Zielzustände. Sie beschreiben nicht, wie ein Prozess sich verhalten müsste, um Kundenanforderungen mit weniger Personal oder Bestand gerecht zu werden.

fristigen Vision. Es gibt sowohl technische als auch nicht-technische Zielzustände, da die Verbesserungs-Kata in einer großen Bandbreite von Situationen Anwendung findet. Wenigstens einige Aspekte eines Zielzustands sollten messbar sein, sodass Sie feststellen können, ob dieser erreicht ist oder nicht.

Ein Faktor bei der Bestimmung eines Zielzustands besteht darin, den Unterschied zwischen dem eigentlichen Zielzustand und Maßnahmen oder Schritten (sogenannten »Countermeasures« beziehungsweise Gegenmaßnahmen) zu kennen. Ein Zielzustand sollte einen erwünschten Zustand beschreiben, aber nicht, wie Sie diesen erreichen. Maßnahmen in einen Zielzustand zu integrieren ist ein häufiger Fehler, bei dem ich mich selbst immer noch erwische. Wir nennen nämlich gern vorschnell Lösungen, was aber die Funktion der Verbesserungs-Kata behindert. Ingenieure versuchen zum Beispiel oft, Zielzustände in Form von Lösungen zu definieren, weil sie gewohnt sind, mit Lösungen zu arbeiten. Wir sollten lernen, uns erst zurückzuhalten und zu definieren, wo wir hinwollen, bevor wir uns auf den Weg machen. Maßnahmen und Lösungen sind das, was wir nach Bedarf entwickeln, nachdem der Zielzustand definiert ist und wir ihn, wie in Kapitel 6 beschrieben, anstreben.

Leitlinie: Der Zielzustand eines Produktionsprozesses beinhaltet in der Regel folgende vier Informationskategorien (siehe Kasten). Die Punkte 1 bis 3 werden tagtäglich bei der Durchführung der Prozessverbesserung mit der Verbesserungs-Kata verwendet:

1. Prozessschritte, Sequenz und Zeiten
Was ist die Sequenz der notwendigen Schritte, um einen kompletten Durchlauf durch den gesamten Prozess zu absolvieren? Wie lang sollte jeder Schritt dauern, und wer soll diesen Schritt durchführen?

2. Prozesseigenschaften
Weitere Attribute des Prozesses, zum Beispiel:

- Anzahl der Mitarbeiter,
- Anzahl der Schichten,
- wo ist 1x1-Fluss geplant,
- wo müssen Puffer installiert sein, einschließlich der normalen Puffermenge,
- Losgröße, Umrüstzeiten,
- Heijunka- beziehungsweise Glättungsmuster.

3. Prozesskennzahlen
Hierbei handelt es sich um Kennzahlen, um den Zustand des Prozesses in kurzen Zeitinkrementen zu prüfen, in »real time«, während der Prozess läuft. Beispiele sind:

- Tatsächliche Zykluszeit für jeden Schritt und jedes Stück (oder je eine Standardmenge an Stücken),
- Grad der Zeitschwankungen von Zyklus zu Zyklus.

4. Ergebniskennzahlen
Kennzahlen zur periodischen Überprüfung der Ergebnisse der Prozessverbesserung, zum Beispiel:

- Anzahl der produzierten Stücke je Zeiteinheit,
- Produktivität,
- Qualitätsindikatoren,
- Kosten,
- Schwankungen in Output-Menge von Schicht zu Schicht.
  (Punkt 4 wird nur periodisch verwendet, um die Ergebnisse der Prozessverbesserung festzustellen.)

Als Beispiel folgen in Abbildung 49 typische Elemente eines Zielzustands für einen Montageprozess. (Der hier gezeigte Zielzustand dient als Illustration und weist in Wirklichkeit zu viele Elemente auf, die im Vergleich mit dem Ist-Zustand ein ziemlicher Sprung sind. Vom jetzigen Ist-Zustand zu diesem Zielzustand überzugehen, bedarf einer Reihe von Zielzuständen.)

Wie Sie sehen können, definieren Zielzustände in der Produktion detaillierter, wie ein Prozess ablaufen sollte, als es heute in vielen Fabriken die Regel ist. Wie wir im nächsten Kapitel sehen werden, schafft dieses hohe Detailniveau eine Situation, in der Lernen stattfinden kann.

Wie detailliert?

Bei Produktionsprozessen ist es manchmal möglich, im Vorhinein einen detaillierten Zielzustand zu definieren, da der Ist-Zustand, auf Basis dessen der Zielzustand definiert wird, beobachtet, analysiert und detailliert verstanden werden kann. In den meisten Fällen ist es jedoch nicht möglich, den Ist-Zustand von vornherein vollständig zu ermessen, weswegen es auch nicht von vornherein möglich ist, einen detaillierten Zielzustand zu

Abbildung 49: Beispiel eines Prozesszielzustands

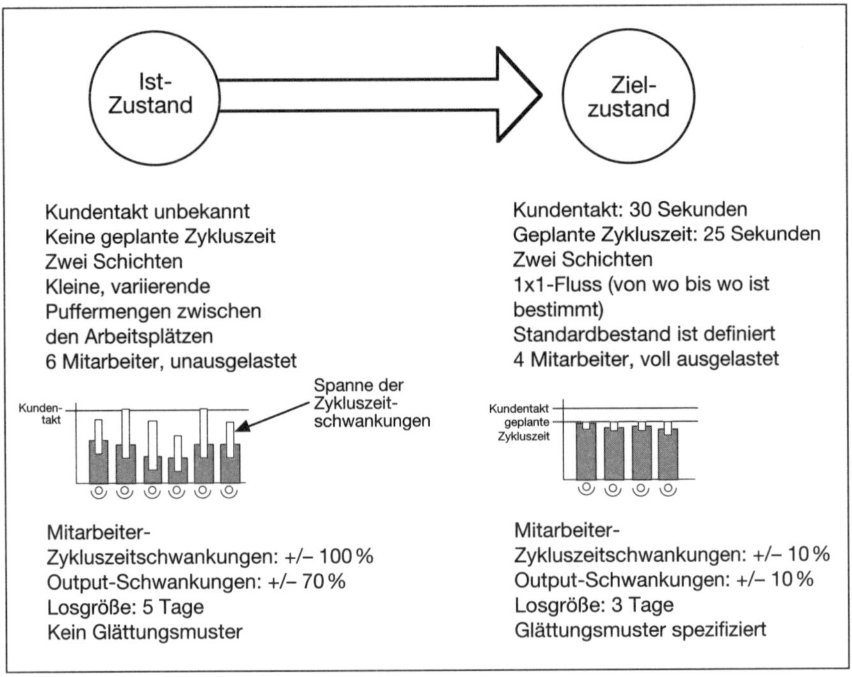

erstellen. Denken Sie zum Beispiel daran, ein neues Produkt zu entwickeln oder zu vermarkten. Sie können jetzt noch nicht bis ins Detail wissen, was der Kunde möchte.

Vorsicht ist geboten, denn in Situationen, in denen Sie den Ist-Zustand nicht hinreichend wahrnehmen können (was meistens der Fall ist), fallen Sie möglicherweise der trügerischen Sicherheit zum Opfer, die Situation erfasst zu haben. Wir erkennen ein Wissensdefizit oft gar nicht und können so leicht den Fehler begehen, Details eines Zielzustands festzulegen, die nur auf Vermutung basieren.

Es besteht also ein Dilemma. Bevor Sie anfangen, brauchen Sie einen Zielzustand, aber bevor Sie loslegen, können Sie vielleicht nicht viele Details dieses Zielzustands ausmachen. Der Weg aus dieser Zwickmühle besteht darin, mit einer einfacheren, weniger detaillierten Definition des Zielzustands zu beginnen, und beim Vorwärtsgehen und dem Erkennen von Hindernissen der Definition mehr Details hinzuzufügen. Sollten Sie zweifeln, formulieren Sie lieber den Zielzustand zwar durchdacht, aber etwas vage, und ergänzen Sie ihn mit mehr Details, wenn Sie dann weiter in dem unklaren Terrain vorankommen. Dadurch werden Möglichkeiten offen gehalten, statt sich auf der Grundlage von Annahmen zu früh zu spezifizieren.

Abbildung 50: Wenn man einmal unterwegs ist, werden weitere Details klarer

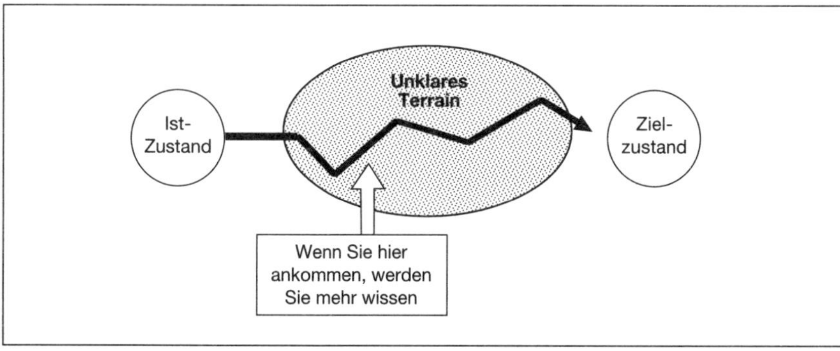

Bei Produktionsprozessen habe ich beispielsweise gute Resultate damit erzielt, einen Anfangszielzustand zu bestimmen, der nur folgende Punkte definiert, und dann fortzufahren wie in Kapitel 6 beschrieben (Eine detaillierte Anleitung zur Definition dieser Punkte findet sich in Anhang 2):

- Taktzeit und geplante Zykluszeit,
- wo im Prozess als Nächstes ein 1x1-Fluss erreicht werden soll (basierend auf Erfahrung),
- Anzahl der Mitarbeiter und Schichten,
- Prozessstabilität.

Nach einem oder zwei Tagen Arbeit an dem Prozess wissen wir dann normalerweise genug darüber, um einen detaillierten Zielzustand zu definieren. Dies läuft manchmal so ab, dass wir einfach versuchen, den Prozess wie im Anfangszielzustand beschrieben zu fahren; als Experiment, um zu sehen, was dabei herauskommt. Man könnte dies als *weitergehende Analyse des Ist-Zustands durch das Hinbewegen auf den Zielzustand* bezeichnen. Die Vorgehensweise, anfangs die Zielzustände nur vage zu definieren, wird bei Toyota häufig eingesetzt, denn dort wird es als schlechte Vorgehensweise angesehen, etwas im Detail zu spezifizieren, was man noch nicht versteht.

Beachten Sie jedoch, dass ich nicht meine, Sie sollen den Zielzustand abändern, während Sie sich voranbewegen. Sie sollen ihn lediglich feiner spezifizieren. Wenn ein Zielzustand einmal erstellt ist, auch wenn er noch etwas vage ist, dürfen sein Inhalt und Termin nicht einfach geändert werden – und zwar damit wir uns die Mühe machen, den Ist-Zustand zu verstehen, den Zielzustand sorgfältig zu überlegen und, wenn das Vorankommen schwierig wird, hart daran zu arbeiten, die auftretenden Hindernisse zu verstehen und sie schrittweise und kreativ im geplanten Zeitrahmen zu überwinden. So erreichen wir einen neuen Grad an Systemleistung, anstatt einfach am Zielzustand zu rütteln.

> Tu es oder tu es nicht. Es gibt kein Versuchen.
> YODA

Etwas Terminologie kann hierbei behilflich sein. Ich nenne einen vagen Anfangszielzustand eine »Challenge«. Wenn dann ausreichend Details hinzugefügt worden sind, nenne ich es »Zielzustand«. Ein Beispiel: Der Manager eines Montagebereichs setzt seinem Team die Challenge, die maschinelle Verarbeitung von einigen Gussteilen – die derzeit im Losverfahren anderswo im Werk stattfindet – in den 1x1-Fluss einer Montagelinie zu integrieren. Wenn die Teammitglieder dann die Ist-Situation analysieren, ein Konzept entwickeln und vielleicht sogar das Experiment eingehen, die Fräßmaschine in die Montagelinie bringen, definieren sie die weiteren Details, die einen Zielzustand ausmachen.

Wie herausfordernd sollte ein Zielzustand sein?

Zu wissen, was ein angemessener Zielzustand ist – eine herausfordernde, aber zu bewältigende Aufgabe – hängt von der Situation ab und ist eine erworbene Fähigkeit. Je erfahrener Sie in der Anwendung der Verbesserungs-Kata werden, desto besser werden Sie beurteilen können, wozu ein Prozess als Nächstes bereit ist. Als ich anfing, die Verbesserungs-Kata und die Arbeit damit zu erlernen, vermutete ich, wir würden uns die Zielzustände oft zu leicht machen. Tatsächlich aber haben wir sie eher zu anspruchsvoll gemacht. Warum? Wenn wir eine Situation noch nicht aus eigener Erfahrung detailliert verstehen, dann übersehen oder unterschätzen wir Hindernisse und entwickeln womöglich Zielzustände, die zu ehrgeizig sind für den zur Verfügung stehenden Zeitrahmen.

Manchmal entscheiden wir uns zum Beispiel sehr rasch für die Einführung eines FIFO-Verfahrens (First In – First Out) über lange Strecken eines Wertstroms. Dahinter steckt die Vorstellung, es müsse gut sein, weil es nah am Fluss-Idealzustand ist. Wenn ein FIFO-Fluss jedoch von Anfang bis Ende eine Durchlaufzeit aufweist, die größer ist als etwa ein Tag, kann das leicht im Chaos münden. Ein FIFO-Fluss mit langer Durchlaufzeit erfordert ständige Interventionen, da sich die Prozessbedingungen ändern, während die Produkte sich immer noch durch den

FIFO-Strom bewegen. Was flüssiger zu sein schien, wird chaotisch, weil wir versucht haben, mit einem Sprung zu schnell voranzukommen, statt schrittweise vorzugehen.

Ein anderes Beispiel ist das zu frühzeitige und umfangreiche Reduzieren von Bestand. Auch hier liegt der Gedanke zugrunde, dass weniger Bestand dem Idealzustand näher kommt. Aber zu wenig zu früh – und Sie schaffen Chaos. Der Trick besteht darin, Ihre Prozesse zu verstehen, die richtige Menge an Bestand gezielt bereitzuhalten, und die Prozesse schrittweise auf angemessene Zielzustände hinzuführen, sodass der Bestand in Form eines *Ergebnisses* reduziert werden kann.

Zeithorizont für einen Zielzustand

1. *Ein Jahr:* Manche Zielzustände können sich auf den Zeitraum eines Jahres erstrecken, was mit dem Planungs- oder dem Policy-Deployment-Zyklus in vielen Unternehmen übereinstimmt. Meinen bisherigen Erfahrungen zufolge ist der Zeitrahmen von einem Jahr jedoch zu lang für das erfolgreiche Anstreben eines Zielzustands, und derart langfristige Zielzustände sollten um Zwischenzielzustände ergänzt werden. Sie müssen nicht sofort zu weit gehen und kommen im Endeffekt schneller voran, wenn Sie in kurzer Abfolge kleine Schritte setzen, als wenn Sie versuchen, große Sprünge zu machen.
2. *Maximal drei Monate:* Ich schlage oft einen maximalen Zeithorizont von drei Monaten für Zielzustände bei Produktionsprozessen vor. Wenn sich ein Zielzustand auf einen längeren Zeitraum als drei Monate erstreckt, sollten Sie ihn womöglich in besser handhabbare Schrittgrößen aufbrechen.
3. *Eine bis vier Wochen:* Ich habe gute Erfahrungen damit gemacht, Personen dahin zu führen, Zielzustände zu entwickeln, die nicht mehr als eine bis vier Wochen anpeilen, insbesondere wenn es sich um die ersten Lernversuche mit der Verbesserungs-Kata handelt. Auf diese Weise kann eine Person mehr Übung mit kompletten Zyklen der Verbesserungs-Kata bekommen.

Je weiter in der Zukunft Ihr Zielzustand angesiedelt ist, desto eher benötigen Sie einen Plan, wie Sie ihn erreichen wollen. Einen einwöchigen Zielzustand können Sie ohne großen »Wie komme ich dahin«-Plan anstreben. Für einen Zielzustand in einem Jahr oder später brauchen Sie einen gut durchdachten Plan.

Definieren Sie auch stets den ersten Schritt

Wenn Sie einen Zielzustand definieren, wird noch nicht klar sein, wie Sie diesen erreichen, aber der nächste Schritt sollte schon klar sein. Das ist in etwa so, als ob Sie etwas »ankurbeln«. In diesem Zusammenhang hat mir ein Toyota-Mitarbeiter einmal vorgeschlagen, man solle sich immer auf das größte Problem konzentrieren. Als ich versuchte das zu tun, stellte ich jedoch etwas Negatives fest: Wir verloren uns in den Diskussionen darüber, was denn nun das größte Problem sei. Als wir Daten sammelten und Pareto-Charts erstellten, kostete uns das viel Zeit, und die größte Problemkategorie in dem Chart war gewöhnlich »Sonstiges«, was uns zurück an den Anfang unserer Debatte brachte. Als wir uns dann endlich entschieden hatten, was das größte Problem war, hatte sich der Prozesszustand mittlerweile verändert. Diesen Effekt bezeichnet man als *Pareto-Paralyse,* und ich ermuntere Sie dazu, ihn zu vermeiden. Eine Pareto-Paralyse verzögert Ihren Fortschritt, weil die Menschen versuchen, zu entscheiden, was der »richtige« erste Schritt ist.

Glücklicherweise kann eine derartige Verzögerung leicht vermieden werden, denn es ist entscheidend, dass Sie einen Schritt machen, und weniger wichtig, welcher Schritt das ist. Machen Sie sich nicht zu viele Gedanken darüber, das größte Hindernis zu finden und den richtigen ersten Schritt zu setzen. Machen Sie einen Schritt – wenn Sie das getan haben, beginnt der Lernprozess und Sie werden weiter sehen. Wenn Sie sich in schnellen Zyklen voranbewegen, werden Sie bald auf das größte Problem stoßen. Es wartet auf Sie.

Ein weiterer Punkt: In sehr vielen Fällen ist der nächste Schritt *keine* Gegenmaßnahme, sondern besteht vielmehr darin, durch Beobachtung, Daten oder Experimentieren mehr Informationen zu sammeln. Wie bereits erwähnt: Sollten Sie unsicher sein, dann schauen Sie sich die Sache vor Ort an, wenn nötig wieder und wieder. Das hat mir unzählige Male geholfen. Die meisten Schritte, die Sie ergreifen, sind keine Maßnahmen, sondern

Abbildung 51: Wenn Sie einen Schritt tun, beginnt der Lernprozess

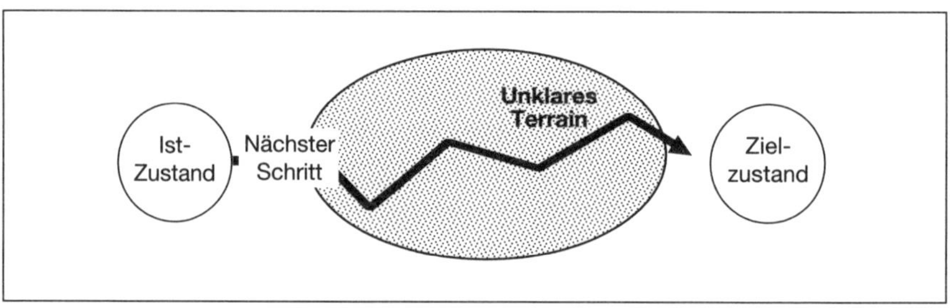

Bemühungen um tiefergehendes Verständnis und um das Erhalten von mehr Fakten und Daten.

Beim Festlegen des nächsten Schrittes ist es eine von mir verwendete Taktik, denjenigen, der die Prozessanalyse durchgeführt und den Zielzustand bestimmt hat, zu bitten, auch den nächsten Schritt zu definieren. Das unterbindet diese »Was ist der erste Schritt«-Diskussionen. Die Idee ist, anzufangen und dann weiterzusehen.

Ready to go

Wenn Sie erst einmal den Zielzustand und den nächsten Schritt definiert haben, sind Sie bereit, auf den Zielzustand hinzuarbeiten. Wie Toyota das macht, ist der andere Teil der Verbesserungs-Kata und das Thema des folgenden Kapitels.

Typische Anfangszielzustände für Produktionsprozesse

Etwas, das Sie sofort tun können, ist eine Analyse zur Bewertung der Stabilität eines Produktionsprozesses durchzuführen. Dies kann eine gute Methode sein, den gegenwärtigen Zustand besser zu verstehen. Wenn möglich, führen Sie diese Analyse bei einer Montage oder einem Schrittmacherprozess[20] durch. Mit Stoppuhr, Stift und Papier in der Hand stellen Sie sich an die letzte Arbeitsstation der Reihe, wählen einen Punkt aus und messen, wie oft ein Teil diesen Punkt passiert. Tun Sie das bei 20 bis 40 aufeinanderfolgenden Prozesszyklen und notieren Sie für jeden vollen Zyklus die Zeit.

Dann gehen Sie Station für Station flussaufwärts und messen den Arbeitszyklus jedes Mitarbeiters auf die gleiche Weise. Suchen Sie sich einen Bezugspunkt im gesamten Arbeitszyklus, an dem Sie Ihre Stoppuhr ein- und ausschalten. Lassen Sie die Uhr laufen, bis der Mitarbeiter an diesen Punkt im Zyklus zurückgekehrt ist, egal wie lange es dauert. Wiederholen Sie das mit jedem Mitarbeiter 20 bis 40 Mal. Stellen Sie die Ergebnisse für jede Position, die Sie beobachtet haben, wie im folgenden Beispiel gezeigt, grafisch dar. Verwenden oder kalkulieren Sie keine Durchschnittswerte, denn das versteckt die Prozessinstabilität.

Betrachten Sie jetzt den Prozess und fragen Sie sich: »Was hält den

20 Zur Definition von Schrittmacherprozess siehe Anhang 1.

Prozess und die Mitarbeiter davon ab, die Zyklen stabil zu halten?« Prozessstabilität allein ist zwar kein vollständiger Zielzustand. Aber diese Beobachtungen zu machen kann ein guter Startpunkt sein, den Ist-Zustand zu verstehen und einen Zielzustand zu entwickeln.

Abbildung 52: Messung der Prozessstabilität anhand von Prozesszyklen

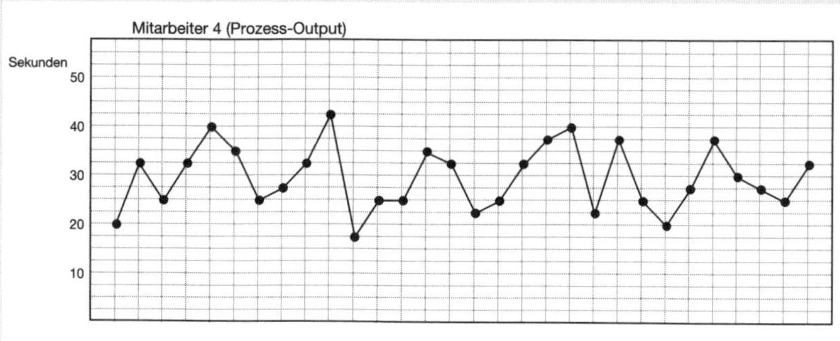

Obwohl es viele Ausnahmen gibt, durchlaufen Zielstände für einen Produktionsprozess anfangs oft in etwa die folgenden allgemeinen Kategorien. Innerhalb jeder dieser Kategorien gibt es normalerweise eine Reihe von Zielzuständen.

1. Streben Sie es an, einen stabilen 1x1-Fluss mit der geplanten Zykluszeit mit der richtigen Anzahl von Mitarbeitern zu entwickeln.
   Eine definierte Menge an Umlaufbestand an definierten Stellen im Prozess ist oft nötig und akzeptabel. Falls der Prozess nicht stabil oder nicht in der Lage ist, den qualitativen oder quantitativen Kundenanforderungen gerecht zu werden, gehen Sie dieses Problem an, bevor Sie andere Verbesserungen versuchen. Bis Sie in der Lage sind, einen stabilen Prozess herzustellen, sollten Sie sich nicht zu viele Gedanken darüber machen, den Prozesszielzustand mit den Abteilungszielen zu koppeln.
2. Streben Sie einen geglätteten Mix mit kleinen Losgrößen an.
3. Streben Sie es an, Prozesse im Wertstrom mit Kanban aneinander zu knüpfen.
4. Weitere Verbesserungen. Dazu gehören das Abgleichen mit den Zielen der Abteilung, das Anstreben einer Vision, das Verringern der Spanne zwischen geplanter Zykluszeit und Taktzeit, die Losgröße näher an ein Stück heranzubringen und so weiter.

Kapitel 6

Problem Solving und Adaptieren: Sich in Richtung eines Zielzustands bewegen

Das Erstellen eines Zielzustands ist nur ein Teil der Verbesserungs-Kata. Sich durch die Hindernisse zu arbeiten, die Ihnen auf dem Weg dorthin begegnen, ist der andere Teil (gerade dort, wo viel Lernen stattfindet). Es ist leichter, einen Zielzustand zu erstellen, als ihn zu erreichen.

Abbildung 53: Es erfordert Arbeit und einen Lernprozess, um einen Zielzustand zu erreichen

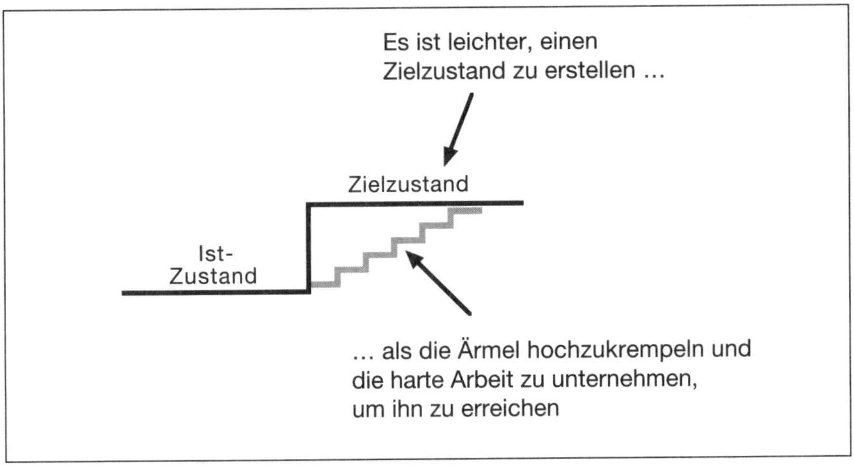

Der wichtigste Punkt: Gehen Sie davon aus, dass der Weg unklar ist

Zuerst sollten wir vielleicht unsere Erwartungshaltung eichen, wie der Weg hin zum Zielzustand sein wird. Oft machen wir einen Plan und beabsichtigen ihn umzusetzen. Aber die Wirklichkeit ist weder geradlinig noch voraussagbar genug, als dass das eine effektive Vorgehensweise wäre, um unsere Zielzustände zu erreichen. Betrachten Sie zum Beispiel die Landung eines Flugzeugs:

Ist-Zustand:	Cruising auf 10000 Meter Höhe
Zielzustand:	Gelandet auf der Landebahn
Plan:	Geplanter Sinkflug zur Landebahn

Wie würden Sie sich als Passagier fühlen, wenn der Pilot die beabsichtigte Route des Sinkflugs definieren würde, und danach keine weiteren Anpassungen erlauben würde? Auf dem Weg von 10000 Meter Höhe bis auf den festen Boden der Landebahn wird es viele unvorhersehbare Windstöße geben, und das Flugzeug würde die Landebahn nicht erreichen.

Mit Zielzuständen verhält es sich nicht anders. Auch hier kann niemand im Voraus so gut zielen, dass er immer treffen würde. Abgesehen davon, wie genau Sie geplant haben, sollten Sie bedenken, dass der Weg zum Zielzustand nicht vollkommen klar ist; er ist eine Grauzone.

Abbildung 54: Der Weg zum Zielzustand ist eine Grauzone

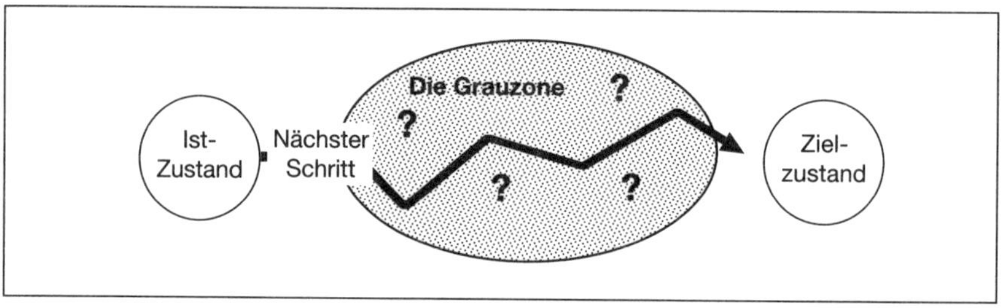

Jeder gemachte Schritt erzeugt eine Reaktion vom System, aber wegen Vernetzungen wissen wir nicht genau, was diese Reaktionen sein werden. Ein Plan ist in Wahrheit eine Vorhersage, und trotz unserer besten Anstrengungen können Planungsfehler nicht vermieden werden. Ungeahnte Probleme, Abnormalitäten, falsche Annahmen und Hindernisse werden auftreten, wenn wir daran arbeiten, voranzukommen. Das ist vollkommen normal und wir sollten diesen Dingen Aufmerksamkeit schenken und Anpassungen vornehmen, die auf dem basieren, was wir entlang des Wegs lernen.

> Vorhersagen sind immer schwierig – vor allem über die Zukunft.
> NIELS BOHR ZUGESCHRIEBEN

Wie sich Toyota durch die Grauzone arbeitet

Sobald ein Zielzustand und ein Plan erstellt worden sind, konzentriert sich Toyota stark auf den nächsten Schritt. Es gibt keinen Bedarf an langen

Abbildung 55: Das Tauziehen zwischen Vorhersage und Realität

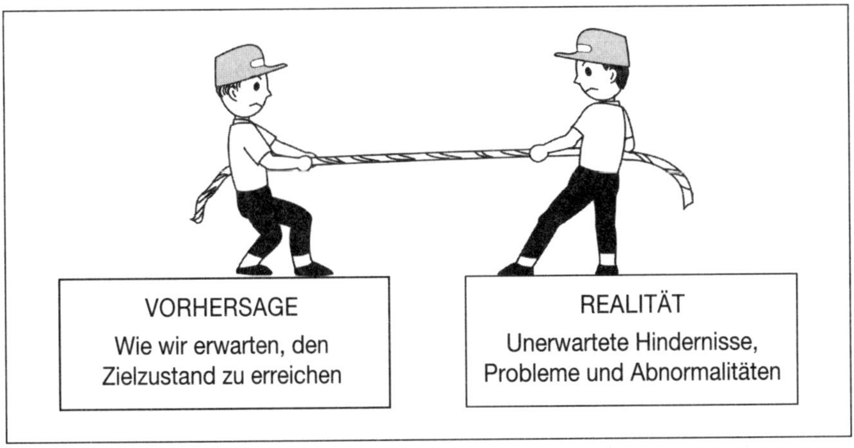

theoretischen Diskussionen oder Meinungen über weitere Tätigkeiten oder Schritte, weil jeder Schritt eine Veränderung der Situation bewirken kann.

Was im letzten Schritt gelernt wurde, kann Einfluss auf den folgenden Schritt haben. Aus diesem Grund arbeitet sich Toyota mit Lernen und Anpassen in kleinen, schnellen Schritten zu einem Zielzustand vor. Das entspricht dem Gehen: Einen Fuß vor den anderen setzen, jeweils ein Schritt, und sich nach Bedarf an die gegenwärtige Situation anzupassen. Dieses Vorgehen ist etwas gänzlich anderes, als sich lediglich durch die Schritte eines vorher definierten Plans oder einer Maßnahmenliste zu arbeiten.

Indem auf der Basis von Gelerntem entlang des Weges immerzu justiert wird, macht Toyota Fortschritte wie ein Wissenschaftler. Mit jeder Erkenntnis justiert ein Wissenschaftler seinen Kurs, um einen Nutzen aus dem zu ziehen, was gelernt wurde.

> Ich lerne jeden Tag, was ich wissen muss, um morgen meine Arbeit tun zu können.
>
> Der Historiker Arnold Toynbee erklärt so seine hohe Produktivität

> Nichts innerhalb eines Horizonts kann eine feste Definition haben. Bei jedem Schritt verschiebt sich der Horizont, ändert sich das Blickfeld, und veranlasst uns zu sehen, was bis dahin ganz anders wirkte.
>
> James P. Carse, New York University

> Pläne sind Dinge, die sich ändern.
>
> Fujio Cho, Chairman der Toyota Motor Corporation

Abbildung 56: Wie Toyota auf einen Zielzustand hinarbeitet

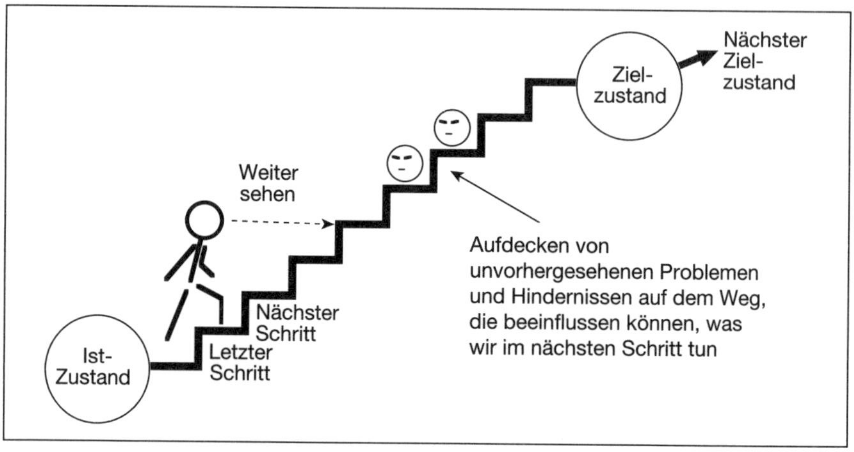

Ein anderer Weg, um Toyotas Vorgehen in Richtung eines Zielzustands zu veranschaulichen, ist das Treppendiagramm in Abbildung 56.

Hier ist eine nützliche Analogie. Sie haben definiert, wohin Sie gehen wollen (der Zielzustand), aber der Weg zwischen hier und dort ist dunkel. Sie halten eine Taschenlampe, die aber nur ein kurzes Stück in die Finsternis hineinleuchtet. Um weiter zu sehen und in der Dunkelheit verborgene Hindernisse zu entdecken, müssen Sie einen Schritt vorwärts machen.

Abbildung 57: Die Taschenlampenanalogie

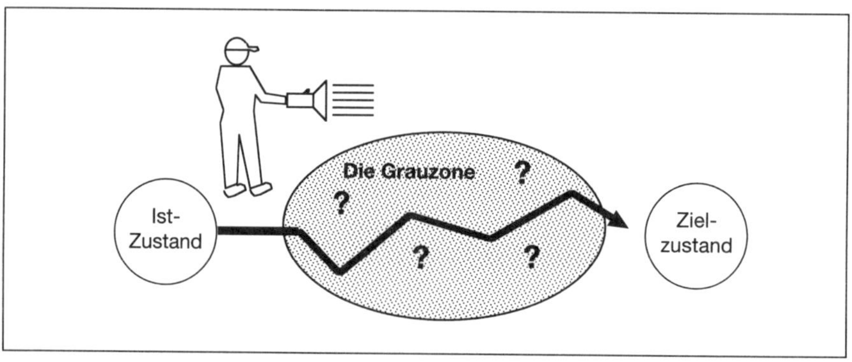

PDCA (Plan-Do-Check-Act)

Weil der Zielzustand außerhalb der Reichweite unserer Taschenlampe liegt, kann der Weg dorthin nicht exakt vorhergesagt werden. Also müssen wir diesen Weg durch Experimentieren finden. Das ist die wissenschaftliche Methode, die darin besteht, Hypothesen zu formulieren und sie dann gegen die Information zu prüfen, die aus direkter Beobachtung gewonnen wird. Das Verfahren oder die Schritte des Experimentierens werden durch den bekannten Plan-Do-Check-Act-Zyklus zusammengefasst:

1. *Plan:* Definieren Sie Ihre Erwartung, was Sie tun werden und was geschehen wird. Das ist die Hypothese oder Vorhersage.
2. *Do* (oder Ausprobieren): Überprüfen Sie die Hypothese, indem Sie versuchen, den Prozess plangemäß auszuführen. Das wird anfangs häufig im kleinen Umfang getan. Beobachten Sie genau.
3. *Check:* Vergleichen Sie das tatsächliche Ergebnis mit dem erwarteten.
4. *Act* (Was ist der nächste Schritt?): Standardisieren und stabilisieren Sie das, was funktioniert, oder beginnen Sie den PDCA-Zyklus wieder von vorn.

Abbildung 58: Der PDCA-Zyklus

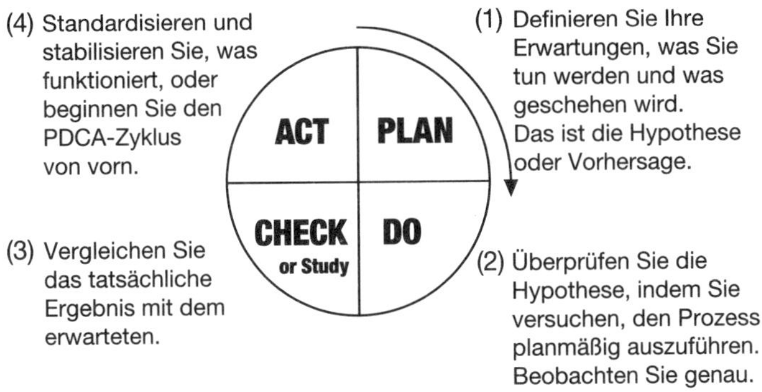

Die PDCA-Schritte stellen einen wissenschaftlichen Prozess zum Wissenserwerb dar. PDCA gibt uns ein praktisches Mittel, einen herausfordernden Zielzustand zu erreichen. Das heißt es ist der Weg durch die Grauzone und das, was eine lernende Organisation charakterisiert – aber nur, wenn wir es richtig einsetzen.

PDCA wurde in Japan vermutlich in den 1950er Jahren in einer Reihe von Vorträgen vorgestellt, die W. Edwards Deming dort hielt, obwohl damals die Terminologie »PDCA« wahrscheinlich noch nicht benutzt wurde und Deming vermutlich eine Version des Shewhart-Zyklus präsentierte. Das war eine kreis- oder spiralförmige Darstellung der »Schritte in einem dynamischen wissenschaftlichen Prozess des Wissenserwerbs« von Walter A. Shewhart. Diese hatte er in seinem 1939 erschienen Buch *Statistical Method from the Viewpoint of Quality Control* vorgestellt. Es ist auch denkbar, dass Shewharts Veröffentlichung und die wissenschaftliche Methode in Japan bereits bekannt waren.

Während seiner Vortragstätigkeiten in Japan von 1950 bis 1952 führte Deming Schulungen für Ingenieure und Statistiker sowie Vorträge für das Topmanagement durch. Es ist interessant, dass Deming die statistischen Techniken als *Managementtools* präsentierte, und dass er die Betonung auf übergeordnete Führungskonzepte wie den Shewhart-Zyklus legte. Deming vermittelte den Inhalt der Vorträge also im Zusammenhang mit einer bestimmten Art des Denkens und Managens, nicht einfach als Techniken. Dies ist auch eindeutig die gleiche Weise, wie PDCA von Toyota aufgenommen wurde: nämlich als strategischer Ansatz und Basis für Verbesserung und Führung auf allen Ebenen.

Toyota brachte später die Wörter »go and see« in der Mitte des PDCA-Rades dazu, weil Toyota dies bei allen Schritten von PDCA als wichtig ansieht. Egal, wie sicher Sie sind, Sie müssen immer den tatsächlichen Zustand selbst in Augenschein nehmen, um ihn zu verstehen, weil sich die Situation beim Voranschreiten andauernd ändert. Wenn Sie zum Beispiel nur einmal vor Ort gehen und hinsehen würden, dann entfernen Sie sich zunehmend von der realen Situation. Die am häufigsten gesprochenen Wörter bei Toyota könnten durchaus »show me« sein.

Abbildung 59: Toyota hat den PDCA-Zyklus mit »go and see« ergänzt

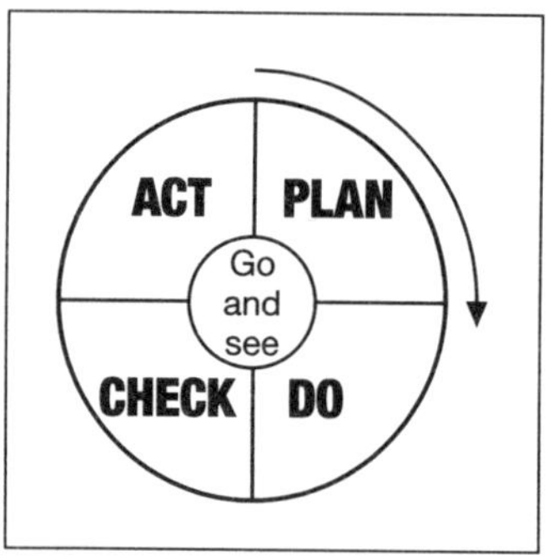

Bei einem Montageprozess in Portugal stieß ich auf ein gutes Beispiel für die Notwendigkeit zu »go and see«. Die Ingenieure im Büro sagten, dass sie aufgrund ihrer Berechnungen der Maschinenkapazitäten wüssten, welche Arbeitsstation der Engpass im Montageprozess sei. Allerdings war im realen Prozess auf dem Shop Floor eine ganz andere Arbeitsstation der aktuelle Engpass. Die reale Situation und Probleme im Prozess entsprachen nicht dem, was die Ingenieure basierend auf ihren Daten annahmen. Das ist der Grund, warum Toyota sogar einen Unterschied zwischen Fakten und Daten macht, und Fakten gegenüber Daten, wo auch immer möglich, bevorzugt.

Kernpunkte zu PDCA

Wir kennen PDCA schon seit langem, aber wir verwenden es noch nicht so wie Toyota in seiner Verbesserungs-Kata. Um anzufangen, ein tieferes Verständnis zu entwickeln, betrachten Sie folgende vier Punkte aus der Arena des wissenschaftlichen Experimentierens, der Entdeckung und des Lernens:

1. *Adaptive und evolutionäre Systeme beinhalten von Natur aus das Experimentieren.*
   Da der Weg nach vorne eine Grauzone ist, müssen wir experimentieren, wenn wir Fortschritt wollen. Ein Zielzustand ist zum Beispiel nur eine Basis, um Experimente durchzuführen zu können.

> Hypothesen sind Netze: Nur der wird fangen, der auswirft.
> NOVALIS

2. *Hypothesen können nur durch Experimente überprüft werden, nicht durch intellektuelle Diskussion, Meinungen oder menschliches Urteilsvermögen.*
   Das bezeichne ich als »probieren geht über diskutieren«. Wenn Sie Kommentare hören wie »ich glaube …« oder »ich denke …«, ist es oft besser, mit dem Reden aufzuhören und einen Schritt zu machen, indem Sie so schnell wie möglich testen – gewöhnlich zuerst im kleinen Umfang –, sodass Sie basierend auf Fakten und Daten weiter sehen können.

> Weder die Stimme der Autorität noch das Gewicht von Argumenten sind so bedeutend wie Experimente, denn dadurch kommt Ruhe in den Geist.
> ROGER BACON

> Der Moment der Erfahrung ist die sicherste Wirklichkeit.
> KOMPONIST BENJAMIN BORETZ

3. *Damit ein Experiment wissenschaftlich ist, muss es möglich sein, dass die Hypothese widerlegt wird.*
Dieser Punkt ist etwas schwerer zu verstehen, aber er bringt uns dem näher, was Toyota tut. Der Senior Manager auf Werksbesuch, der das Heijunka-Glättungsmuster eines Montageprozesses prüft und nur zustimmend nickt, anstatt zu fragen »Was hält Sie derzeit davon ab, nach diesem Muster zu produzieren?«, hat diesen Punkt noch nicht verinnerlicht. Auch nicht der Werksleiter, der als nächsten Schritt plant, Kanban-Systeme im gesamten 6000-Personen-Standort einzuführen.
Wenn wir annehmen, dass jederzeit etwas, was wir geplant haben, nicht wie beabsichtigt funktioniert – das heißt, dass es immer möglich ist, dass sich die Hypothese als falsch erweist –, dann halten wir unsere Augen und Gedanken offen für das, was wir auf dem Weg lernen. Wenn wir umgekehrt denken, dass alles wie geplant funktionieren kann, dann sehen wir zu leicht über die Wirklichkeit hinweg (wie die Ingenieure in der Fabrik in Portugal, die den Prozessengpass zu kennen glaubten) und neigen dazu, einfach auf größere Disziplin bei der Ausführung des Plans zu drängen. Wenn wir davon ausgehen, dass alles wie geplant funktionieren kann, dann ist der Effekt der, dass wir aufhören zu verbessern und zu adaptieren.

> Das Spiel der Wissenschaft hat grundsätzlich kein Ende: Wer eines Tages beschließt, dass wissenschaftliche Sätze nicht weitere Überprüfung brauchen, sondern als endgültig verifiziert gelten, der tritt aus dem Spiel aus.
>
> KARL POPPER

4. *Wenn eine Hypothese widerlegt wird, ist dies insbesondere der Punkt, an dem wir neue Erkenntnisse gewinnen und unsere Fähigkeit weiter entwickeln können.*
Stellen Sie sich einen Wissenschaftler in einem Labor vor. Er trägt einen weißen Kittel mit schweren Handschuhen und gießt unter eine Abzugshaube langsam zwei Messbecher mit jeweils einer klaren Flüssigkeit zusammen. Der Wissenschaftler hat vorausgesagt, dass das Mischen dieser Flüssigkeiten eine blaue Flüssigkeit produzieren wird.
Wenn sich die Mischung tatsächlich blau färbt, dann war das Experiment die Bestätigung für etwas, das der Wissenschaftler bereits geglaubt hat. Somit hat er nichts Neues gelernt. Wenn eine Hypothese nicht widerlegt wird, dann war das Experiment nur eine Bestätigung von bereits vorhandenen Ideen. Oder anders ausgedrückt: Wenn es kein Problem gibt, gibt es wenig Verbesserung.

Wenn aber im Gegensatz die Mischung explodiert, und der Wissenschaftler, mit Asche bedeckt, zwei zerstörte Messbecher in der Hand hält – ein unerwartetes Ergebnis –, dann steht er kurz davor, etwas Neues zu lernen.

> Probleme kann man niemals mit derselben Denkweise
> lösen, mit der sie entstanden sind.
> ALBERT EINSTEIN ZUGESCHRIEBEN

> Es gibt keine gescheiterten Experimente, nur Experimente
> mit unerwarteten Ergebnissen.
> R. BUCKMINSTER FULLER

Wir lernen aus Misserfolgen, weil sie die gegenwärtigen Grenzen unseres Systems und unserer Wissenshorizonte offenbaren. Deshalb konstatiert Toyota, dass »Probleme Juwelen sind.« Sie zeigen uns den Weg vorwärts zu einem Zielzustand. Sie müssen ein Ziel gelegentlich verfehlen (vorzugsweise im kleinen Maßstab, der den Kunden nicht betrifft), um den passenden nächsten Schritt zu sehen. Das ist ein faszinierender Punkt, wenn Sie überlegen, wie sehr wir als Führungskräfte, Manager und Executives versuchen, es aussehen zu lassen, als laufe alles richtig und wie geplant. Der Hauptgrund für die Durchführung eines Experiments besteht nicht darin, zu prüfen, was funktionieren wird, sondern zu erfahren, was *nicht* wie erwartet läuft, und was wir tun müssen, um weiter voranzukommen.

Lernen, eine andere Frage zu stellen

Während wir Schritte in Richtung eines Zielzustands machen, hören wir manchmal die Bemerkung: »Lass uns sehen, ob das funktioniert.« Irrtümlicherweise scheint das eine angemessene Frage zu sein, da wir über Experimentieren sprechen. Allerdings führt die Aussage »Lass uns sehen, ob das funktioniert« tatsächlich zu einem Teufelskreis. Das ist der Grund, warum diese Frage verwendet wird, wenn Menschen ein Interesse daran haben, einen Status quo zu erhalten. Auf den Punkt gebracht: Nur selten gelingen Dinge beim ersten Versuch.

Ich habe in der Vergangenheit oft mit dieser Frage gerungen. Wenn wir auf den Shop Floor gingen, um etwas auszuprobieren, verschränkten mehrere Leute die Arme und sagten: »Dann wollen wir doch mal sehen, ob das funktioniert.« Natürlich misslang der Test innerhalb kurzer Zeit. Sie hatten Recht, ich hatte Unrecht, und das Experiment war zu Ende. Bei den ersten Anzeichen von Problemen, Schwierigkeiten oder Misslingen wird festgestellt, dass es »nicht funktioniert« und häufig wird die Forderung laut: »Lasst es uns wie bisher machen, denn wir wissen wenigstens, dass das funktioniert.«

Irgendwann wurde mir klar, wie man mit dieser Frage umgehen soll. Wenn jetzt jemand die Arme verschränkt und sagt: »Lasst uns sehen, ob das funktioniert«, erwidere ich: »Ich kann Ihnen die Zeit sparen. Wir wissen jetzt schon, dass es sehr wahrscheinlich nicht funktionieren wird. Trotz unseren besten Bemühungen zur Planung wissen wir, dass es in Kürze sozusagen glühende und qualmende Stücke geben wird. Wir wissen nur nicht im Voraus, wann, wo oder warum es scheitern wird.«

An diesem Punkt werden die verschränkten Arme gewöhnlich etwas gelockert, und ich fahre fort: »Was wir uns fragen sollten ist nicht: ›Wird es funktionieren?‹, sondern wir müssen sagen: ›Lasst uns sehen, was wir tun müssen, damit es funktioniert.‹« Nachdem ich das Denken einer Gruppe in dieser Weise geeicht habe, bin ich jedes Mal beeindruckt von den cleveren Ideen, die Menschen aller Ebenen haben, um uns dem Zielzustand näher zu bringen.

Toyota interessiert sich mehr für das, was nicht wie geplant funktioniert. Die folgende Denkweise ist ein elementarer Bestandteil von Toyotas Verbesserungs-Kata:

»Kein Problem« = Ein Problem

Die Interpretation dieser Formel: Wenn es kein Problem gibt – oder es zumindest so zu sein scheint –, dann würde unser Unternehmen gewissermaßen stillstehen. Das Management von Toyota will, dass die Organisation kleine Probleme sieht und das Potenzial, das sie aufzeigen, nutzt, bevor sie Auswirkungen auf den externen Kunden haben. Wenn sich Menschen von Problemen bedroht fühlen, werden sie diese entweder verbergen oder zu schnell zu Gegenmaßnahmen greifen, ohne die Situation ausreichend zu analysieren und zu verstehen. Die Idee ist, Misserfolge nicht zu stigmatisieren, sondern daraus zu lernen.

Um auf diese Weise zu verfahren, sollte die Verbesserungs-Kata depersonalisiert werden und ein positives, herausforderndes, schuldfreies Gefühl vermitteln. Zu diesem Zweck werden bei Toyota Abnormalitäten oder Probleme nicht als gut oder schlecht gesehen, sondern als Ereignisse, die uns vielleicht etwas über unser Arbeitssystem mitteilen. Folgendes mag für westliche Menschen im ersten Moment ein bisschen unverständlich sein: Etwas kann ein

Problem – also eine unerwünschte Situation – sein, ohne notwendigerweise als gut oder schlecht betrachtet zu werden. Ähnlich ist es mit dem Unterschied zwischen »verstehen« und »akzeptieren«. Der Versuch, eine Situation und dessen Ursachen zu verstehen, bedeutet nicht, dass Sie die Situation akzeptieren müssen. Wenn Sie diesen Unterschied verinnerlichen, werden Sie ein besserer Problemlöser. Übrigens, wenn Sie das Wort »Problem« im Wörterbuch nachschlagen, ist der negative Sinn dort nicht zu finden. Es wird einfach als »Aufgabe« oder maximal als »Schwierigkeit« definiert – etwas, das es zu lösen gilt.

Ein Beispiel: In einem Montagewerk von Toyota wurde mir einmal gesagt, dass die übliche Anzahl von Zügen der Andon-Leine dort ungefähr 1000 pro Schicht beträgt. Jeder Zug ist der Ruf eines Mitarbeiters, der wegen eines Problems Unterstützung von seinem Teamleiter benötigt; ein beschädigtes Gewinde hier, Arbeitsschritte dort, die länger als vorgesehen dauern. Natürlich variiert die Anzahl der Andon-Züge pro Schicht, und ich hörte, dass sie einmal auf nur 700 Züge pro Schicht gefallen sei. Wenn ich Toyota-fremde Manager frage, was sie in dieser Situation tun würden, bekomme ich häufig die Antwort: »Wir würden die Verbesserung feiern.«

Was meiner Quelle zufolge tatsächlich passierte, als die Anzahl der Andon-Züge von 1000 auf 700 pro Schicht fiel, ist, dass der Präsident dieses Toyota-Werkes eine Vollversammlung einberief. Dort sagte er: »Das Abnehmen der Andon-Züge kann nur zweierlei bedeuten. Erstens, dass es Probleme gibt, Sie jedoch nicht um Unterstützung rufen. Ich möchte Sie an Ihre Verantwortung erinnern, die Andon-Reißleine bei jedem Problem zu ziehen. Die andere Möglichkeit besteht darin, dass wir tatsächlich weniger Probleme haben. Aber in unserem System gibt es nach wie vor Verschwendung, und wir sind darauf ausgerichtet, auf zirka 1000 Züge pro Schicht zu reagieren. Also bitte ich die Gruppenleiter, die Situation zu überwachen und überflüssige Pufferbestände zu reduzieren, sodass wir wieder auf zirka 1000 Andon-Züge pro Schicht kommen.« Ein interessanter Gegensatz zu unserem gegenwärtigen Denken.

Ein anderes Beispiel trat auf, während ich ein Fahrzeugmontagewerk in Detroit mit einer Gruppe besuchte, unter der sich ein ehemaliger Manager von Toyota befand. Der Werkleiter erzählte stolz: »Unser Montageband läuft drei Schichten und hält nie an.« Worauf der ehemalige Manager von Toyota leicht ironisch erwiderte: »Ah, dann müssen hier alle Fahrzeuge perfekt sein.«

Wir hören von Toyotas Erfolgen, aber nicht von den Tausenden kleiner Misserfolge, die täglich vorkommen, und die eine Grundlage für diesen Erfolg bilden. Toyota zieht jeden Tag Nutzen aus den Problemen, wohingegen wir dazu neigen, kleine Probleme zu verbergen, bis sie zu großen und komplexen Problemen angewachsen und schwierig zu analysieren sind. Toyota hat die Kunst gemeistert, Probleme dann zu erkennen, wenn sie auftreten. Sie werden analysiert und das daraus Gelernte wird genutzt, um zu adaptieren und sich weiter auf Zielzustände hinzubewegen.

Sich auf den Prozess konzentrieren, statt Schuldzuweisungen zu machen

Der Ansatz von Toyota, Misserfolge nicht zu stigmatisieren, sondern daraus zu lernen und sich weiterzuentwickeln, hat eine interessante Auswirkung: Die Denkweise, dass eine Abnormalität oder ein Problem weder positiv noch negativ ist, verschiebt den Fokus von der Person auf den Prozess. Wir wissen, dass die große Mehrzahl von Problemen durch das System verursacht wird, innerhalb dessen Menschen arbeiten, und nicht durch die Personen selbst. Deshalb richtet Toyota konsequent den Fokus auf den Prozess statt auf die Menschen. Die zugrunde liegenden Annahmen sind:

- Die Menschen tun ihr Bestes.
- Ein Problem ist ein Systemproblem. Wenn wir anstelle dieses Mitarbeiters wären, wäre das Problem ebenso aufgetreten.
- Es gibt für alles einen Grund und wir können zusammenarbeiten, um den Grund eines Problems zu verstehen.

Eine geschickte Frage in diesem Zusammenhang, die ich von Toyota gelernt habe, ist: »Was hält den Mitarbeiter davon ab, gemäß des Standards zu arbeiten?« Ich ermuntere Sie dazu, diese Frage zu nutzen, wenn Sie einen Zielzustand anstreben, denn es verändert Ihr Denken und beeinflusst, wohin Sie schauen, wenn ein Problem auftritt.

> Sei streng mit dem Prozess, aber sanft mit den Mitarbeitern.
> TOYOTA

Beachten Sie jedoch eines: Obwohl Toyota eine Abnormalität, ein Problem oder ein unerwartetes Ergebnis nicht unbedingt als gut oder schlecht betrachtet und das System als Problemverursacher ansieht, so richtet es dennoch intensive und kritische Aufmerksamkeit sowohl auf das Problem als auch darauf, wie die Mitarbeiter mit dem Problem umgehen. Widmen wir diesem Problem genügend Dringlichkeit und Aufmerksamkeit? Folgen wir der Verbesserungs-Kata? Wir sollten keinesfalls die nicht-schuldzuweisende Kultur bei Toyota mit einer leichtfertigen Keine-Sorge-Kultur verwechseln.

Abbildung 60: Fehler nicht zu stigmatisieren, bedeutet nicht, dass Fehler kein Problem sind

Wie Toyota PDCA nutzt

Was macht im wirklichen Leben einen PDCA-Zyklus aus? Betrachten Sie den sich wiederholenden Prozess »Aufstehen und zur Arbeit gehen«, und einen Zielzustand, der darin besteht, 60 Minuten nach dem Aufwachen im Auto zu sitzen, um zur Arbeit zu fahren. Hier ist ein möglicher PDCA-Zyklus für diesen Prozess:

Plan:	60 Minuten nach dem Aufwachen im Auto sein (Zielzustand).
Do:	Aufwachen und die Morgenroutine durchlaufen, bis man im Auto sitzt.
Check:	Sobald Sie im Auto sitzen, überprüfen, wie lange es gedauert hat.
Act:	(nächsten Schritt entsprechend festlegen)

Wenn wir im Auto sitzen und überprüfen, wie lange die Morgenroutine gedauert hat, stellen wir fest, dass die Gesamtzeit 64 Minuten betrug, das heißt sie liegt vier Minuten über dem Zielzustand. Was haben wir durch dieses Experiment über diesen Prozess erfahren? Nicht viel. Die verwendete Gesamtzeit betrug mehr als 60 Minuten (zu lange), aber wir können nicht sagen, wo innerhalb der Morgenroutine das Problem liegt. Desweiteren ist es zu spät, eine Anpassung vorzunehmen, die uns erlauben würde, den Zielzustand noch zu erreichen.

Wenn ich dieses Beispiel als Lehrübung verwende, beginnen die Teilnehmer fast immer sofort Verbesserungsvorschläge zu machen, etwa den

Wecker vier Minuten früher zu stellen oder weniger Zeit für das Duschen zu nehmen – obwohl sie keine weiteren Informationen über das Problem haben. Der Drang, möglichst sofort Gegenmaßnahmen zu ergreifen, ist überraschend stark in uns, und wird durch unseren gegenwärtigen ergebnisorientierten Managementansatz sogar gefördert.

Zwei Punkte sind bei diesem PDCA-Experiment fehlerhaft:

1. Das »Check« erfolgt zu spät, um etwas Nützliches über den Prozess zu erfahren oder noch Anpassungen vornehmen zu können.
2. Der Zielzustand stellt nur ein Ergebnis dar, was bedeutet, dass er gar kein Zielzustand ist.

Abbildung 61: Nur Ergebnisse zu prüfen, erzeugt wenig Lernen

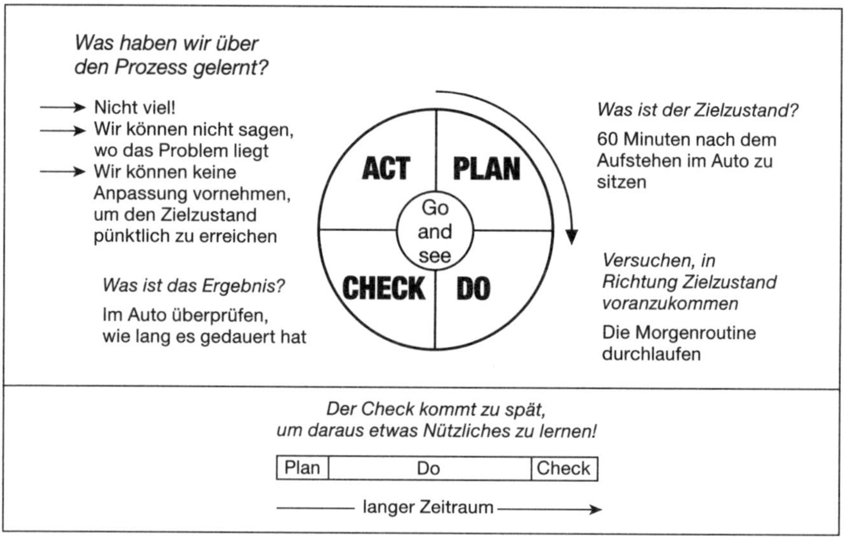

Die Historie zeigt uns, dass sich viele anscheinend große und plötzliche Veränderungen tatsächlich langsam entwickelt haben. Das Problem besteht darin, dass wir entweder die kleinen Verschiebungen nicht merken, die entlang des Weges auftreten, oder dass wir sie nicht ernst nehmen. Im Gegensatz dazu sagt Toyota klar, dass kein Problem zu klein ist, um darauf zu reagieren. Um bewusst adaptiv zu sein, würde eine Organisation idealerweise Abnormalitäten und Veränderungen erkennen, während sie entstehen und noch klein und leicht zu fassen sind.

Nehmen Sie als Beispiel den oft gehörten Satz »Ich bin erst langsam dicker geworden, und dann ganz plötzlich.« Wenn Sie unerwünschtes Gewicht zulegen und es bemerken, wenn Sie ein Kilo zugenommen haben, dann können Sie die Ursachen ausmachen, einfach korrigieren und Ihr Ziel, abzunehmen, erreichen. Wenn Sie aber die Gewichtszunahme erst wahrnehmen, nachdem Sie bereits fünf Kilo mehr wiegen, dann gestaltet sich die Situation wesentlich schwieriger.

Kehren wir zurück zu dem Prozess »Aufwachen und zur Arbeit gehen«. Um imstande zu sein, in kürzeren Zyklen zu experimentieren, brauchen wir einen detaillierten Zielzustand. Wie bereits dargestellt umfasst ein Zielzustand oft folgende Informationen:

- Die Schritte des Prozesses, Sequenz und Zeiten,
- Prozesseigenschaften,
- Prozesskennzahlen,
- Ergebniskennzahlen.

Sicherzustellen, dass es sowohl Prozesskennzahlen als auch Ergebniskennzahlen gibt, erlaubt Toyota, kürzere und feinere PDCA-Zyklen zu haben. Es gibt einen längeren Gesamtzyklus, der die Ergebniskennzahlen überprüft und, noch wichtiger, eine Reihe von kurzen PDCA-Zyklen, die die Prozesskennzahlen auf dem Weg überprüfen. Einfach gesagt: Jeder Schritt auf der Treppe Richtung Zielzustand ist ein PDCA-Zyklus. Jeder Schritt ist eine Hypothese, und was wir daraus lernen, wenn wir diese Hypothese überprüfen, kann den folgenden Schritt beeinflussen.

Abbildung 62: Jeder Schritt ist ein PDCA-Zyklus

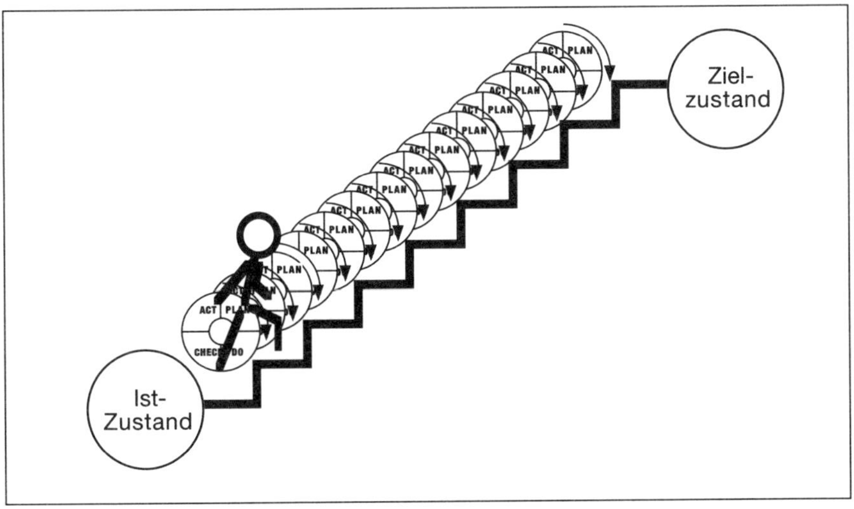

Mit den kürzeren PDCA-Zyklen, die die Prozesskennzahlen überprüfen, haben wir jetzt die Ebene in einer Organisation erreicht, die Fraktale, auf der kontinuierliche Verbesserung, Problemlösung und Adaptieren effektiv

Abbildung 63: Ergebnis- und Prozesskennzahlen

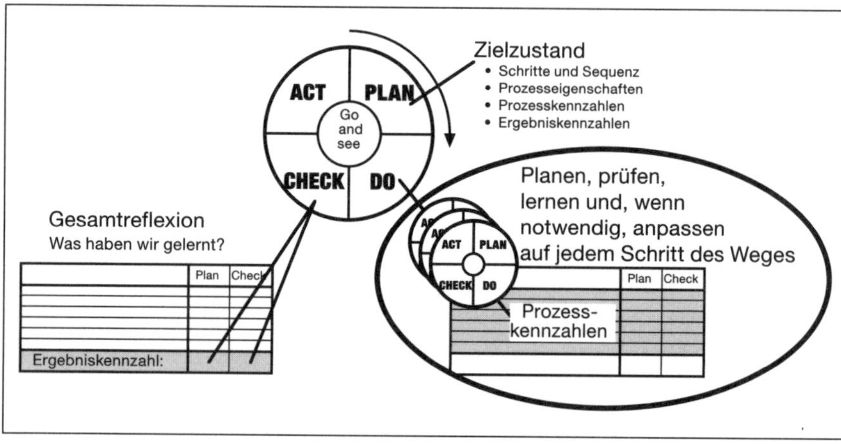

vorgenommen werden können. Bemerkenswerterweise ist die Detailebene etwas, das viele populäre Managementansätze wie Management by Objectives (so wie wir es praktizieren), Mitarbeitermotivationskonzepte und so weiter nicht erreichen. Das könnte einiges am Perfomance-Unterschied in der Verbesserung und Adaptivität zwischen Toyota und seinen Mitbewerbern erklären.

Natürlich müssen Sie, um auf diese Weise zu arbeiten, vorher das erwartete Ergebnis jedes Schritts definieren. Das versetzt Sie dann in die Lage, Abnormalitäten frühzeitig zu erkennen und die notwendigen Anpassungen und Verbesserungen vorzunehmen – auf dem Weg zum erwünschten Zustand.

Lassen Sie uns ein wirksameres Experiment für den »Aufstehen und zur Arbeit gehen«-Prozess aufstellen, beginnend mit einem besseren Zielzustand (siehe Abbildung 64).

Jetzt haben wir uns in die Lage gebracht, Checks und Anpassungen entlang des Weges vornehmen zu können. Wie Sie in dem Beispiel in den Abbildungen 64 und 65 unten sehen können, hat der Schritt »Frühstück vorbereiten« vier Minuten länger gedauert als geplant. Jetzt wissen wir nicht nur, wo das Problem liegt, sondern können auch Anpassungen bei den restlichen Schritten vornehmen, die uns erlauben, doch noch das Ergebnis von 60 Minuten zu erreichen.

Vergleichen Sie dieses Vorgehen mit dem ersten Experiment, in dem nur die Ergebniskennzahl überprüft wurde. Das Hinzufügen von Prozesskennzahlen und kurze PDCA-Zyklen sind wie das Aufsetzen einer Brille, um zum ersten Mal klar zu sehen. Es sind kein Wunder, dass die Mitarbeiter in den

Abbildung 64: Aufstellung eines Experiments für den »Aufstehen und zur Arbeit gehen«-Prozess

		Plan Minuten	**Real** Minuten
Schritte, Sequenz und Zeiten	Wecker klingelt/Schlummerwiederholung	5	
	Kaffeemaschine anstellen	3	
	Badezimmerroutine	15	
	Anziehen	10	
	Frühstück vorbereiten	7	
	Frühstücken und Zeitung lesen	10	
	Frühstück abräumen	5	
	Terminkalender und Brieftasche checken	3	
	Haus verlassen und zum Auto gehen	2	
	Ergebniskennzahl:	**60**	

Abbildung 65: Eine klarere Sicht auf das, was wirklich passiert

		Plan Minuten	**Real** Minuten
Schritte, Sequenz und Zeiten	Wecker klingelt/Schlummerwiederholung	5	5
	Kaffeemaschine anstellen	3	3
	Badezimmerroutine	15	15
	Anziehen	10	10
	Frühstück vorbereiten	7	11
	Frühstücken und Zeitung lesen	10	
	Frühstück abräumen	5	
	Terminkalender und Brieftasche checken	3	
	Haus verlassen und zum Auto gehen	2	
	Ergebniskennzahl:	**60**	

Prozessen manchmal ein wenig genervt sind, wenn Manager den Prozess für kurze Zeit besuchen, Leistungsanreize schaffen, ein paar spontane Vorschläge zur Verschwendungsbeseitigung anbringen, und dann in ihre Büros zurückkehren.

In unserem Beispiel sind wir noch nicht bereit, eine Gegenmaßnahme einzuführen, weil wir noch nicht wissen, was bei der Vorbereitung des Frühstücks das Problem verursachte. Der nächste Schritt wäre, der gegenwärtigen Frühstücksvorbereitungsroutine besondere Aufmerksamkeit zu zollen und zu fragen: »Was hält uns davon ab, das Frühstück in sieben Minuten vorzubereiten?«

Hier ist ein Beispiel aus der Produktion: Nehmen wir an, dass ein Prozesszielzustand die Herstellung von 32 Kisten des Produktes in zwei Schichten beinhaltet. Wenn wir das Ergebnis am Ende jeder Schicht überprüfen und einen Fehlbestand feststellen, werden wir Schwierigkeit haben, die Ursache dieses Fehlbestands zurückverfolgen und verstehen zu können. Eine Vielfalt von kleinen Problemen wird während der Schicht aufgetreten sein (denken Sie an jene 1000 Andon-Züge pro Schicht in dem Toyota-Montagewerk), und der Kontext, der jene Probleme verursachte, ist nicht mehr vorhanden. Wir sind nicht adaptiv und haben auch wenige Optionen, den Fehlbestand rechtzeitig vor der Auslieferung an den Kunden noch wettzumachen.

Andererseits repräsentiert jede Kiste oder assoziierte Kanban-Karte 30 Minuten Produktionszeit und kann als Prozesskennzahl genutzt werden: ein Frühwarnsystem. Wir können alle 30 Minuten checken, und wenn einer der Checks einen Fehlbestand ergibt, ist die Ursachenspur noch heiß, und wir können den Fehlbestand noch ausgleichen.

Das ist ein interessanter Kontrast dazu, wie wir in unseren Fabriken

Abbildung 66: Kanban-Karten können eine Prozesskennzahl sein

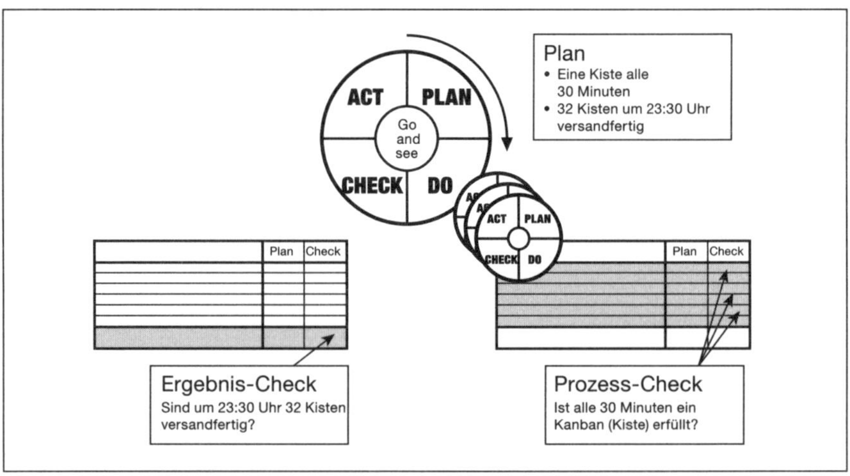

arbeiten. In vielen Fällen instruieren wir die Mitarbeiter, die Abhollogistik zu rufen, sobald eine Palette mit Kisten fertig ist. Dies ist nicht nur zu selten für effektives PDCA, sondern die Logistikperson kommt vorbei, wenn die Kisten wirklich fertig sind, und nicht wenn sie *fertig sein sollen*. In dieser Aufstellung ist also kein Experiment enthalten. Warum arbeiten wir auf diese Weise? Wie sind unsere Annahmen? Wie unterscheiden sich diese Annahmen von den Annahmen Toyotas?

Wenn wir in kurzen Sequenzen überprüfen und die Information dann verwerten wollen, muss das Support-Personal imstande sein, entsprechend zu reagieren. Beispielsweise haben viele unserer Fabriken Whiteboards, um stündlich die Produktion in ihren Prozessen zu überprüfen, die exakt genauso aussehen wie die Boards in einer Toyota-Fabrik. Aber in vielen unserer Fabriken werden die auf diese Boards geschriebenen Anmerkungen stärker dafür verwandt, um zu rechtfertigen, warum eine Zielproduktionsmenge nicht erreicht wurde, statt eine schnelle Reaktion während der Schicht auszulösen – ein schönes Beispiel, wie eine Technik, aber nicht die zugrunde liegende Denkweise, kopiert wird.

Das Herz am richtigen Fleck

Häufige Prozess-Checks werden manchmal als Mittel gesehen, um Menschen zu überwachen. Ironischerweise würde dies eine künstliche Situation schaffen, die den wahren Zustand verschleiert und unsere Fähigkeit hemmt, uns zu verbessern. Wenn Menschen beispielsweise ihr Verhalten ändern, wenn sich der Manager nähert, dann verliert der Manager den Blick auf den wahren Zustand. Um uns im Stil von Toyota zu verbessern, müssen wir unser Herz am richtigen Fleck haben: Wir überprüfen einen Prozess, weil wir Probleme finden *wollen*.

Abbildung 67: Was man denkt, beeinflusst wie Menschen reagieren

Toyota-fremde Art zu denken	⟷	**Toyota-Art zu denken**
Sicherstellen, dass die Menschen hart arbeiten		Hindernisse früh erkennen und verstehen
Straffheit erhalten		Problem Solving
Die Person kontrollieren		Den Prozess verbessern
		Gemeinsam auf ein Ziel hinarbeiten

Kurze Zyklen

Da es die widerlegten Hypothesen sind (das heißt Probleme, Abnormalitäten und unerwartete Ergebnisse), die uns den Weg vorwärts zeigen, ist Toyota sehr daran interessiert, das nächste Problem oder Hindernis so bald wie möglich zu erkennen. Da wir das folgende Hindernis nur sehen können, wenn wir einen Schritt setzen (ein PDCA-Zyklus), sollten wir diesen Schritt so bald wie möglich vornehmen.

Wie in Kapitel 2 erwähnt, wird Ihnen bei Toyota grundsätzlich beigebracht, Ein-Faktor-Experimente anzustreben, das bedeutet, sich jeweils nur ein Problem vorzunehmen und nur eine Prozessveränderung nach der anderen durchzuführen. Das hilft uns, Ursache und Wirkung zu sehen und den Prozess besser zu verstehen. Das würde jedoch zu langsam ablaufen, wenn jeder Zyklus viel Zeit in Anspruch nimmt. Deshalb werden einzelne PDCA-Zyklen so schnell wie möglich – manchmal dauert ein Zyklus nur wenige Minuten – entsprechend dem folgenden Vorgehen durchgeführt (siehe Abbildung 68).

Der Wunsch, kurze PDCA-Zyklen zu durchlaufen, hat Einfluss auf den Charakter der Schritte, die wir in Richtung Zielzustand vornehmen. Die Idee ist, nicht zu warten bis Sie die perfekte Lösung haben, sondern den Schritt jetzt zu machen, mit dem, was Sie haben, sodass wir weiter sehen können. Ein provisorischer Schritt jetzt ist einem perfekten Schritt zu einem späteren Zeitpunkt vorzuziehen. Vorab in Prototypen und Experimente zu investieren, mag wie zusätzliche Kosten erscheinen, reduziert aber auf lange Sicht häufig die Gesamtkosten.

Abbildung 68: Experimentieren in kurzen Zyklen

Fragen Sie: »Was hält uns jetzt davon ab, den Zielzustand zu erreichen?« und »Was ist der nächste Schritt?« Wählen Sie nur ein Problem aus. Es muss nicht das größte sein.

↓

Beobachten Sie sorgfältig, um dieses Hindernis tiefgehend zu verstehen.

↓

Führen Sie jeweils nur eine Gegenmaßnahme ein. Definieren Sie unbedingt, was Ihrer Erwartung nach passieren soll, damit Sie ein richtiges Experiment haben. (Plan)

↓

Bewerten Sie den Effekt dieser Gegenmaßnahme. Was haben wir gelernt?

Wiederholen, bis der angestrebte Zustand erreicht ist.

Abbildung 69: Tun Sie es jetzt – mit dem, was Sie haben

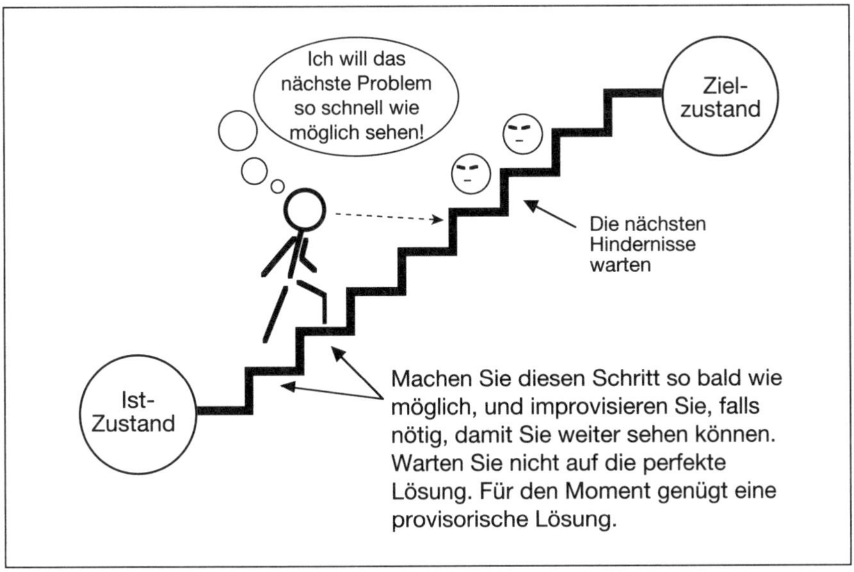

Ein Beispiel stammt aus der Fabrik in Deutschland, die in Kapitel 5 erwähnt wurde, wo ein Aspekt des Zielzustands für den Montageprozess eine geplante Zykluszeit von 16 Sekunden war. Das Beobachterpaar maß die Zeiten von 20 aufeinanderfolgende Zyklen und fragte dann: »Was hindert uns daran, dass alle 16 Sekunden ein Teil diesen Punkt passiert?« Ihnen fiel auf, dass der Mitarbeiter am Band regelmäßig weggehen musste, um Behälter mit Teilen zu holen, was Instabilität in der Zykluszeit verursachte.

Der nächste von den zwei Beobachtern vorgeschlagene Schritt bestand darin, ein besseres Logistikkonzept zu entwickeln, wodurch die Teile dem Mitarbeiter gebracht würden. Aber wie lange würde es dauern, bis das umgesetzt ist? Wenn wir warten, bis die Logistikabteilung eine zyklische Materialroute mit einer Übergabe am Punkt des Gebrauchs entwickelt, würde dies Wochen dauern, und während dieser Zeit würden wir diese Variable im Prozess nicht eliminieren. Entwickeln Sie ein Logistikkonzept und einen Plan gerne, aber warten Sie nicht, bis dieser realisiert ist. Nehmen Sie, wenn möglich, die Änderung direkt in einem temporären Modus vor, damit Sie das nächste Problem sehen und weiter vorankommen können.

Ein anderes Beispiel kommt aus einer Fabrik, die hydraulische Zylinder für eine nahegelegene Kundenfabrik herstellt, die Baumaschinen montiert. Fertiggestellte hydraulische Zylinder kommen in einer Vielfalt von Größen und werden nach Größe auf Paletten verpackt; pro Palette eine Größe. Jede Palette hat eine spezielle Vorrichtung, um mehrere Zylinder einer Größe

Abbildung 70: Änderung möglichst direkt in einem temporären Modus vornehmen

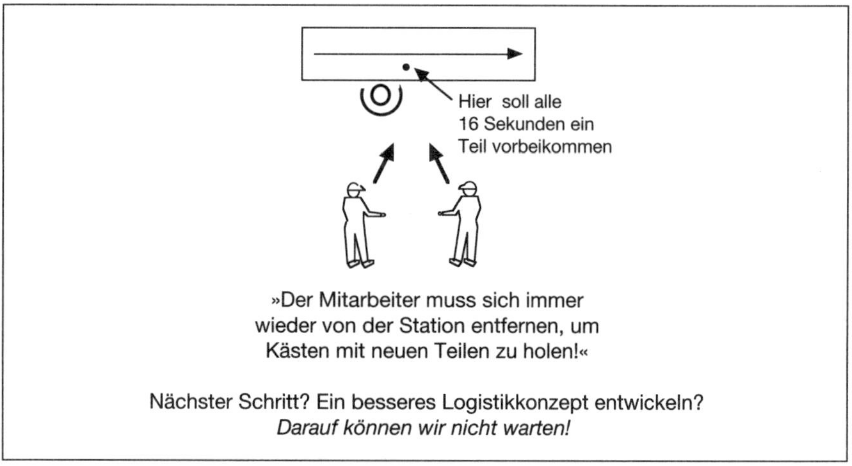

sicher zu fixieren. Deshalb ist die minimale Versandmenge für jede Zylindergröße eine Palettenmenge. Der Kunde braucht jedoch nur zwei Zylinder jeder Größe auf einmal, und hat deshalb einen alternden Materialbestand von mehreren geöffneten Paletten mit Zylindern in seinem Eingangsbereich.

Ein Vorschlag für den nächsten Zielzustand in Richtung 1x1-Fluss zwischen den zwei Fabriken ist, nur die Zylinderpaare zu verladen, die der Kunde wirklich braucht. Das würde eine andere Vorrichtung verlangen, sodass mehrere Paare verschiedener Zylindergrößen auf eine Palette gepackt werden können. Solch eine Vorrichtung müsste jedoch entworfen und gebaut werden, was mehrere Wochen dauern würde.

In der Toyota-Denkweise ist diese Verzögerung nicht annehmbar und eine provisorische Vorrichtungslösung, selbst wenn sie vorübergehend etwas Verschwendung oder Kosten verursacht, sollte so schnell wie möglich eingeführt werden. So kann Toyota nicht nur sehen, welches die Hindernisse zur Erreichung des 1x1-Flusses zwischen den Fabriken sind, sondern das neue Vorrichtungskonzept könnte auch verfeinert werden, bevor teure Vorrichtungen fabriziert werden. Vielleicht werden noch klügere Lösungen entwickelt, und teure Vorrichtungen letztendlich überhaupt nicht erforderlich sein.

Vor vielen Jahren lernte ich auf die harte Tour die Vorteile der Feinabstimmung mittels eines provisorischen Schritts gegenüber dem direkten Übergehen zur vollen Umsetzung. Bei einer großen Automobilzuliefererfabrik hatten wir einen neuen Montageprozess entworfen und brauchten einige Durchlaufregale für die Teile-Bereitstellung am Band. Als ich der Instandhaltung, die solche

Dinge in diesem Werk fabrizierte, unsere Skizzen der Regale zeigte, wurde mir gesagt, dass es drei Wochen dauern würde, sie zu bauen. Da jedoch unser Projekt Vorrang hatte, erklärte sich die Instandhaltung bereit, die Regale im Laufe des Wochenendes in einer Vorzugsbehandlung herzustellen.

Am Montagmorgen waren unsere Durchlaufregale genau so fertig, wie wir sie gezeichnet hatten. Sie wurden aus Winkeleisen mit den reinsten Schweißnähten gebaut, die ich jemals gesehen habe, und waren in derselben blauen Farbe lackiert wie die Maschinen im Werk. Sobald wir die Regale am Band hatten, starteten wir unsere Produktionsversuche. Natürlich führten diese Tests zu vielen kleinen Anpassungen, unter anderem die Verlagerung einiger Arbeitselemente von einem Mitarbeiter zu einem anderen. Das bedeutete natürlich, dass die entsprechenden Teile jetzt auch in ein anderes Durchlaufregal umgelagert werden mussten. Wir entdeckten auch weiteren Bedarf nach Anpassungen in den Durchlaufregalen, beispielsweise wegen Greifhöhen.

Stellen Sie sich die Begeisterung vor, mit der ich in der Instandhaltung begrüßt wurde, als ich die schönen, am Wochenende produzierten Durchlaufregale für einige Änderungen zurückbrachte. Dieses Mal dauerte es wirklich drei Wochen. Eindeutig hätten wir mit einigen provisorischen Regalen starten sollen, auch wenn das zunächst zusätzliche Zeit und Aufwand bedeutet hätte, und nötigenfalls dann etwas Formschönes erarbeitet, nachdem sich die Situation stabilisiert hätte.

So oft sprinten wir mit zu viel Glauben an unsere Planung einfach los und versäumen deshalb, Raum zum Lernen und Adaptieren zu lassen.

Aufgeschlossen bleiben

Der nächste Schritt wird vielleicht nicht der sein, den Sie erwarten, und so müssen Sie beim PDCA so aufgeschlossen und wissenschaftlich wie möglich vorgehen. Es ist schwierig, eine Situation ohne Vorurteile zu betrachten, und es ist wahrscheinlich eine lebenslange Aufgabe, sich beizubringen, Ereignisse ohne vorgefasste Meinungen anzusehen.

Die Ergebnisse

Wir haben missverstanden, warum Toyota bei der Erreichung der selbst gesetzten Herausforderungen (Zielzustände) erfolgreicher ist als andere

Organisationen. Es ist nicht in erster Linie, weil sich die Menschen bei Toyota disziplinierter an einen Plan halten oder ihnen weniger Probleme begegnen, als häufig gedacht wird. Stattdessen entdecken sie Probleme auf der Prozessebene viel früher, während diese noch klein und zu verstehen sind und man etwas dagegen tun kann. Der Erfolg von Toyota rührt nicht von blitzartigen Innovationen oder wasserfesten Plänen, sondern von der Fähigkeit, in einem Umfeld voller unerwarteter Hindernisse und Schwierigkeiten effektiv zu handeln.

Im Gegensatz dazu finden wir oft erst spät heraus, dass ein Plan scheitert (manchmal wird das nicht einmal zugegeben). Information über kleine Probleme auf dem Weg wurde nie aufgenommen, geschweige denn, entsprechend gehandelt. Was nehmen wir dann als die Ursache für das Scheitern eines Plans an? Schlechte Planung, schlechte Disziplin in der Ausführung und menschliche Fehler.

Was ist unserer Meinung nach die Lösung? Einen neuen Plan zu erstellen. Besser zu planen. Mehr Disziplin bei der Durchführung. Mehr Gegenmaßnahmen. Menschen motivieren, sorgfältiger zu sein oder härter zu arbeiten. Es finden vielleicht Schuldzuweisungen statt, um den Druck auf die Menschen zu erhöhen, sorgfältiger zu sein. Oder wir ersetzen Personen. Leider packt nichts davon die wirklichen Ursachen an. Ein Kollege hat einmal unseren Ansatz wie folgt zusammengefasst: »Es heißt immer ›No Problem‹ bis zum Schluss, und dann haben wir ein großes Problem.«

Während es eine Basis für Toyota-artige kontinuierliche Verbesserung und Adaption ist, Problemen offen gegenüberzutreten, stelle ich in vielen anderen Unternehmen oft fest, dass kleine Probleme unter den Teppich gekehrt werden oder Schuld verteilt wird. Beides hemmt die Fähigkeit, die Realität zu sehen und sich den wirklichen Verhältnissen anzupassen. Wenn

Abbildung 71: Kurze PDCA-Zyklen bedeutet mehr Lernen

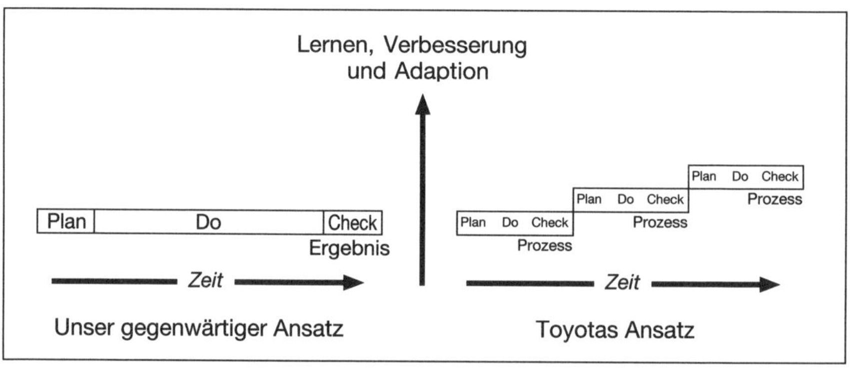

Sie das Verstecken von Problemen noch mit der populären Idee kombinieren, mittels Zielen und Kennzahlen aus der Ferne zu managen, dringt noch weniger reale Information zu den Managern durch. Denen gelingt es dann entweder zu spät oder gar nicht, die Mitarbeiter zu angemessenen Anpassungen – kleinen Kurskorrekturen – zu führen.

Über lernende Organisationen ist viel gesagt und geschrieben worden. Mit der Art, wie Toyota PDCA anwendet, hat das Unternehmen auf eine praktische Weise tatsächlich eine lernende Organisation entwickelt.

Die fünf Fragen

Folgende fünf Fragen sind meine Zusammenfassung des Ansatzes von Toyota, wie man sich einem Zielzustand annähert. Sie stellen vielleicht die nützlichste Information in diesem Buch dar – jetzt, da Sie deren Bedeutung kennen. Diese Fragen haben sich in der Praxis als äußerst effektiv bewährt.

Die fünf Fragen

1) Was ist der Zielzustand? *(die Herausforderung)*
2) Wie ist der jetzige Zustand?
3) Welche Hindernisse halten Sie aktuell davon ab, den Zielzustand zu erreichen? Welches eine davon gehen Sie jetzt an?
4) Was ist Ihr nächster Schritt? *(Start des nächsten PDCA-Zyklus)*
5) Wann können wir uns vor Ort ansehen, was wir aus diesem Schritt gelernt haben?

Die fünf Fragen kommen ins Spiel, wenn Sie »auf der Treppe« sind, das heißt in der PDCA-Phase der Verbesserungs-Kata, nachdem ein Zielzustand erstellt ist. Die Fragen bauen aufeinander auf. Je besser Sie den Zielzustand definiert haben, desto besser werden Sie imstande sein, den gegenwärtigen Ist-Zustand zu beurteilen. Je besser Sie den Ist-Zustand verstehen, desto besser können Sie Hindernisse erkennen. Je besser Sie Hindernisse erkennen, desto besser können Sie Ihren nächsten Schritt definieren. Bemerken Sie aber, dass *bevor* ein Zielzustand definiert worden ist, die Reihenfolge der Fragen 1 und 2 umgekehrt als hier aufgeführt ist.

Diese Abfolge von fünf Fragen ist eine Taktik, um Ihnen eine Routine und ein gedankliches Muster zu geben, um sich jedem Prozess oder jeder Situation zu nähern und die Verbesserungs-Kata zu erlernen. Die Fragen bringen einen

Teil der Verbesserungs-Kata auf einen Punkt, wodurch sie für alle zugänglich und brauchbar wird. Sie sind sozusagen eine »Mini-Kata«, das heißt, zum Üben sehr gut geeignet. Ich stelle mir die fünf Fragen im Kopf jedes Mal, wenn ich einen Prozess besuche, und immer öfter bei vielen anderen Situationen. Ich empfehle Ihnen sehr, diese Fragen zu verwenden und zu verinnerlichen.

Was Toyota im Problem Solving betont

Obwohl der Begriff »Problem Solving« es nahe legt, ruht der primäre Fokus im Problemlösungsverfahren bei Toyota nicht auf Lösungen. Es geht vielmehr darum, die aktuelle Situation in einem Arbeitssystem aus erster Hand so tiefgehend zu verstehen, dass die richtige Lösung (Gegenmaßnahme) offensichtlich wird und Ihnen praktisch in den Schoß fällt. Der Großteil an Arbeit beim Problem Solving liegt für Toyota im Begreifen der Situation – dem tiefen Verstehen der Verhältnisse, die zum Problem geführt haben – im Gegensatz zu einer Jagd nach Lösungen.

Fälschlicherweise denken wir häufig, dass gutes Problem Solving bedeutet, *das Problem zu beheben*, mit anderen Worten: Gegenmaßnahmen anzuwenden. Deshalb schlagen wir oft sogar mehrere Gegenmaßnahmen vor und wenden sie in der Hoffnung an, dass eine das Problem beenden wird. Im Gegensatz dazu ist die Denkweise von Toyota folgende: Wenn die Lösung für ein Problem noch nicht offensichtlich ist, dann heißt das, dass wir die Situation noch nicht ausreichend verstanden haben. Höchste Zeit, sich das Problem noch einmal vor Ort genau anzuschauen.

Ein Beispiel: Eine Fabrik, die Turbinenschaufeln für Flugzeugtriebwerke herstellt, hatte ein Qualitätsproblem. Einer der letzten Prozesse im Turbinenschaufelwertstrom ist eine Art Lackieren, und einige Turbinenschaufeln kamen mit Dellen aus diesem Prozess, weil die Teile im Prozess gegeneinander schlugen. Wegen der Beschädigung mussten diese teuren Teile verschrottet werden. Schnell stellten die Ingenieure mehrere potenzielle Gegenmaßnahmen zusammen, wie die Turbinenschaufeln auf der Lackierkette weiter auseinanderzuhängen, das Anbringen eines Schutzschilds zwischen den einzelnen Turbinenschaufeln und so weiter.

Ein Ingenieur wählte eine andere Vorgehensweise und beobachtete einfach den betroffenen Prozess in Aktion. Nach ungefähr drei Stunden Beobachten fiel ihm etwas an einer Stelle auf, an der die Förderkette der Lackieranlage eine Drehung um 90 Grad macht. Wenn die Turbinenschaufeln um diese Ecke liefen, drehten sich einige von ihnen ein wenig gegen den Uhrzeigersinn und lockerten dadurch den Haken, an dem sie hingen. Wenn der Haken weit genug gelöst wurde, konnte die Turbinenschaufel pendeln und gelegentlich die benachbarte Turbinenschaufel berühren. Sobald der Ingenieur das Problem verstanden hatte, war die richtige Gegenmaßnahme offensichtlich: Die Haken davon abhalten, sich zu lockern.

Wenige von uns nehmen sich wirklich die Zeit, einen Prozess so lange zu beobachten, bis die Ursache eines Problems deutlich wird. Wir neigen stattdessen dazu, »Feuerwehrmänner« und Disponenten zu belohnen, die ein Problem zeitweilig lösen. Wir werden Toyotas Denkweise über Problem Solving noch ausführlicher in dem Mentor/Mentee-Fallbeispiel in Kapitel 8 untersuchen.

Abbildung 72: Was bedeutet »Problem Solving«?

	Toyota	**Wir**
Fokus	Das Arbeitssystem besser kennen lernen. Die Situation verstehen.	Das Problem abstellen!
Typisches Verhalten	Die Situation beobachten und studieren. Nur eine Gegenmaßnahme gleichzeitig anwenden, um Ursache und Wirkung zu sehen.	Das Problem verstecken. Schnell zu Gegenmaßnahmen greifen. Mehrere Gegenmaßnahmen auf einmal anwenden.

Es geht immer weiter

Sobald Sie beginnen, mit der Verbesserungs-Kata an einem Prozess zu arbeiten, gibt es kein Ende. Wenn der Zielzustand mit einiger Stabilität tagtäglich erreicht ist, kann es an der Zeit sein, den nächsten Zielzustand für diesen Prozess zu entwickeln. Ohne einen Zielzustand (Herausforderung), der angestrebt wird, neigt ein Prozess zum Zurückfallen.

Dies ist der Zeitpunkt, um eine Gesamtreflexion vorzunehmen, um zusammenzufassen, was in diesem kompletten Verbesserungs-Kata-Zyklus gelernt worden ist. Während Sie daran arbeiten, den gegenwärtigen Zielzustand zu erreichen, werden Sie in der Regel beginnen, Aspekte dessen zu sehen, was der folgende Zielzustand sein sollte. Wenn nicht, dann kämpfen Sie wahrscheinlich nicht genug mit Prozessdetails.

Sie werden einen Zielzustand vielleicht nicht zu 100 Prozent erreichen.

Abbildung 73: Das Erreichen eines Zielzustands bereitet uns auf den nächsten Zielzustand vor

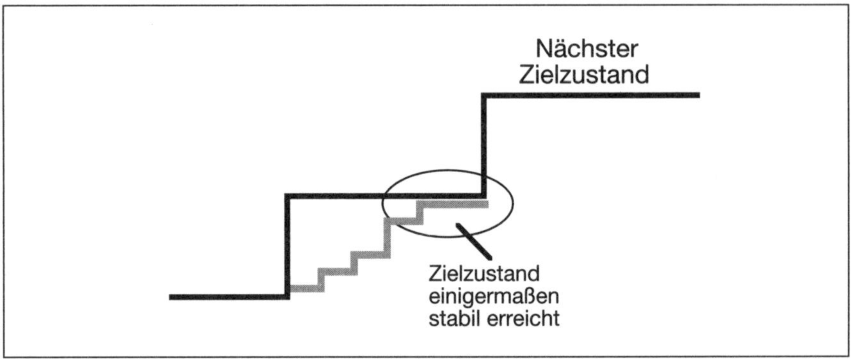

Beispielsweise ist es unwahrscheinlich, dass ein Produktionsprozess jemals hundertprozentig stabil sein kann. Bei einem Produktionsprozess erreichen Sie oft einen Status, bei dem Sie nur noch auf Abweichungen reagieren, statt sich noch auf das Erreichen eines herausfordernden Zielzustands zu konzentrieren. Eine Frage, die ich mir manchmal stelle, lautet: »Arbeiten wir hier noch mit einer Herausforderung?« Wenn nicht, dann könnte es Zeit sein, den nächsten Zielzustand zu definieren.

Gelegentlich werden Sie einen Zielzustand nicht im gesetzten Zeitrahmen erreichen, aber das ist akzeptabel. Warum? Weil wir aus *Misserfolgen* lernen.

Für einige Jahre hatte ich den Vorsitz bei einer Produktionskonferenz in München, und in einem Jahr beendeten mehrere Redner ihre Präsentationen über Verbesserungen, indem sie ein Foto des Preises – eine Trophäe oder Plakette – zeigten, die sie dafür gewonnen hatten. Nachdem das ein paar Mal hintereinander geschah, fühlte ich mich gezwungen, darauf hinzuweisen, dass Toyota zwar auch seine Auszeichnungen zeigen würde, das aber nicht die letzte Folie in der Präsentation sein würde. Die letzte Folie bei Toyota würde die nächste Herausforderung darstellen. Es ist berechtigt, Erfolge zu feiern, aber wir sollten stets nach vorn schauen und uns auf einen Zielzustand und den nächsten Schritt konzentrieren. Preise und Auszeichnungen sollten wir nicht als ein Ende, sondern als einen Anfang und eine Tür zu mehr Lernen sehen.

Ihr Benchmark, den es zu schlagen gilt, sind ja Sie selbst und Ihr aktueller Zustand.

Zusammenfassung von Teil III

Teil III erklärt Toyotas Verbesserungs-Kata, die grundlegende Vorgehensweise bei kontinuierlicher Verbesserung und Evolution innerhalb der gesamten Organisation. Die Verbesserungs-Kata lässt sich nicht in wenigen Sätzen beschreiben, aber nach der detaillierten Erklärung in Teil III können wir sie in einem einfachen Diagramm abbilden:

Abbildung 74: Die Verbesserungs-Kata

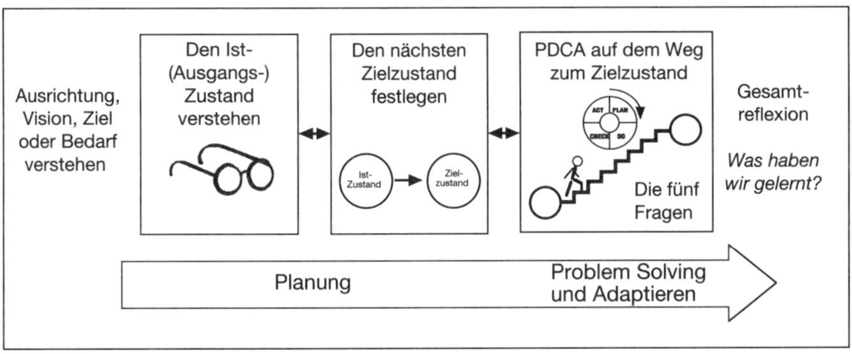

Die Verbesserungs-Kata arbeitet innerhalb einer langfristigen Ausrichtung, die zum Beispiel einen Idealzustand darstellen könnte, der vielleicht letztendlich nicht erreichbar ist. Sie dient als Richtungsgeber. Auf einer täglichen Basis fungiert die Verbesserungs-Kata oftmals innerhalb des Rahmens eines näherliegenden und spezifischen Ziels oder Bedarfs.

Mit der Richtung im Hinterkopf wird die Verbesserungs-Kata dann oft auf Prozessebene angewandt. Die Verbesserungs-Kata beginnt mit der Entwicklung eines Verständnisses vom Ist-Zustand des Prozesses. Das erfordert normalerweise Beobachtung und Analyse der Situation aus erster Hand.

Mit einem guten Verständnis des Ist-Zustands sowie der allgemeinen Richtung oder dem Ziel im Gepäck, wird der nächste Prozesszielzustand beschrieben. Anders ausgedrückt: »Wie wollen wir, dass dieser Prozess arbeitet?«

Wenn der Zielzustand einmal definiert ist, beginnt eine Reihe von

PDCA-Zyklen in Richtung dieses Zielzustands. Diese Zyklen offenbaren unvorhergesehene Hindernisse, an denen gearbeitet werden muss, um den Zielzustand zu erreichen. Insbesondere hier findet das *Lernen* auf der Basis von Feedback aus den PDCA-Zyklen statt.

Diese drei Stufen der Verbesserungs-Kata bauen aufeinander auf. Je besser Sie den Ist-Zustand analysieren, desto präziser können Sie den Zielzustand definieren. Je genauer Sie den Zielzustand definieren, desto besser und schneller werden Sie Hindernisse auf dem Weg dorthin erkennen.

Wenn ein Zielzustand erreicht ist, werden diese Schritte der Verbesserungs-Kata wiederholt, schließlich sind Sie noch nicht bei Ihrer langfristigen Vision angelangt. Zuvor findet aber eine Gesamtreflexion über das, was man im letzten Durchgang der Verbesserungs-Kata gelernt hat, statt.

Beachten Sie bitte, dass die horizontale Achse in Abbildung 74 keine Skala darstellt. Den Ist-Zustand angemessen zu verstehen, kann zum Beispiel viel Zeit in Anspruch nehmen. In der Realität überlappen sich auch die Stufen der Verbesserungs-Kata. Wenn Sie versuchen, den Zielzustand festzulegen, stellen Sie oft fest, dass Sie erst noch weitere Informationen über den Ist-Zustand benötigen. Während der PDCA-Zyklen in Richtung Zielzustand gewinnen Sie womöglich Erkenntnisse, mit denen Sie den Zielzustand um Details ergänzen können.

Ich habe die Verbesserungs-Kata hier vor allem an Beispielen aus der Produktion erklärt, wo auch die Forschung stattgefunden hat. Die gleiche Routine findet jedoch in vielen verschiedenen Situationen Anwendung. Dadurch, dass wir lernen, wie Toyotas Verbesserungs-Kata funktioniert, kopieren wir nicht länger Toyotas Lösungen. Jetzt lernen wir die wiederholt angewandte Prozedur, mit der Toyota seine Lösungen entwickelt und wodurch die beeindruckende Performance-Statistik, die am Anfang von Kapitel 1 erwähnt wurde, erreicht wird.

Adaptive Nachhaltigkeit

Durch das Einbetten der Verbesserungs-Kata in die tägliche Arbeit hat Toyota etwas Geschicktes gemacht: Das Unternehmen hat eine praktische und universelle Methode entwickelt, um sich auf unvorhersehbaren Wegen in Richtung nur allgemein formulierter Visionen weiterentwickeln zu können. Man könnte das als »adaptive Nachhaltigkeit« bezeichnen, ein von Richard T. Pascale in seinem berühmten Artikel im *California Management Review* (1984) geprägter Begriff.

Frei nach Pascale ausgedrückt, ist Toyotas dauerhafter Erfolg nicht auf perfekte Entscheidungen und Pläne (will heißen: perfektes Zielen) im Vorfeld zurückzuführen. Viele Prioritäten werden erst klar, während wir etwas anstreben – anstatt durch Vorabplanungen. Tausende von PDCA-Zyklen in Richtung Zielzustände tragen stufenweise und kumulativ zu Toyotas Kosten, Qualität und Marktposition bei. Toyota findet den Weg auf dem Weg, basierend auf dem, was unterwegs gelernt wird. Im Nachhinein erscheint etwas, was wie eine von vornherein bestimmte Strategie aussieht.

Toyota hat uns nicht wirklich Lösungen anzubieten, sondern vielmehr ein Mittel, um Situationen zu erfassen und angemessene, kluge Reaktionen zu entwickeln. Toyotas Führungskräfte und Manager agieren auf der Basis, dass das Überleben eines Unternehmens aus der Anpassung an sich auf dem Weg zu einen erwünschten Zustand auftretende Ereignisse entsteht. Sie trennen nicht in gute und schlechte Situationen, sondern halten Probleme für etwas normales und als Gelegenheiten, unsere Arbeitsprozesse tiefer zu verstehen und weiterzuentwickeln.

Toyotas Strategie, sich in Richtung einer Vision zu bewegen, lautet: Zielzustände + PDCA. Will heißen: Die Verbesserungs-Kata. Darüber hinaus sehen Toyotas Manager und Führungskräfte es vielleicht als ihre Hauptaufgabe, Menschen diese Verbesserungs-Kata in einem Learning-by-Doing-Modus beizubringen, was das Thema von Teil IV dieses Buches sein wird.

Eine Art, zu denken und zu handeln

Es ist wichtig zu erkennen, dass es bei der Verbesserungs-Kata um Verhaltensroutinen geht. Sie ist eine Routine des Denkens und Handelns, die unsere menschliche Fähigkeit zum Verbessern und Lösen von Problemen besser nutzbar macht. Wenn wir das, was Toyota macht, in diesem Licht betrachten und interpretieren, wird es für uns leichter verständlich, und wir kommen mit unseren eigenen Bemühungen, auf einer vergleichbaren Basis am Wettbewerb teilzunehmen, weiter voran.

Während meiner Anfangszeit der Versuche, Toyota zu benchmarken, wusste ich wenig von dem, und im Nachhinein betrachtet zeigte sich das auch in meinen Bemühungen, mit Toyota-Mitarbeitern zu kommunizieren. Anfang der 1990er Jahre war ich beispielsweise in einer Reihe von Detroiter Stanzwerken an Projekten zur Rüstzeitreduzierung beteiligt. Auf einer Japanreise während dieser Zeit wurde ich von einem Toyota-Mitarbeiter gefragt: »Wie läuft es denn mit diesen Rüstzeitreduzierungsprojekten?«

Abbildung 75: Bei der Verbesserungs-Kata handelt es sich um Verhaltensroutinen

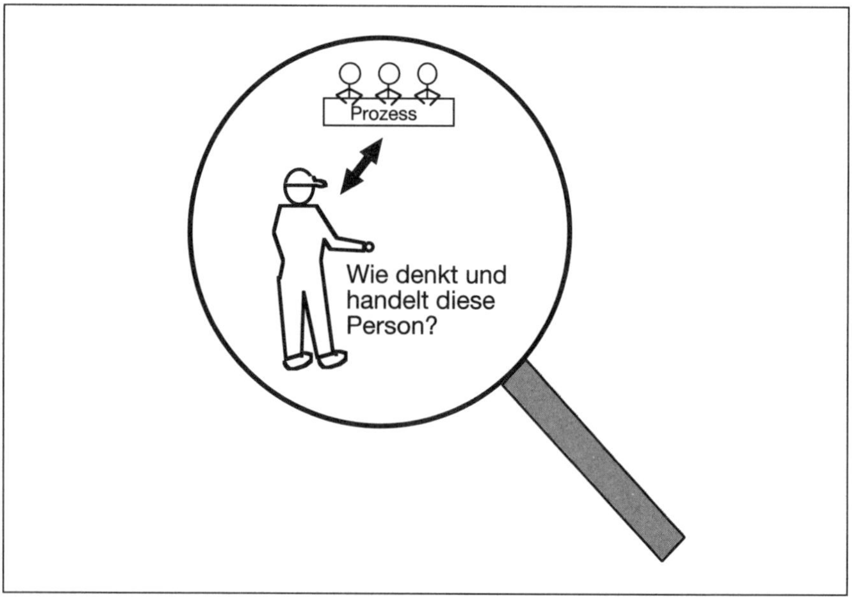

Ich erzählte natürlich von den größten Erfolgen, bei denen Teams in der Lage gewesen waren, Rüstzeiten um 70 Prozent oder mehr zu senken. Aber unsere Gastgeber bei Toyota schien das nie sonderlich zu beeindrucken. Sie zuckten mit den Schultern und wechselten kurz darauf das Thema. Ich nahm an, dass diese Verbesserungserfolge ihren Standards nicht genügten und ich noch drastischer reduzierte Rüstzeiten generieren müsste.

Heute weiß ich besser, was in diesen Gesprächen damals ablief. Wir arbeiteten mit zwei verschiedenen gedanklichen Modellen. Ich präsentierte meine Verbesserungsbemühungen nicht in einer Form, die für die Toyota-Mitarbeiter verständlich war. Während ich über Ergebnisse sprach, hätten die Toyota-Mitarbeiter etwas hören wollen wie: »Der ursprüngliche Zustand war X. Wir legten den Zielzustand Y fest. Wir erreichten Z und haben Folgendes dabei gelernt …«. Der erreichte Grad der Verbesserung war für meine Gesprächspartner nicht das Entscheidende. Was sie vielmehr interessierte war, was wir anstrebten, warum wir das taten, wie wir vorgingen, was wir dabei lernten und wie wir unsere Mitarbeiter schulten.

Manchmal wünschte ich, ich könnte die Zeit zurückdrehen und zu einigen dieser Gespräche in Japan zurückkehren, die wir damals führten. Aber vielleicht haben sie ihren Zweck auch so erfüllt – da wir aus Problemen lernen.

Abbildung 76: Die Verbesserungs-Kata ist ein gedankliches Modell

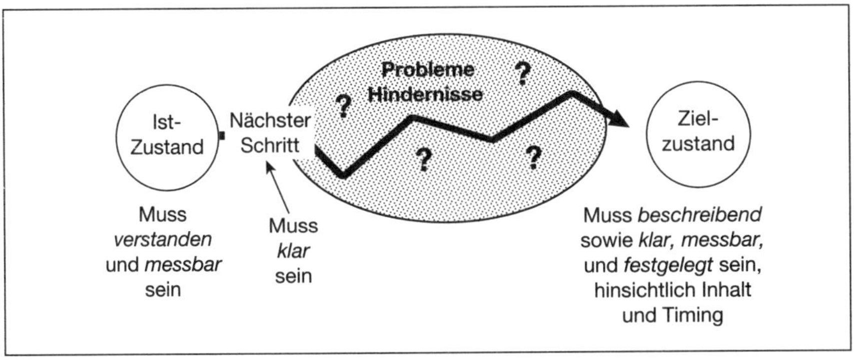

Welche Disziplin ist nötig?

Manchmal hört man Manager und Senior-Führungskräfte sagen: »Wir brauchen nur mehr Disziplin.« Die Denkweise scheint zu sein, dass es weniger Probleme gäbe, wenn die Menschen in der Organisation stärker ihre Arbeitsstandards einhalten würden und das tun, was sie tun sollen. So funktioniert es aber leider nicht. Denken Sie an das zweite Gesetz der Thermodynamik, die Entropie, das besagt: Selbst wenn wir die Arbeitsstandards befolgen, wird ein Prozess ins Chaos abgleiten, wenn wir uns nicht um ihn kümmern. Es wird Probleme geben, um die die Mitarbeiter herumarbeiten müssen, wenn sie allein gelassen werden, und der Prozess wird in Verfall geraten.

Natürlich ist Disziplin nötig, aber auf andere Weise, als wir vielleicht bisher gedacht haben. Die Art von Regime, die wir brauchen, ist, dass jeder – insbesondere Executives und Manager – eine Verbesserungs-Kata beziehungsweise eine Denkweise und Verhaltensroutine befolgt und einhält, wie wir Verbesserung und Adaption in Angriff nehmen. An diesem Punkt sollte Ihnen klar werden, dass:

1. Toyotas Erfolg mit Verhaltensroutinen zusammenhängt,
2. wenn Sie Toyota nacheifern wollen, die Aufgabe darin besteht, das Verhaltensmuster von Menschen zu ändern und
3. dies ein anderes Unterfangen ist als der Versuch, Werkzeuge und Techniken zu implementieren oder eine Reihe von Prinzipien einzuführen.

Für viele von uns unterscheidet sich die Verbesserungs-Kata von unserer gegenwärtigen Denkweise, und es braucht Übung, um diese zu verändern. Aber wenn Sie die Kata einmal verstehen, ist sie an sich nicht so kompliziert.

Auch das macht Sinn. Da Toyota jeden in der Organisation in die ständige Verbesserung und Adaption einbeziehen möchte, würde das Unternehmen keine Methode dazu verwenden, die nur für Spezialisten zugänglich ist.

Das Muster der Verbesserungs-Kata vereinfacht auch den Job eines Managers oder einer Führungskraft. Nachdem Führungskräfte dieses Verhaltensmuster einmal gelernt haben, können sie sich gedanklich darüber im Klaren sein, was sie von Situation zu Situation tun müssen, wie sie vorgehen sollten, um Menschen zu führen. Eine Führungskraft, die die Verbesserungs-Kata nutzt, muss nicht für jedes Problem eine Lösung wissen. Tatsächlich ist es für die Entwicklung der Mitarbeiter in der Organisation sogar nachteilig, wenn sie von ihren Führungskräften Lösungen präsentiert bekämen. Was die Führungskraft wissen sollte, ist, wie die Mitarbeiter eine Situation angehen und Lösungen entwickeln sollten. Die Führungskraft sollte aus erster Hand Erfahrung mit dem Muster der Verbesserungs-Kata und damit, wie man Menschen durch diese Kata führt, damit sie sie selber erlernen, haben.

Die Verbesserungs-Kata zu lernen hat mir einen effektiveren Weg gegeben, Gruppen von Menschen einzubeziehen und zu führen, und ich blicke Unsicherheiten entspannter entgegen, weil ich weiß, wie man vorgeht. Nehmen Sie das Beispiel der Lautsprecherfabrik in Kapitel 5, bei dem ein Problem darin bestand, dass das Hämmern von acht bis 24 Messingeinsätzen zeitgleich geschehen sollte. Die ersten Reaktionen und Einwände, die Sie oft beim Formulieren einer solchen Herausforderung erhalten, ist die provozierende Aufforderung: »Nun erklären Sie uns doch mal, wie das gehen soll!«

Früher hätte ich versucht, mit möglichen Lösungen auf diese Frage zu antworten. Aber nicht nur würde mir das misslingen, sondern ich würde auch versäumen, die Fähigkeit anderer zu nutzen und zu entwickeln. Heutzutage beantworte ich solche Fragen leicht, indem ich sage: »Ich weiß es nicht, und so sollte es auch sein. Wenn wir die Antwort bereits hätten, wäre es nur eine Frage der Implementierung und jeder, einschließlich unserer Wettbewerber, könnte es durchführen. Ich kenne nicht die Lösung des Problems, aber ich weiß, wie wir eine Lösung entwickeln können.«

> Ich war froh, prompt antworten zu können, und ich tat es.
> Ich sagte, ich wüsste es nicht.
> MARK TWAIN

In Toyotas Verbesserungs-Kata geht es darum, Menschen ein standardisiertes, bewusstes »Mittel« beizubringen, um das Wesentliche an Situationen erkennen und wissenschaftlich darauf reagieren zu können. Das ist eine andere Art für Menschen, ein Gefühl von Sicherheit, Komfort und Selbstbewusstsein zu finden, indem wir dieses Gefühl aus dem Mittel gewinnen, mit dem wir die Unsicherheit handhaben. Das kanalisiert und aktiviert unsere menschlichen Fähigkeiten wesentlich besser als unser gegenwärtiger Managementansatz, erklärt einiges an Toyotas Erfolg, und gibt uns ein Modell, mit dem man fast jedes menschliche Unterfangen managen kann.

> ... nachdem ich viel Kontakt mit Toyota-Mitarbeitern hatte, ist mein Eindruck, dass sie neue Situationen im täglichen Leben – seien es neue Probleme, Lösungen andernorts, Teillösungen gegenwärtiger Probleme oder zufällige Ereignisse – häufiger als die Mitarbeiter in anderen Firmen als Potenziale zur Verbesserung von Wettbewerbsfähigkeit betrachten.
>
> TAKAHIRO FUJIMOTO[21]

Vergleich mit unserem derzeitigen Managementansatz

Wenn die Prozessebene das Fraktal ist, an dem kontinuierliche Verbesserung und Adaption am effektivsten stattfinden können, dann sollten Unternehmen, die sich auf dieser Ebene konstant und systematisch verbessern, in engen Marktsituation einen Wettbewerbsvorteil realisieren. Wenn dem so ist, hat das Implikationen für Management und Managementausbildung.

Viele Firmen erfahren einen subtilen Nachteil, wenn es um kontinuierliche, stufenweise Verbesserung und Adaption geht, weil sie sich sehr auf das Managen durch Setzen von Ergebniszielen, Kennzahlreporting, Anreizsystemen und ROI-Formel-basierte Entscheidungsfindung stützen. Es wird zunehmend offensichtlich, dass Management by Objectives – zumindest wie wir es derzeit praktizieren – und formelhafte Entscheidungsfindung eine Organisation nicht genügend adaptiv und kontinuierlich verbessernd gestaltet, um in hart umkämpften Märkten langfristig zu überleben.

Ein Problem besteht darin, dass berichtete Zahlen zu spät nach den Ereignissen ankommen, manipuliert werden, um besser auszusehen (wegen der Anreizsysteme) und, wie Professor H. Thomas Johnson herausstellt, nur Abstraktionen einer Realität sind. Kennzahlen sind von Menschen geschaffene Abstraktionen, während die Realität ein Werk der Natur ist. Lediglich Prozessdetails sind real und erlauben Ihnen, die Situation richtig zu verstehen.

Viele Executives und Manager – bekräftigt durch ihre MBA-Ausbil-

---

21 Aus: Takahiro Fujimoto: *The Evolution of a Manufacturing System at Toyota.* New York: Oxford University Press, 1999.

dung – vertrauen auf diese quantitativen Abstraktionen, verfolgen finanzielle Ergebnisziele und haben in vielen Fällen den Kontakt mit den Realitäten verloren, aus der diese Abstraktionen hervorgehen. Entscheidungsträger sind schlecht über die tatsächliche Situation informiert und gehen als Konsequenz von falschen Annahmen aus, setzen unangemessene Ziele und sehen Probleme erst, wenn sie groß und komplex geworden sind.

Das Managen aus der Ferne über Kennzahlenberichte führt zum Übersehen oder Verschleiern kleiner Probleme. Aber es sind gerade jene kleinen Probleme, die uns den Weg nach vorn weisen. Sie zu übersehen oder zu kaschieren, blockiert unsere Fähigkeit, daraus zu lernen, während sie noch verständlich sind, und zeitnahe Anpassungen in kleinen Schritten vorzunehmen. Mit der Zeit kann die Wettbewerbsposition des Unternehmens dadurch nachteilig beeinflusst werden.

Ich treffe immer wieder Manager, Executives und Wissenschaftler, die kontinuierlich auf der Jagd nach dem richtigen Mix von Kennzahlen sind, mit denen Toyota-artige kontinuierliche Prozessverbesserung angeregt wird. Das scheint vielleicht aus der Sicht des bestehenden Managementparadigmas logisch zu sein, aber diese Kennzahlen existieren schlichtweg nicht. Es gibt keine Kombination von Kennzahlen und Anreizsystemen, die von sich aus eine kontinuierliche Verbesserung und Adaption unserer Arbeitsprozesse generieren werden.

Das Setzen von Zielen und Leistungskennzahlen allein bewirkt weder das gewünschte Verhalten noch führt es zu echter Verbesserung des Arbeitsprozesses. Wie könnte es auch? Die Menschen, die versuchen, die quantitativen Ziele zu erreichen, sind weder in irgendeiner Form von Verbesserungs-Kata unterrichtet, noch geleitet. Mein Kollege Robert Austin hat dieses Phänomen studiert und bringt es mit dem folgenden Kommentaren klar auf den Punkt:

> Der Manager verlässt sich auf Signale, die er oder sie für gute Ergebnismessgrößen hält. Tatsächlich aber kennt der Mitarbeiter Wege, diese Signale gut aussehen zu lassen, an die der Manager noch gar nicht gedacht hat, und die nichts mit den Ergebnissen zu tun haben.
>
> Eine weitere schlechte Eigenschaft solcher Systeme besteht darin, dass sie Mitarbeiter bestraft, die über zu viel Integrität verfügen, um die Messgrößen künstlich gut aussehen zu lassen.
>
> Robert Austin

Wenn wir wollen, dass unsere Organisation adaptiv ist und sich ständig verbessert, dann sollten wir Wege entwickeln, um den Fokus stärker auf die Details der realen Situation in Echtzeit halten zu können. Toyotas Verbesserungs-Kata macht das gut. Sie liefert den Menschen ein Mittel, um wissenschaftlich und kreativ auf Ziele hinzuarbeiten, die möglicherweise nicht leicht oder schnell erreichbar sind, und die oft eine unserer formelhaften ROI-Entscheidungskalkulationen auf Anhieb nicht überstehen würden.

Toyotas Fabrikhallen sind nicht an dem IT-System angeschlossen. Management-Accounting-Systeme können die negativen Auswirkungen des Managens aus der Distanz per Kennzahlen noch verschlimmern, weil berichtete Daten spät eintreffen und Führungskräfte sich noch weniger mit der realen Situation auseinandersetzen. Aus diesem Grund haben Accounting-Control-Systeme fast keinen Platz in Toyotas Fabrikhallen. Die Führungskräfte stützen sich nicht auf Controllingberichte, um ein Verständnis von der Situation zu bekommen. Ihnen wird beigebracht, sich die Situation vor Ort selbst anzusehen. Um eine gute Verbesserungspraxis zu entwickeln, gehen Toyotas Führungskräfte mit der sich entfaltenden Situation auf Prozessebene um, indem sie die Verbesserungs-Kata befolgen.

Abbildung 77: Das IT-System hat kaum Platz auf dem Shop Floor

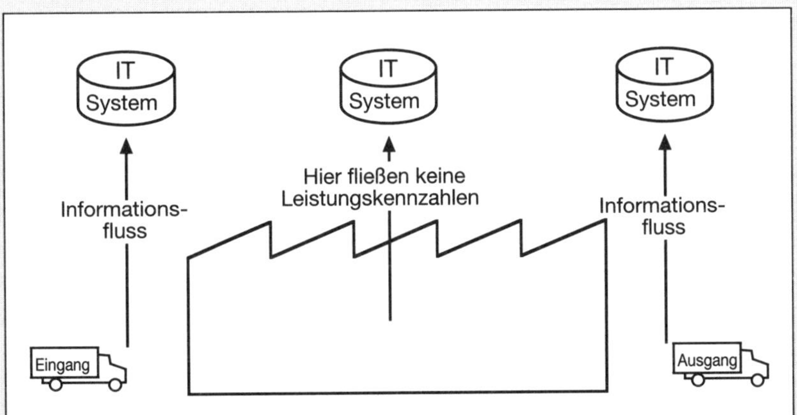

Die Fabrik in diesem Diagramm wird wie eine »Black Box« behandelt. Aber natürlich werden in Toyotas Produktionsstätten große Datenmengen über Prozessleistung genutzt, auf Tausenden von Diagrammen, Tafeln, Dokumenten, Warnmeldungen und so weiter. Diese Daten werden allerdings vor Ort aufbewahrt, wo sie in Erscheinung getreten sind. Führungskräfte müssen zu dem Prozess gehen, um sich die Informationen zu besorgen, die sie brauchen, um die Situation dort zu verstehen. Um eine Organisation mit der Verbesserungs-Kata zu managen, werden Führungskräfte möglicherweise ihre Arbeitstage anders strukturieren müssen. Es gibt eine organisatorische Auswirkung.

Zusammengefasst liefert die Verbesserungs-Kata den Menschen ein Mittel zur Zusammenarbeit. Denken Sie zum Beispiel an einige betriebswirtschaftliche Konzepte des späten 20. Jahrhunderts, die vorschlugen, dass Manager und Führungskräfte sich die Ideen ihrer Untergebenen anhören und respektieren sollten. Ich habe Dutzende von Unternehmen gesehen, die aufrichtig versucht haben, einen derart logischen aber vagen Ratschlag zu operationalisieren und zu nichts kamen – oder noch schlimmer. In einer ungeführten (das heißt »selbstgesteuerten«) Umgebung ist der Radius an Ideen darüber, was getan werden sollte, häufig so weitläufig oder gar widersprüchlich, dass es den Fortschritt verhindert. Wenn aber im Gegenteil dazu Gruppen von Menschen einen Zielzustand anstreben – nicht nur eine Ergebniskennzahl – und auch eine gemeinsame Arbeitsroutine haben, um diese zu erreichen, dann werden sie auf eine Bahn gebracht, die ihr Denken fokussiert und ihre Fähigkeiten aktiviert. Das macht es nicht nur praktischer, sich die Ideen anderer anzuhören und sie zu respektieren, es macht es selbstverständlich und natürlich.

Denken Sie einmal über folgende interessante Beobachtung nach: Bei Toyota definiert die Verbesserungs-Kata die Art und Weise, wie der Verbesserungsprozess durchlaufen wird. Das Thema dagegen bleibt offen und variiert in Abhängigkeit davon, woran man gerade arbeitet. In gewisser Weise ist das genau das Gegenteil von dem, wie wir bisher versucht haben, Toyota nachzueifern: Wir haben das Thema und die Produktionstechniken wie Kanban oder Heijunka, die zu implementieren sind, definiert, aber wir haben die Art und Weise, wie dies geschehen soll, jedem selbst überlassen.

Wie können wir sicherstellen, dass die Verbesserungs-Kata gelernt und befolgt wird?

Wie stellt Toyota sicher, dass jeder in der Organisation die Verbesserungs-Kata lernt und befolgt? Das ist das Thema von Teil IV.

Teil IV

Die Coaching-Kata – Wie Toyota seinen Mitarbeitern die Verbesserungs-Kata beibringt

Einleitung zu Teil IV

Abbildung 78

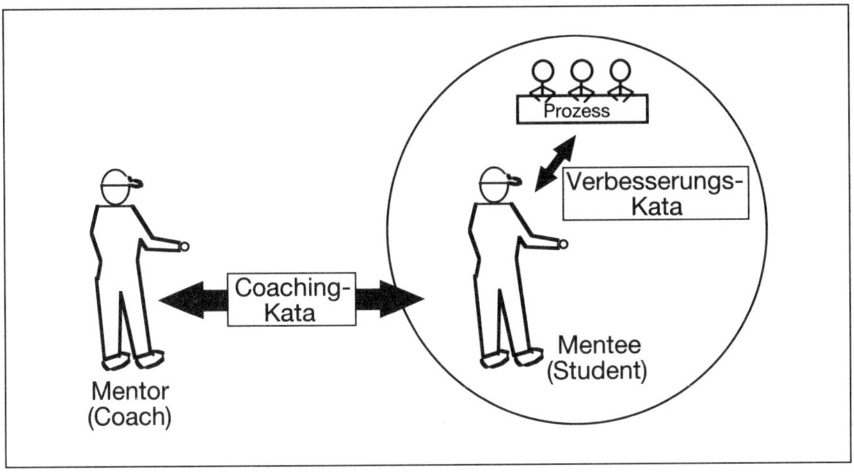

Nachdem wir uns in Teil III Toyotas Verbesserungs-Kata vor Augen geführt haben, tauchen nun einige neue Fragen auf:

- Wie bringen wir jedem in der Organisation die Verbesserungs-Kata bei?
- Wie stellen wir sicher, dass Mitarbeiter in den Verbesserungsprozess eingebunden sind und die Verbesserungs-Kata bei ihrer täglichen Arbeit korrekt anwenden?
- Woher wissen wir, welche Fähigkeiten ein Mitarbeiter als Nächstes entwickeln muss?
- Wie gewährleisten wir, dass angemessene Herausforderungen/Zielzustände erstellt werden?
- Wie stellen wir sicher, dass der PDCA-Zyklus korrekt und wirksam durchgeführt wird?
- Wie stellen wir sicher, dass Führungskräfte ein Verständnis der tatsächlichen Situation in den Prozessen innerhalb der Organisation haben?

- Wie geben wir die Verbesserungs-Kata von einer Generation zur nächsten weiter?

Toyotas Antwort auf diese Fragen ist seine Coaching-Kata, das Thema von Teil IV. Der Zweck der Coaching-Kata besteht darin, die Verbesserungs-Kata allen beizubringen und sie in die Organisation einzubringen. Wir werden uns die Rollen von Managern und Führungskräften bei Toyota im Hinblick darauf ansehen, wie sie die Verbesserungs-Kata jedem im Unternehmen vermitteln und dafür sorgen, dass die Kata täglich so wirkungsvoll wie möglich genutzt wird.

In Kapitel 7 werden wir zuerst einen kurzen Blick darauf werfen, *wer* die Verbesserungs-Kata bei den Produktionsprozessen in Toyotas Fabriken anwendet. Zu diesem Thema hat es bis dato eine Menge falscher Vorstellungen gegeben. In Kapitel 8 werden wir uns dann ansehen, *wie* die Anwendung der Verbesserungs-Kata bei Toyota vermittelt und geführt wird.

Kapitel 7

Wer führt bei Toyota die Prozessverbesserung durch?

Eine Frage, die seit Jahren diskutiert wird, lautet: »Wer soll die Prozessverbesserung durchführen?« Hier sind drei gängige, aber problematische Antworten auf diese Frage.

Abbildung 79: Auf einen Zielzustand hinarbeiten

1. Der Mitarbeiter im Prozess?

Eine der weit verbreiteten Meinungen über kontinuierliche Verbesserung bei Toyota besteht darin, dass diese im Wesentlichen selbstgesteuert abläuft, indem Teams von Prozessmitarbeitern selbstständig Verbesserungen in ihren Prozessen durchführen. Einige typische Kommentare in diesem Sinne lauten:

- »Die Mitarbeiter sind am nächsten am Prozess dran und empowered.«
- »Wie können wir unsere Mitarbeiter dazu bringen, Probleme zu lösen?«
- »Wie können wir dafür sorgen, dass kontinuierliche Verbesserung ein Selbstläufer ist?«

Es ist eine weitverbreitete und leider falsche Vorstellung von Toyotas Vorgehensweise, dass Prozessmitarbeiter in autonomen und selbstgesteuerten Teams arbeiten. Das entspricht ganz und gar nicht dem, wie Toyota mit Verbesserungen und Prozessmitarbeitern umgeht. Zum einen ist es unfair und nicht wirkungsvoll, diese Mitarbeiter aufzufordern, gleichzeitig Teile herzustellen, mit Problemen zu kämpfen und den Prozess zu verbessern. Deshalb bezeichnet Toyota Autonome-Prozessmitarbeiter-Konzepte als »respektlos gegenüber den Menschen«. Für Prozessmitarbeiter ist es physisch unmöglich, bis zur geplanten Zykluszeit in einem 1x1-Produktionsfluss ausgelastet zu sein, und gleichzeitig Prozessverbesserungen vorzunehmen. Prozessmitarbeiter beginnen des Weiteren oft gerade erst, ihr Verständnis der Verbesserungs-Kata und ihre Problemlösungsfähigkeiten zu entwickeln. Derzeit gibt es keine autonomen, selbstgesteuerten Teams bei Toyota.

Das heißt nicht, dass wir Prozessmitarbeiter nicht empowern und einbinden sollen. Tatsächlich ist das Unterrichten von Mitarbeitern in der Verbesserungs-Kata durch Einbeziehung in den Verbesserungsprozess entscheidend für Toyotas Erfolg. Es heißt lediglich, dass Konzepte wie selbstbestimmende Teams kein sehr wirksames Mittel für eine Organisation darstellen, Menschen zu empowern und einzubinden.

2. Dem Zufall überlassen?

Ich habe noch nie gehört, dass jemand tatsächlich diese Antwort gegeben hat. Aber in vielen Fällen deuten unsere Kommentare und Handlungen darauf hin, dass genau das passiert:

- »Durch die Andon-Tafel verfügt *jeder* in der Fabrik über die Information.«
- »Das Signal zeigt *allen*, dass es ein Problem gibt.«
- »*Jeder*, der durch diesen Bereich geht, kann sehen ...«

Die Anzahl von Warnleuchtensystemem im Andon-Stil, die während der letzten 20 Jahre in unseren Fabriken installiert wurden, ist erstaunlich. Und dennoch leuchten diese Lampen in vielen Fabriken auf, ohne dass jemand reagiert. Der Punkt dabei ist folgender: Wenn wir alle oder jeden für verantwortlich halten, dann ist niemand verantwortlich.

3. Ein spezielles Team?

Wie bereits besprochen, wird das nicht funktionieren, wenn wir tagtägliche Verbesserungen bei allen Prozessen anstreben. In der Belegschaft einer Toyota-Fabrik gibt es keine speziellen Kontinuierliche-Verbesserungs-Beauftragten. Die Verbesserungs-Kata ist in jeden Arbeitsprozess eingebettet, und es wird jedem beigebracht, entsprechend der Verbesserungs-Kata zu handeln.

Wer macht es?[22]

Die schematische Darstellung in Abbildung 80 zeigt die typische Linienorganisation in einer Toyota-Fabrik. Hinzu kämen natürlich noch Supportfunktionen wie Instandhaltung und Production Engineering, die hier nicht aufgeführt sind. Für unsere Zwecke ist das Diagramm jedoch detailliert genug.

2004 veröffentlichte Professor Koichi Shimizu von der Okayama Universität einen Artikel über kontinuierliche Verbesserung der Produktionsprozesse in Toyotas Fabriken. In diesem Artikel unterteilt Shimizu die Prozessverbesserungsaktivitäten bei Toyota in zwei Kategorien:

1. Verbesserungen, die von den Prozessmitarbeitern selbst durchgeführt werden, durch Qualitätszirkel, das Vorschlagswesen und ähnliche Initiativen. Shimizu bezeichnet das als »voluntary improvement activity«.
2. Verbesserungen, die durch Teamleiter, Aufsichtspersonal und Ingenieure in der Produktion als Bestandteil ihrer Jobfunktion durchgeführt werden.

Shimizus Artikel wartet mit einigen Überraschungen auf. Seine Forschungen zeigen, dass lediglich zirka 10 Prozent der durchgeführten Verbesserungen in Produktivität und Kosten bei Toyota auf Kategorie 1 zurückzuführen sind, während zirka 90 Prozent Kategorie 2 entstammen. Außerdem geht es in der ersten Kategorie – von Prozessmitarbeitern durchgeführte Verbesserungen – nicht so sehr um die Verbesserung selbst. Was Toyota in diesem Fall unternimmt, ist, die Prozessmitarbeiter in Kaizen-Denken und -Fähigkeit zu schulen sowie Mitarbeiter zu identifizieren, die Kandidaten für eine Beförderung zum Teamleiter sind. Der Zweck der zweiten Kategorie dagegen ist eindeutig Kostenreduzierung durch eifrige und konstante Verbesserung von Produktivität und Qualität.

Was ich bisher darüber lernen konnte, wer in Toyotas Fabriken Prozessverbesserungen durchführt, deckt sich mit Shimizus Forschungsergebnissen. Der Großteil an Verbesserungen in einem Toyota-Werk wird durch

22 Die Informationen unter dieser Zwischenüberschrift beruhen auf Beobachtungen in Toyota-Fabriken sowie Gesprächen mit mehreren früheren Mitarbeitern von Toyota Motor Engineering & Manufacturing North America.

Abbildung 80: Schematische Darstellung der Linienorganisation einer Toyota-Fabrik

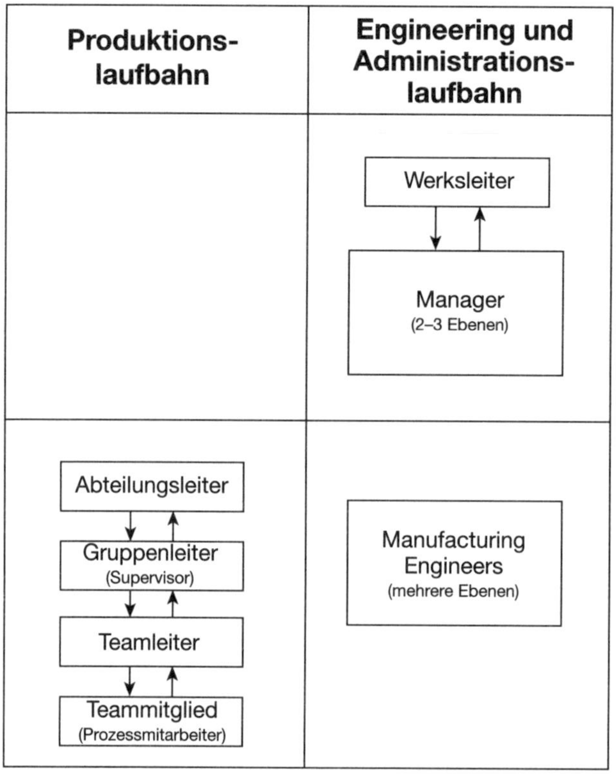

die in Abbildung 82 eingekreisten Personen herbeigeführt. Diese Teamleiter, Gruppenleiter, Abteilungsleiter und unterschiedlichen Ebenen von Manufacturing Engineers[23] sind diejenigen, die in erster Linie die Verbesserungs-Kata auf die Prozesse anwenden, und die Anwendung dort coachen. Die Prozessverbesserungsaktivität entspricht mehr als 50 Prozent ihrer Arbeitszeit, was nicht weiter überrascht, da die Verbesserungs-Kata bei Toyota die gängige Führungsmethode ist.

Toyotas Prozessmitarbeiter, genannt Teammitglieder, sind natürlich ebenfalls regelmäßig in die Durchführung von Prozessverbesserungen

23 Manufacturing Engineers bei Toyota sind Ingenieure, die für Verbesserungen in Produktionsprozessen zuständig sind. Das unterscheidet sich von der Bedeutung, die die Bezeichnung »Manufacturing Engineers« bei uns hat. Toyota verfügt zudem über sogenannte Production Engineers, die wie die Manufacturing Engineers in unseren Betrieben für die Entwicklung von Werkzeugen, Prozessen, Maschinen und Anlagen zuständig sind.

Abbildung 81: Wer führt bei Toyota Prozessverbesserungen durch?

Wer führt es durch	Auswirkung	Zweck
Prozessmitarbeiter selbst durch Qualitätszirkel und Vorschlagswesen	Nur 10 % der realisierten Verbesserungen gehen darauf zurück	Schulung von Kaizen-Denken und -Fähigkeit. Mitarbeiter identifizieren, die zu Teamleitern befördert werden
Teamleiter, Aufsichtpersonal und Ingenieure in der Produktion, als Bestandteil ihrer Jobfunktion	90 % der realisierten Verbesserungen gehen hierauf zurück	Kostenreduzierung durch Verbesserung von Produktivität und Qualität

Quelle: Koichi Shimizu: »Reorienting Kaizen Activities at Toyota. Kaizen, Production Efficiency, and Humanization of Work.« *Okayama Economic Review*, Vol. 36, Nr.3, Dezember 2004

gebunden, aber, wie Shimizu festgestellt hat, liegt der Fokus hier mehr auf Prozessverbesserungen im unmittelbaren Arbeitsbereich des Prozessmitarbeiters, die in Zusammenarbeit mit und unter Coaching eines Teamleiters durchgeführt werden. Teamleiter sind dafür verantwortlich, ihre Teammitglieder zu ermutigen, Verbesserungsvorschläge zu machen beziehungsweise sie um Verbesserungsvorschläge zu bitten. Umgekehrt hängt die Beförderung eines Teammitglieds zum Teamleiter partiell davon ab, wie viel Verbesserungsinitiative und -fähigkeit er oder sie an den Tag legt. Sowohl die Prozessmitarbeiter als auch Teamleiter haben somit auch einen Anreiz, gemeinsam an der Prozessverbesserung zu arbeiten.

Mit Zielzuständen arbeiten

Bei neuen Prozessen oder Produkten setzt das Management ein Kostenziel und ein Zeitziel für die Produktion. Der erste Prozesszielzustand (Arbeitsstandard) wird in der Regel durch den Gruppenleiter für einen Prozess und einen Production Engineer festgelegt. Der Prozesszielzustand wird dann dem Produktionsteam beziehungsweise Teamleiter und Prozessmitarbeiter übergeben. Wenn die Produktionsphase beginnt, arbeiten das Produktionsteam und der Gruppenleiter daran, diesen Zielzustand zu erreichen – was sich über einige Wochen hinziehen kann. Sobald sich die Produktion stabilisiert hat, wer-

Abbildung 82: In der Fabrikorganisation findet Prozessverbesserung hauptsächlich hier statt

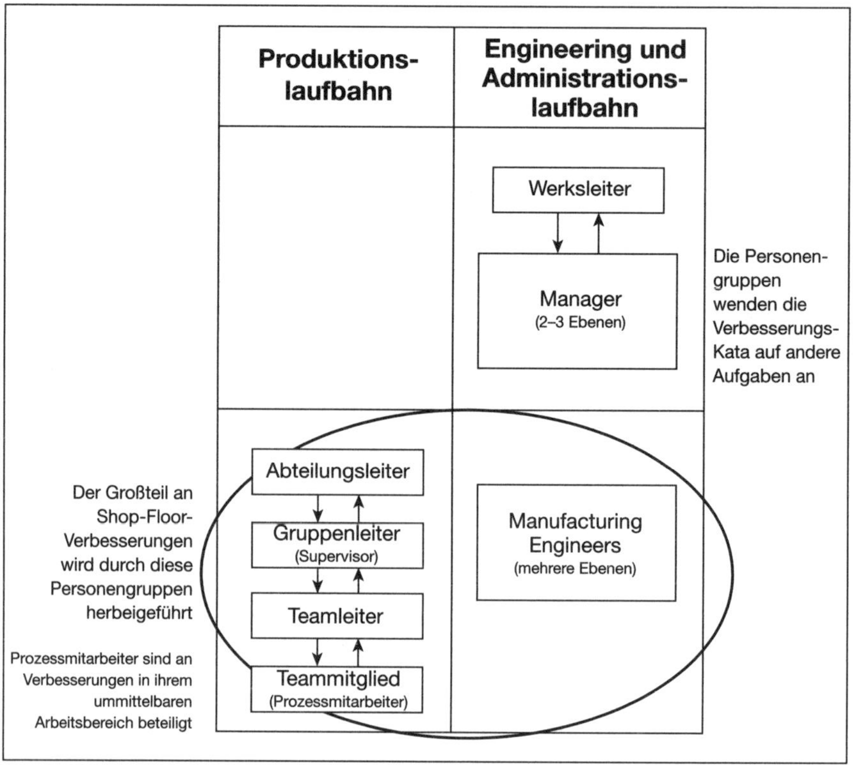

den weitere Zielzustände entwickelt, die »Standards« oder »Ziele« genannt werden:

- Gruppenleiter, Teamleiter und Teammitglieder konzentrieren sich auf Zielzustände in ihren Prozessen und das Verstehen und Lösen täglicher Produktionsprobleme.
- Themen, Ziele, Pläne und Initiativen werden durch das Senior Management bekanntgegeben. Sie werden innerhalb der Organisation nach unten über Mentor/Mentee-Gespräche (mehr dazu im nächsten Kapitel) weitervermittelt und in Prozesszielzustände umgesetzt. Die Verwandlung von Ergebniszielen auf Prozesszielzustände beginnt in der Regel auf der Abteilungsleiterebene. Manager dieser Ebene stellen sicher, dass Zielzustände, Verbesserungsbemühungen und Projekte in den einzelnen Prozessen dem Denken der Verbesserungs-Kata folgen, sich zu einem fließendem Wertstrom zusammenfügen, zu den Unternehmenszielen passen und Kundenanforderungen dienen.

Auf Prozessabnormalitäten reagieren

Eine übliche Weise in unseren Fabriken, auf Prozessabnormalitäten zu reagieren, besteht darin, dass Prozessmitarbeiter diese notieren, sodass sie in Pareto-Charts zusammengefasst werden können. Dies klingt vielleicht nach einer guten Idee, ist aber nicht besonders verbesserungswirksam. Ich hörte einmal zu, wie ein Betriebsleiter stolz eine Pareto-Analyse von Problemen erklärte und erzählte, wie derzeit das am häufigsten auftretende Problem bearbeitet wurde. Einer meiner Kollegen erwiderte darauf: »Und die übrigen Probleme gehen an die Kunden?« Das war in meinen Augen eine ziemlich gute Erkenntnis.

Die durch Pareto-Charts gelieferte Information kommt in der Regel zu spät, um für die Bemühungen bei Prozessverbesserungen nützlich zu sein. Zu dem Zeitpunkt, an dem ein Problem auf dem Pareto-Chart ganz nach oben gewandert ist, hat es bereits eine Menge Schaden angerichtet und ist kompliziert geworden. Die Ursachenspur ist kalt, und wir werden in das Analysieren überholter Daten verwickelt, statt zu verstehen, was tatsächlich gerade auf dem Shop Floor vor sich geht. Es ist interessant, wie häufig die größte Kategorie auf einem Pareto-Chart die mit dem Titel »Sonstige« ist – das heißt eine Akkumulation kleinerer Probleme. Das heißt nicht, dass Pareto-Charts abgeschafft werden sollten, aber sie sollten nicht die erste Wahl darstellen, wenn es um das Erkennen und den Umgang mit Prozessproblemen geht.

Hier sind zwei Aspekte, wie Toyota über den Umgang mit Prozessproblemen denkt:

Die Reaktion auf Prozessabnormalitäten sollte sofort erfolgen. Warum?

- Wenn wir mit der Suche nach den Ursachen von Problemen warten, wird die Spur kalt und die Problemlösung umso schwerer. Wir vergeben die Chance, zu lernen.
- Wenn kleine Probleme nicht angegangen werden, akkumulieren sie und wachsen zu großen und komplizierten Problemen an.
- Direkt zu reagieren bedeutet, dass wir noch in der Lage sind, Anpassungen vorzunehmen und das Tagesziel zu erreichen.
- Den Menschen zu sagen, dass Qualität wichtig sei, und dann nicht auf Probleme zu reagieren, bedeutet, das eine zu sagen und etwas anders zu tun.

- Lean-Wertströme sind eng gekoppelt und ein Problem in einem Bereich kann rasch zu Problemen an anderen Stellen führen.

Die Reaktion auf Prozessabweichungen sollte von jemand anderem erfolgen als von den Prozessmitarbeitern. Warum?

Ein Beispiel macht das deutlich: Stellen Sie sich eine 1x1-Fluss-Montagezelle mit einem autonomen Team von Prozessmitarbeitern vor. In der Zelle befindet sich ein Statuszähler, der zwei Zahlen anzeigt. Eine Zahl repräsentiert die tatsächlich produzierte Menge, die sich jedes Mal erhöht, wenn ein fertiges Teil gescannt wird. Die zweite Nummer ist die Zielmenge, die sich automatisch erhöht, wenn ein Taktzeitintervall verstrichen ist.

Was passiert mit diesem Prozess, wenn einer der Mitarbeiter ein Problem hat? Die Mitarbeiter versuchen, das Problem zu beheben, damit sie mit der Produktion wieder fortfahren können. Mal angenommen, dieser Vorgang dauert einige Minuten, während derer der Zielmengenzähler weiterläuft. Schließlich ist das Problem behoben und die Montagezelle kann wieder weiterlaufen. Was tun die Mitarbeiter jetzt? Natürlich nehmen sie die Produktion wieder auf, und zwar wahrscheinlich so schnell wie möglich, da sie jetzt laut dem Statuszähler in Verzug sind. Dabei ist der beste Moment, um zu verstehen, was passiert ist, dann, wenn die Spur noch heiß ist. Sich die Angelegenheit später anzusehen, ist fruchtlos.

Erkennen Sie den Konflikt in unserer Denkweise? Wollen wir, dass die Mitarbeiter Teile herstellen oder dass sie versuchen, dem Problem auf die Spur zu kommen? Sie können nicht beides gleichzeitig tun.

Probleme sind normal, und wenn wir autonome Prozesse einführen, gibt es keine Chance, dass die Mitarbeiter erfolgreich sein können. Diese Arten von autonomen Produktionsprozessen scheinen die fehlerhafte Annahme zu reflektieren, dass es keine Probleme geben würde, solange nur jeder das tut, was er tun sollte.

Um auf Prozessprobleme reagieren zu können, während sie auftreten, werden die Produktionsprozesse bei Toyota von Teamleitern beobachtet und unterstützt. Dieser Teamleiter ist die designierte Person, die zuerst und sofort bei jedem Prozessproblem reagiert. Obwohl Teamleiter auf jede Abweichung reagieren, löst nicht jede Reaktion ein Problemlösungsverfahren aus, was gewöhnlich als Reaktion auf wiederkehrende Probleme begonnen wird. Der Standard des Arbeitsprozesses, will heißen der Zielzustand, untersteht dem Teamleiter, der ihm hilft, Abnormalitäten zu sehen. Der Teamleiter beobachtet den Prozess nicht, um Fehler zu kontrollieren, sondern um mit der Funktionsweise des Prozesses vertraut zu sein.

Mit Teamleitern in seinen Prozessen hat Toyota im Vergleich zu vielen anderen Fabriken eine zusätzliche Ebene indirekter Mitarbeiter. Das klingt auf Anhieb nicht besonders »lean«, ermöglicht jedoch Prozessverbesserung, weil es jemanden gibt, der dann auf Probleme reagiert, wenn sie auftauchen und die Ursachenspur noch heiß ist. Wie bereits erwähnt, können Sie Probleme nur in dem Maße aufdecken, wie Sie ausgerüstet sind, darauf zu reagieren. Mit seinen Teamleitern kann Toyota mehr Probleme abhandeln und von daher mehr lernen und mehr verbessern.

Über ein schnelles Reaktionssystem zu verfügen, verschafft Toyota dann die Möglichkeit, seine Produktionsprozesse mit der richtigen Anzahl von Mitarbeitern zu besetzen, was wiederum Probleme schnell sichtbar werden lässt. Diese Kombination stellt ein sich verbesserndes System dar. Umgekehrt brauchen Produktionsbetriebe mit autonomen Arbeitsteams mehr Mitarbeiter in ihren Prozessen, was dann auch zur Folge hat, dass Probleme verschleiert bleiben und ein statisches System entsteht.

Interessanterweise führt dieses Verbesserungs- und Reaktionssystem bei Toyota – Teamleiter – nicht dazu, dass im Vergleich mit anderen Unternehmen mehr Leute beschäftigt werden müssen. Im Gegenteil. Dafür gibt es zwei Gründe:

- Wegen der Anwesenheit des Teamleiters kann der Prozess mit der richtigen Anzahl an Mitarbeitern besetzt werden, anstatt weitere Prozessmitarbeiter haben zu müssen.
- Weil es ein Reaktions- beziehungsweise ein Verbesserungssystem gibt (angefangen mit dem Teamleiter), wird die Produktivität mit der Zeit verbessert und noch weniger Mitarbeiter sind nötig.

Wir sollten also vorsichtig sein mit allzu einfachen, schnellen Aussagen wie »indirekte Mitarbeiter reduzieren« oder die Organisation »verflachen«. Diese können nämlich zu einer Suboptimierung und einem gefährlich statischen System führen.

Kapitel 8

Die Coaching-Kata – Führungskräfte als Trainer[24]

Coaching ist notwendig

Angenommen, wir möchten einer Sportmannschaft einige neue Fähigkeiten beibringen, um sie für den Wettbewerb zu stärken. Ganz sicher würden wir dabei nicht erwarten, dass ein Erklären mit Worten ausreichen würde, um ihr Verhalten zu ändern. Es ist nicht möglich, die eigene Leistung objektiv zu bewerten und zu sehen, welche Fähigkeiten geübt werden müssen, weil wir unsere eigenen Gewohnheiten oft nicht wahrnehmen und nicht wissen, was wir nicht wissen. Im Falle von Sportlern erwarten wir natürlich, dass sie unter der Beobachtung und Anleitung eines erfahrenen Trainers üben werden und dass die Notwendigkeit, einen Trainer zu haben, mit der Zeit nicht nachlassen wird. Wenn uns niemand beobachtet und Feedback gibt, verinnerlichen wir möglicherweise die falschen Routinen.

So ist es auch bei Toyota, wo die Verbesserungs-Kata nicht automatisch oder autonom zustande kommt. Manager und Führungskräfte bei Toyota arbeiten jeden Tag hart, um sie zu vermitteln und Verbesserung wirksam am Laufen zu halten. Da Verbesserung und Adaption zentral für die Unternehmensphilosophie Toyotas ist (normales tägliches Management = Prozessverbesserung), überrascht es nicht, dass Manager und Führungskräfte sicherstellen, dass diese auch stattfindet. Wie sie das tun ist allerdings schon überraschend.

Die Rolle der Führungskräfte bei Toyota

Die primäre Aufgabe der Manager und Führungskräfte bei Toyota dreht sich nicht um die Verbesserung selbst, sondern um die Entwicklung der Verbesserungsfähigkeit ihrer Mitarbeiter. Diese Fähigkeit ist das, was nach Toyotas Ansicht das Unternehmen stärkt. Toyotas Manager und Führungs-

24 Der Begriff »Trainer« wird hier wie im Sport im Sinne einer Vorbildfigur verwendet.

kräfte entwickeln Menschen, die darauf folgend mittels der Verbesserungs-Kata Prozesse verbessern.

> Wir erkennen, dass Lernen ein lebenslanger Prozess ist, um mit Veränderung Schritt zu halten. Und die dringendste Aufgabe dabei ist, Menschen darin zu unterrichten, wie man lernt.
>
> PETER DRUCKER

Das Entwickeln der Verbesserungsfähigkeit der Menschen bei Toyota ist nicht in die Abteilungen Human Resources oder Personalentwicklung verlagert. Es ist Teil der täglichen Arbeit in jedem Bereich, und es sind die Manager und Führungskräfte, von denen erwartet wird, dass sie ihren Mitarbeitern die Verbesserungs-Kata beibringen. Die Verbesserungs-Kata ist ein Teil dessen, wie die Menschen täglich geführt werden. Das bedeutet natürlich, dass die Manager und Führungskräfte selbst im Verwenden der Verbesserungs-Kata erfahren sein müssen.

Weil die Verbesserungs-Kata eine Verhaltensrichtlinie ist, ist sie etwas, was wir durch wiederholte Praxis erlernen. Es bedarf einer Konditionierung, um Verhaltensroutinen zur zweiten Natur zu machen, und folglich umfassen viele Führungsaktivitäten bei Toyota, den Menschen im Praktizieren der Verbesserungs-Kata zu unterstützen. Für Team- und Gruppenleiter nimmt dieses Trainieren mehr als 50 Prozent ihrer Zeit in Anspruch, und bei Managern auf höheren Ebenen kann es bis zu 50 Prozent ihrer Zeit bedeuten. Menschen auf diese Weise zu entwickeln ist bei Managern ein Bestandteil der Beurteilung, hat Einfluss auf Bonus, Beförderung und Gehalt.

Training, während an realen Dingen gearbeitet wird

Es gibt einige Trainingskurse in Schulungsräumen bei Toyota, aber die primäre Betonung liegt auf dem Lernen, indem an wirklichen Verbesserungen gearbeitet wird. Wir denken vielleicht, dass man durch Kurse und Seminare lernt, aber Toyota denkt, dass man durch das Arbeiten an konkreten Herausforderungen lernt. Um sicherzustellen, dass Verbesserung eintritt und dass Menschen die Verbesserungs-Kata verinnerlichen, werden sie auf eine besondere Learning-by-Doing-Weise unterrichtet. Manager und Führungskräfte bei Toyota unterrichten ihre Mitarbeiter in der Verbesserungs-Kata, indem sie sie dabei führen, wirkliche Verbesserungen in realen Prozessen durchzuführen. Der Ansatz von Toyota ist dem Aufbau von Fähigkeiten

Abbildung 83: Bei Toyota werden Training und Tun nicht getrennt

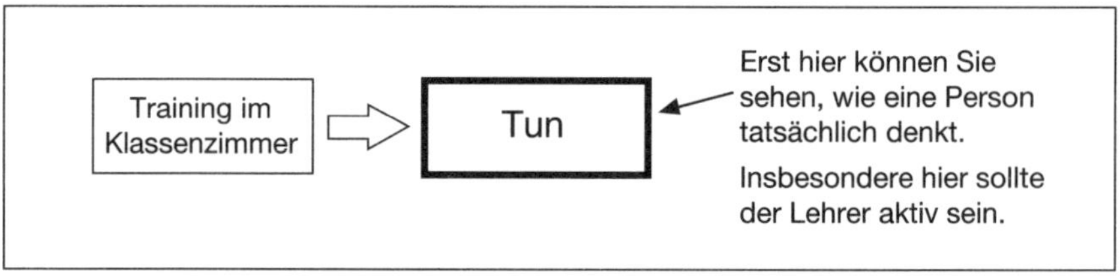

bei Sportlern nicht unähnlich. Da bedeutet »Training«, dass Sportler eine reale Tätigkeit immer wieder unter der Beobachtung und Anleitung eines erfahrenen Trainers durchführen.

Im Vergleich dazu scheint in vielen unserer Unternehmen das Konzept »Training« auf Frontalunterricht und Simulationsübungen verlagert zu sein. Leider können diese beiden Formen weder Veränderung und Beherrschung eines Themas noch Konsistenz sicherstellen. Training im Klassenzimmer allein, selbst wenn es Simulationen beinhaltet, erreicht bestenfalls ein Bewusstsein von etwas. Wir können nur erkennen, was Menschen wirklich lernen und wie sie denken – und folglich, was sie als Nächstes lernen und üben müssen – während sie versuchen, das, was sie lernen, im realen Leben anzuwenden.

Toyota macht keinen Unterschied zwischen dem Erlernen der Verbesserungs-Kata und der Verbesserung von Prozessen. Die Lehrer bei Toyota, das heißt Manager und Führungskräfte, beobachten und arbeiten mit ihren Mitarbeitern, während diese ihre tägliche Arbeit verrichten. Wie Sie sich wahrscheinlich bereits denken können, gibt es bei Toyota dafür eine entsprechende Kata.

Die Coaching-Kata

Toyotas Kata, die genutzt wird, um die Verbesserungs-Kata zu unterrichten, ist ein Mentor/Mentee-Dialog, der seine Wurzeln wahrscheinlich in der buddhistischen Meister/Lehrling-Lehrmethode hat. Wie die Verbesserungs-Kata, so ist auch die Coaching-Kata für Besucher und jemanden, der ein Benchmarking macht, häufig nicht sichtbar. Und doch ist die Entwicklung von kontinuierlicher Verbesserung und Adaption bei Toyota, über die Anwendung der Verbesserungs-Kata zu einem beträchtlichen Grad von solchem Coaching abhängig.

Abbildung 84: Das klassische Bild Toyotas für den Mentor/ Mentee-Ansatz (Ergänzungen von Personalbeschreibungen sowie Ist- und Zielzustand vom Autor)

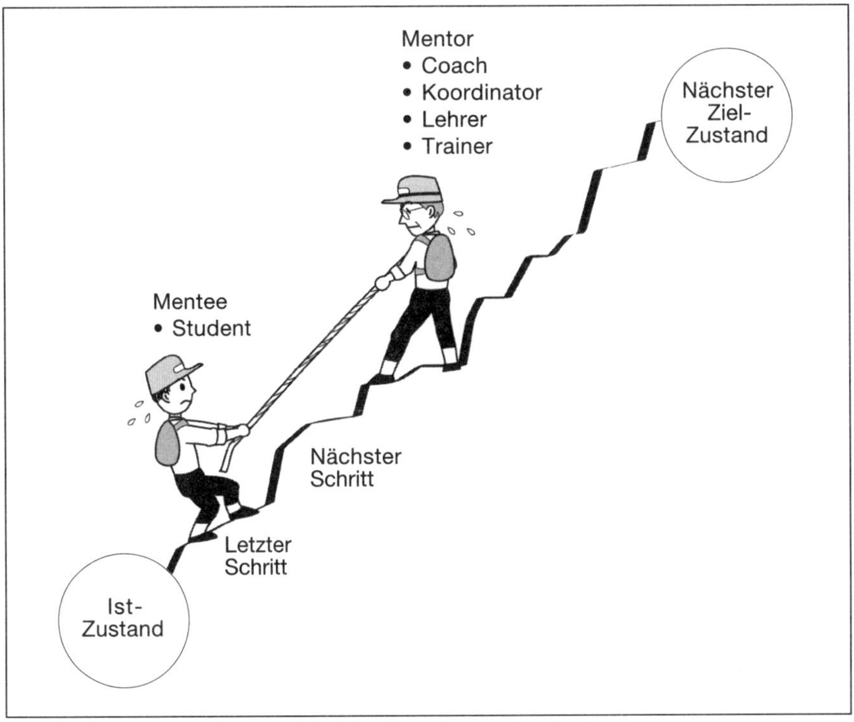

Bei Toyota hat jeder einen Mentor

Es ist das Ziel jeder Kata, etwas zu meistern, und selbst Menschen auf höheren Ebenen bei Toyota verfeinern ihre Fähigkeiten und arbeiten auf dieses Ziel hin. Wie die Verbesserungs-Kata wird auch die Coaching-Kata auf allen Ebenen bei Toyota praktiziert. Jedem Mitarbeiter von Toyota wird ein erfahrenerer Mitarbeiter – ein Mentor – zugeteilt, der ihn während Verbesserungsbemühungen oder beim Umgang mit einer Situation aktiv anleitet. Dieser Mentor hat wiederum seinen oder ihren eigenen Mentor.

Diese Mentor/Mentee-Beziehungen sind nicht zwangsläufig mit der organisatorischen Hierarchie verbunden. Für Prozessmitarbeiter ist der Mentor ihr Teamleiter, der wiederum von seinem Gruppenleiter unterstützt wird. Abgesehen von diesen Ebenen in der Organisation können Sie ein Mentoring nicht nur durch Ihren unmittelbaren Vorgesetzten[25] erfahren, sondern auch durch jemanden, der Ihnen basierend auf Ihren gegenwärtigen Tätigkeiten und Entwicklungsbedürfnissen zugeteilt wird. Im Laufe der Jahre werden Sie verschiedene Mentoren haben.

Es kann leicht zehn Jahre dauern, sich die Verbesserungs-Kata und die Coaching-Kata in einem Ausmaß anzueignen, dass beides tief verwurzelt wird und man imstande ist, ein Mentor zu sein. Das ist ein Grund, warum Toyota in der Vergangenheit vermieden hat, Manager von außen in das Unternehmen zu holen, und es stattdessen vorzog, sie intern zu entwickeln. Eine der Schlüsselherausforderungen für Toyota während des schnellen Wachstums ist, genügend Mentoren zu haben.

Der Bedarf eines Menschen an Coaching hört nie auf. Unabhängig davon, wie viel Erfahrung jemand gesammelt hat, ist es unwahrscheinlich, dass er oder sie so gut in der Wahrnehmung von Situationen und der Anwendung der Verbesserungs-Kata werden kann, dass kein Coaching mehr nötig ist. Die Intention ist, dass sowohl die Verbesserungs-Kata als auch die Coaching-Kata zunehmend zur zweiten Natur werden (automatisch und reflexiv), während eine Person in der Organisation aufsteigt.

Der Mentor/Mentee-Dialog

Der Mentor (Coach) schult den Mentee in der Anwendung der Verbesserungs-Kata mittels eines wechselseitigen Dialogs über einen bestimmten Zeitraum hinweg. Dies wird manchmal damit verglichen, einen Ball hin und her zu werfen: Mentor → Mentee → Mentor → Mentee und so weiter. Der Mentor/Mentee-Dialog wird zum Beispiel genutzt, wenn eine aktuelle Situation analysiert oder ein Zielzustand entwickelt wird und dann, wenn die Routine der fünf Fragen ins Spiel kommt.

Ein Kernelement in Toyotas Mentor/Mentee-Dialog ist, dass der Mentee mit Orientierungshilfe Dinge selbst herausfinden soll. Das ist eine bekannte Lehrmethode. Der Dialog beginnt häufig damit, dass der Mentor dem Mentee eine bewusst vage Aufgabe oder Herausforderung stellt. Zum Beispiel kann der Mentor den Mentee bitten, einen Blick auf ein Problem oder eine Situation zu werfen, oder etwas andeuten wie: »Wir sollten Teile innerhalb des 1x1-Montageflusses in diesem Prozess waschen anstatt losweise.« Der Mentor fragt dann, was der Mentee zu tun vorschlägt. Die Antwort darauf hilft dem

---

25 Ich verwende hier das Wort »Vorgesetzter«, wir werden jedoch noch sehen, dass es der Mentor ist, der den Mentee auf vielerlei Weise unterstützt.

Mentor zu erkennen, wie der Mentee denkt, und welchen Input er dem Mentee als nächstes geben soll. Deshalb ist die Aufgabe oder Herausforderung vom Mentor oft etwas vage, um zu sehen, wie der Mentee die Situation angeht.

Der Mentee erklärt seine Beobachtungen oder Vorschläge – zum Beispiel in Stichworten auf einem einseitigen Dokument (dazu später mehr). Nachdem dem Mentor dies vorgetragen wurde, wird das Dokument im ersten Zyklus häufig an den Mentee zurückgegeben, verbunden mit einer Anregung wie »Denken Sie bitte weiter darüber nach« oder einfach der Frage »Warum?« Das ist nur der erste von mehreren Zyklen, durch den die Analyse und der Vorschlag des Mentees unter der Anleitung des Mentors sukzessive besser entwickelt und detaillierter werden. Wenn die aktuelle Situation ausreichend verstanden worden und der Zielzustand zur Zufriedenheit des Mentors erstellt ist, beginnt der Mentee, PDCA-Zyklen zu planen und auszuführen – ebenfalls unter Aufsicht des Mentors. Dabei muss der Mentee häufig Schritte vor seinem Mentor rechtfertigen und im Voraus definieren, was das erwartete Ergebnis eines Schrittes ist.

Entscheidend hierbei ist, dass der Mentor dem Mentee keine Fragen stellt, um ihn in Richtung einer bestimmten Lösung zu steuern – obwohl es so scheinen kann –, sondern um zu erfahren, was und wie der Mentee denkt und wie er an die Situation herangeht. Der Mentor arbeitet, um den Mentee in der Routine der Verbesserungs-Kata zu schulen, indem er den Mentee auf dem Weg coacht, basierend auf den Reaktionen und Antworten des Mentees. Der Mentor führt den Mentee durch die Verbesserungs-Kata, und zwar auf so eine Art, dass der Mentee die Routine und das innewohnende Denken der Kata selbst lernt. Der Mentee lernt durch Erkenntnisse, die er selbst sammelt.

Ein zweites und cleveres Element des Mentor/Mentee-Dialogs bei Toyota ist, dass der Mentee für das Tun verantwortlich ist, während der Mentor beträchtliche Verantwortung für die Ergebnisse trägt, obwohl er dem Mentee keine Lösungen vorgeben soll. Diese Überlagerung der Verantwortung schafft eine Bindung zwischen Mentor und Mentee, denn wenn ein Mentee scheitert, dann ist es der Mentor, der die Verantwortung trägt.

> Hat der Student nicht gelernt, dann hat der Lehrer nicht gelehrt.
> SPRICHWORT, DAS BEI TOYOTA HÄUFIG VERWENDET WIRD

Der Mentee ist die Person, die an dem Problem arbeitet, während die Aufgabe des Mentors darin besteht, den Mentee »im Korridor« der Verbesserungs-Kata-Routine zu halten. Das ist es, was in dem Bild der zwei Bergsteiger (Abbildung 84) von Toyota illustriert wird. Natürlich muss sich der

Mentor, um den Mentee auf diese Weise trainieren zu können, die Situation auch selbst anschauen und häufig einen Schritt vorausdenken – aber nicht mehr als einen Schritt. Der Mentor arbeitet daran, den Mentee in den Verhaltenskorridor zu bringen, der durch die Verbesserungs-Kata vorgeschrieben ist, aber letztlich muss der Mentor die Lösung akzeptieren, die der Mentee entwickelt. Den Mentee zu einer Lösung zu führen, würde die Entwicklung der Fähigkeiten des Mentees blockieren, mit anderen Worten den Zweck des Mentor/Mentee-Ansatzes behindern. Mentoren von Toyota geben zwar normalerweise keine Lösungen vor, können aber sehr wohl steuern, wie die Analyse einer Situation und das Entwickeln von Lösungen vorgeht. Zum Beispiel: Sobald er in einem Zyklus einen Vorschlag vom Mentee gehört hat, gibt der Mentor manchmal auch eine Anweisung über den nächsten Schritt.

Ein drittes Element des Mentor/Mentee-Dialogs ist, dass es nicht nur ein Learning by Doing ist, sondern dass Menschen lernen, wenn sie duch kleine Fehler Entdeckungen machen (siehe auch Kapitel 6). Der Mentor rechnet damit, dass dem Mentee bei der Anwendung der Verbesserungs-Kata kleine Fehler unterlaufen werden, und es sind insbesondere diese Punkte, an denen der Mentee lernen, und an denen der Mentor erkennen kann, welcher Coaching-Input erforderlich ist. Mit anderen Worten lässt der Mentor den Mentee kleine Fehlschritte machen, solange diese nicht den Kunden betreffen, anstatt dem Mentee von vorneweg Antworten zu geben. Nebenbei bemerkt kann ich aufgrund meiner Beobachtungen sagen, dass der Job des Mentors genauso hart sein kann wie der des Mentees.

Mit dem Mentor/Mentee-Lehransatz hat Toyota eine intelligente Antwort auf die Frage entwickelt, wie eine Organisation ihren Mitgliedern die Verbesserungs-Kata beibringen und Verbesserungen am Laufen halten kann. Der Mentor/Mentee-Ansatz hat mehrere Vorteile:

- Führungskräfte können erkennen, wie ein Mentee denkt, und dadurch ermitteln, welches ein passender folgender Schritt ist und welche Fähigkeiten der Mentee üben muss, um ein besserer Problemlöser zu werden. Wir erkennen nicht, welche Fähigkeiten Menschen entwickeln sollten, wenn wir ihnen einfach sagen, was zu tun ist.
- Dieser Ansatz – Learning by Doing mit Trial and Error unter Anleitung – ist wirksamer, um Organisationskultur weiterzugeben beziehungsweise spezifische Verhaltensmuster zu entwickeln, als sich auf schriftliche Dokumentation oder Frontalunterricht zu verlassen oder jemandem zu sagen, was zu tun ist.
- Dieser Ansatz entwickelt eine Verknüpfung zwischen Unternehmens-

Abbildung 85: Mentor/Mentee-Dialog (die Coaching-Kata), um die Verbesserungs-Kata zu vermitteln

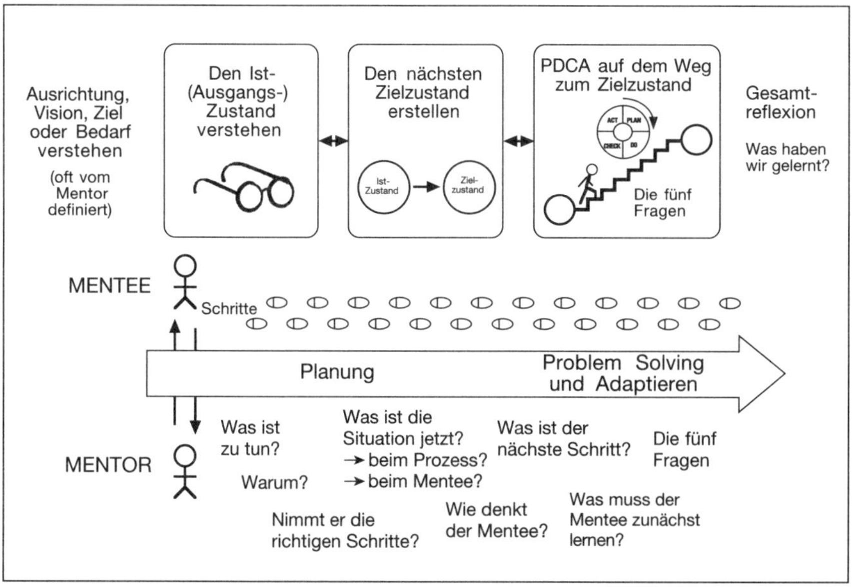

zielen und dem Verhalten am Arbeitsplatz. Er gibt Fokus, Ausrichtung und Kontrolle (aber mit einer beträchtlichen Menge an Bewegungsfreiheit), wodurch Menschen ihre eigenen Fähigkeiten entwickeln können. Es ist weder top-down noch bottom-up; sondern beides gleichzeitig. Der Mentor/Mentee-Ansatz entwickelt die Verantwortung und Initiative des Einzelnen, während er zugleich auch für gemeinsame Ausrichtung und Vorgehensweise sorgt. Das ist das, was ich meine, wenn ich von »Denken und Handeln in einem Korridor« spreche.

- Die Bedürfnisse des Mentees bestimmen das nächste Mentoring und Training, das der Mentor bietet. Das bedeutet, dass Information in der Organisation sowohl nach unten als auch nach oben fließt. Infolgedessen können strategische Entscheidungen stärker synchron mit der wirklichen Situation auf Prozessebene getroffen werden.

Mentor/Mentee-Fallbeispiel

Der beste Weg, um den Mentor/Mentee-Lehransatz bei Toyota zu erklären, ist, ihn in Aktion zu zeigen. Das folgende Fallbeispiel liefert einen detaillierten Blick auf einen typischen Mentor/Mentee-Dialog bei Toyota. Gleichzeitig ist es auch gut geeignet, um zu demonstrieren, wie Toyota hinsichtlich Problem Solving denkt. Das ist wichtig zu wissen, um unser Verständnis der Verbesserungs-Kata zu vertiefen. Das Fallbeispiel ist einem anderen Beispiel ähnlich, das verwendet wurde, um beim Unterrichten des Problem Solving in der Toyota-Fabrik in Georgetown, Kentucky zu helfen, obwohl dieses hier stark erweitert ist.

Beachten Sie, dass dieser Fall nur ein Beispiel eines Mentor/Mentee-Dialogs bei Toyota ist. Obwohl diese Dialoge in gewisser Weise das Muster der Verbesserungs-Kata widerspiegeln, können sie abhängig von der Situation eine Vielfalt von Formen annehmen. Das Ziel hier ist nicht, Ihnen eine mechanische Anleitung für einen Toyota-Mentor/Mentee-Dialog zu geben, sondern Ihnen ein Gespür für das Muster oder die Routine und das Denken zu vermitteln, das der Coaching-Kata innewohnt.

Aufbau

Starten Sie mit einem Blick auf den Problem-Solving-Ansatz in fünf Schritten (genannt »Practical Problem Solving«), was oft bei Toyota verwendet wird. Ich werde mich auf diese Problem-Solving-Schritte beziehen, während wir das Fallbeispiel durchgehen.

Die Schritte von Toyotas Practical Problem Solving

1. Das Problem aufnehmen: Problembewusstsein

- Identifizieren eines Problems, das Priorität hat

2. Die Situation erfassen (go and see)

- Das Problem verdeutlichen.
- Was sollte geschehen?
- Was geschieht wirklich?
- Das Problem, falls nötig, in einzelne Probleme aufbrechen.
- Falls nötig, temporäre Maßnahmen einsetzen, um Abnormalitäten abzugrenzen, bis die Ursache benannt werden kann.
- Den Ursachenpunkt lokalisieren. Beginnen Sie keine Ursachenanalyse, bis Sie den Ursachenpunkt finden.

- Tendenz der Abnormalität am Ursachenpunkt erfassen.

3. Ursachen untersuchen

- Identifizieren und Bestätigen der unmittelbaren Ursachen der Abnormalität.
- Führen Sie eine »Fünf-mal-Warum«-Untersuchung durch, um eine Ursachen-Wirkung-Kette bis hin zum Problem aufzubauen.
- Stopp an der Ursache, die angegangen werden muss, um ein Wiederauftreten zu verhindern.

4. Entwickeln und Testen von Gegenmaßnahmen

- Ergreifen Sie eine konkrete Gegenmaßnahme zur Ursache.
- Verändern Sie jeweils nur einen Faktor, um Ursache und Wirkung erkennen zu können.

5. Follow Up

- Verfolgen und Verifizieren der Ergebnisse.
- Standardisieren Sie erfolgreiche Gegenmaßnahmen.
- Reflektieren Sie: Was haben wir während dieses Problemlösungsverfahren gelernt?

Wie Sie an den fünf Schritten erkennen können, hat dieser Problem-Solving-Ansatz nichts Magisches an sich. Die grundlegenden Schritte sind weithin bekannt und dem ähnlich, was in vielen Büchern und Seminaren über Problemlösung beschrieben wird. Die meisten Manager und Ingenieure, die ich treffe, haben bereits eine Art Problem-Solving-Training absolviert. Häufig steht sogar noch die Kursdokumentation auf ihrem Bücherregal im Büro. Und doch finde ich fast niemanden, der den Problem-Solving-Ansatz richtig befolgt. Das ist ein gutes Beispiel dafür, wie unwirksam Training im Klassenzimmer ist, wenn es um Verhaltensänderungen geht.

Innerhalb des Practical-Problem-Solving-Ansatzes verwendet Toyota häufig einen Trichter, um das Ursachenpunktkonzept darzustellen, das bei Schritt 2 (»Die Situation erfassen«) erwähnt wird. Dieses Konzept ist möglicherweise dadurch entstanden, dass es in Fahrzeugfabriken lange Montagebänder gibt. Die Idee ist folgende: Nachdem Sie sich eines Problems bewusst geworden sind, müssen Sie es über die Linie oder den Wertstrom zurückverfolgen, bis Sie den Punkt finden, an dem die Ursache liegen mag. Versuchen Sie nicht, mit dem Untersuchen von Ursachen zu starten, bevor Sie denken, diesen Punkt gefunden zu haben.

Abbildung 86: Ursachenpunktkonzept

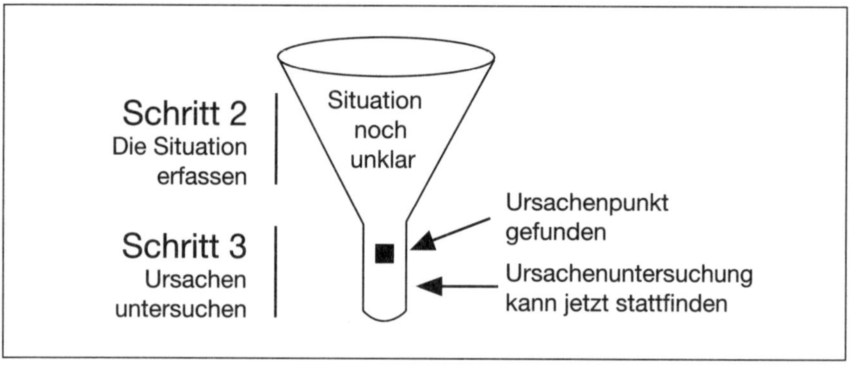

Rollenbesetzung

Das Mentor/Mentee-Fallbeispiel findet in dem Endmontageabschnitt der Fahrzeugendmontagelinie in einem Montagewerk von Toyota statt. Die folgenden Personen sind beteiligt:

Herr Schmittinger	Endmontage Abteilungsleiter	Ihr Mentor
Frau Fuchs	Endmontage B Gruppenleiter	Sie
Herr Müller **Frau Gieschen** **Herr Mölders** **Herr Albat** **Frau Hempen**	Endmontage B Teamleiter	Ihre Mentees

Die Organisation entspricht der typischen Organisationsstruktur entlang einer Montagelinie bei Toyota und deckt sich mit der Struktur der Linienorganisation von Toyota, die in Kapitel 7 erwähnt wurde.

Abbildung 87: Organisationsstruktur

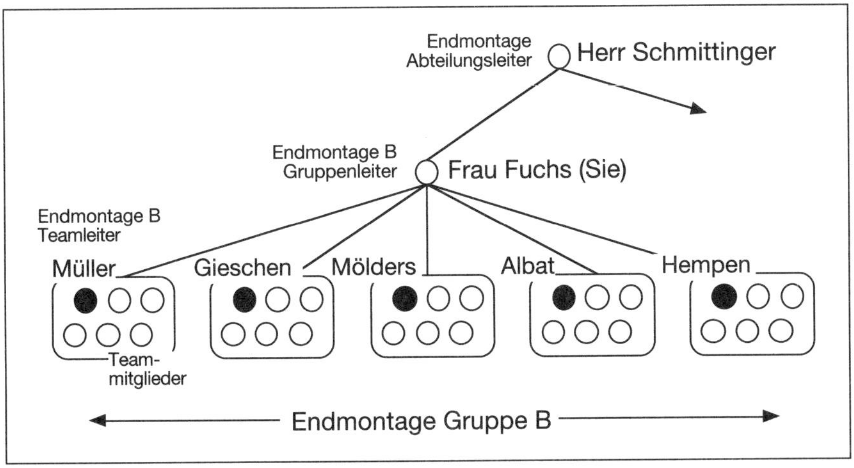

Wie der Fall zu lesen ist

In diesem Fall übernehmen Sie die Rolle des Mentors, das heißt des Coaches, dessen Aufgabe es ist, die Verbesserungs-Kata zu unterrichten. Sie sind Frau Fuchs, die Gruppenleiterin, und Ihre Mentees sind die fünf Teamleiter: Herr Müller, Frau Gieschen, Herr Mölders, Herr Albat und Frau Hempen.

Der Fall hat 11 Teile. Jeder Teil wird in einem Kasten präsentiert, eine Analyse des Mentoring-Verhaltens von Frau Fuchs erscheint danach.

Gehen Sie den Fall wie folgt durch:

1. Lesen Sie den jeweiligen Teil im Kasten.
2. Lesen Sie dann die Analyse des Mentoring-Verhaltens von Frau Fuchs für diesen Teil unter dem Kasten. Ich werde auf mehrere Aspekte der Coaching-Kata hinweisen.
3. Die Analyse endet manchmal mit der Frage: »Was würden Sie jetzt an Frau Fuchs' Stelle tun?« Notieren Sie Ihre Antwort auf einem Stück Papier. Dann wiederholen Sie dies für den nächsten Teil.

Am Ende des Fallbeispiels gibt es eine zusammenfassende Diskussion einiger Kernpunkte zu den Themen Mentor/Mentee-Dialog und Toyota-artiges Problem Solving.

Teil 1

Herr Schmittinger, Abteilungsleiter des Fertigungsbereiches Endmontage, trifft sich mit allen Montage-Gruppenleitern (von denen Sie einer sind), um eine beunruhigende Tendenz bei den Ausschusskosten im Montagebereich zu diskutieren. Die Ausschusskosten sind in den letzen zwei Monaten um 8 Prozent gestiegen. Herr Schmittinger fordert alle Gruppenleiter auf, Problemlösungsverfahren in ihren Gruppen zu beginnen, um die Ausschusskosten zu reduzieren. Er setzt das Ziel, die Ausschusskosten jeder Gruppe innerhalb von 30 Tagen auf ihr früheres Niveau zurückzuführen.

Was würden Sie jetzt an Frau Fuchs' Stelle tun?

Teil 2

Frau Fuchs, die Endmontage Section B Gruppenleiterin (Sie), beschloss im Anschluss an die Sitzung, ihre Ausschusskosten zu analysieren, um festzustellen, wo in ihrem Team ein Anstieg der Kosten aufgetreten ist. Frau Fuchs beschloss, die Ausschusslisten/-berichte der vergangenen vier Wochen zu analysieren, um festzustellen, welche Teile in ihrem Bereich den meisten Ausschuss und welche Teile die höchsten Kosten verursacht haben. Zudem forderte sie auch ihre fünf Teamleiter auf, die Ausschusslisten der letzten Woche nach den gleichen Kriterien durchzugehen.

Die Analyse ergab, dass ein Teil der Seitenverkleidung des Innenraums in dem Endmontagebereich von Teamleiter Herr Müller das Teil ist, welches am häufigsten verschrottet wurde. Durch die Menge erzeugte dieses Teil auch die höchsten Ausschusskosten in Frau Fuchs' Gruppe. Frau Fuchs beschloss, das erste Problem Solving auf die Reduzierung des Ausschusses der Kofferraumauskleidung zu richten.

In welchem Schritt des Practical Problem Solving befindet sich Frau Fuchs?

Analyse

Welche Mentoring/Coaching-Handlungsweisen verwendet Frau Fuchs?

- »Show me«
  Mentoren bevorzugen Tatsachen und Daten gegenüber Meinungen.
- Der Mentor muss selbst genau hinschauen.
  Hätte Frau Fuchs ihre Teamleiter aufgefordert, ihre Prozesse zu beobachten und dann an sie zu berichten, wäre sie nicht in der Lage gewesen, diese Berichte zu bewerten. Mehr dazu in Kürze.
- Ein-Faktor-Experimente.
  Frau Fuchs bevorzugt aufeinanderfolgende Gegenmaßnahmen statt paralleler. Das Ziel ist, etwas über das Arbeitssystem zu lernen, nicht einfach das Problem mittels einer breit gestreuten Welle von Gegenmaßnahmen abzustellen. Innerhalb eines zusammenhängenden, fließenden Fertigungsprozesses, wie bei Frau Fuchs' Gruppe, ermuntern Mentoren die Mentees dazu, nur jeweils eine Sache zu ändern und die Ergebnisse zu überprüfen. Das Ändern von mehr als jeweils einer Sache steigert die Zahl von Variablen und erschwert das Erkennen von Ursache und Wirkung und somit die Problemlösung. Wenn Sie versuchen, gleichzeitig überall in der Gruppe Ausschuss zu reduzieren, verlieren Sie Ursache und Wirkung aus der Sicht und entwickeln kein Verständnis des Systems.
  Frau Fuchs hat sich dafür entschieden, das größte Problem zu identifizieren und sich darauf zu konzentrieren, statt Verwirrung in ihrer Gruppe loszutreten, indem sie multiple Variablen schafft.

Ungeeignete Handlungen durch den Mentor in diesem Zyklus wären gewesen:

- Die fünf Teamleiter einfach zu fragen, was ihrer Meinung nach das Problem ist.
- Den Teamleitern zu sagen, dass der Ausschuss reduziert werden muss.
- Die Teamleiter aufzufordern, ihre Prozesse zu beobachten.

In welchem Schritt des Practical Problem Solving befindet sich Frau Fuchs?

Frau Fuchs versucht das Prioritätsproblem zu identifizieren. Sie befindet sich in Schritt 1: »Das Problem aufnehmen«.

Was würden Sie jetzt an Frau Fuchs' Stelle tun?

Teil 3
Frau Fuchs beschloss, mit Herrn Müller zu reden, um ein Gefühl zu bekommen, wie er die Situation sieht.

Herr Müller erklärte Frau Fuchs, dass er nicht sicher sei, was mit der Seitenverkleidung los ist. Er hatte bemerkt, dass seit kurzem mehr Teile verschrottet wurden. Auch wusste er, dass sich einer seiner Mitarbeiter beschwert hatte, dass die Teile in letzter Zeit schwieriger zu montieren wären. Er hatte auch das Gefühl, dass er in letzter Zeit mehr Andon-Rufe (Signal für Hilfebedarf) in dem Bereich beantwortete, und das meistens wegen der Seitenverkleidung.

In welchem Schritt des Practical Problem Solving befinden sich Frau Fuchs und Herr Müller?

Analyse

Welche Mentoring/Coaching-Handlungsweisen verwendet Frau Fuchs?

- Führen mit Fragen.

  Frau Fuchs' Aufgabe als Manager und Mentor besteht nicht darin, das Problem zu beheben, sondern die Verbesserungsfähigkeiten ihrer Mentees durch Praxis zu entwickeln. Frau Fuchs würde weder Lob noch Anerkennung von ihren Vorgesetzten ernten, wenn sie das Ausschussproblem selbst lösen würde. Wenn sie das täte, hätte sie eine Gelegenheit vergeudet, die Fähigkeit der Organisation weiterzuentwickeln. Frau Fuchs' Job ist es, Herrn Müller als einen Problemlöser zu entwickeln.

  Da es die Aufgabe eines Mentors ist, den Mentee zu entwickeln, wird er dem Mentee nicht vorschnell sagen, was zu tun ist. Obwohl Mentoren erfahren im Problem Solving sind, weisen sie nicht auf Lösungen hin oder geben ausführliche Anweisungen.

  Der Mentee wird vor eine Herausforderung oder ein Problem gestellt und es wird erwartet, dass er Fehler machen wird, die allerdings den Kunden nicht betreffen dürfen. Es sind genau jene Fehler, die dem Mentor zeigen, welches Verhalten der Mentee üben muss und welchen Input der Mentor geben sollte. Indem er Fragen stellt und beobachtet, wie der Mentee reagiert, lernt der Mentor, wie der Mentee denkt. Der Mentor gibt dann dementsprechend Anleitungen, um den Mentee in den Korridor des Denkens und Handelns zu bringen, der durch die Verbesserungs-Kata vorgegeben ist.

Aus diesen Gründen wird Frau Fuchs in diesem Zyklus Herrn Müller nicht sagen, dass er hingehen und den Prozess beobachten soll. Sie wird Herrn Müller fragen, welchen Schritt er als nächsten vorschlägt und beobachten, wie er antwortet. Herr Müller denkt über das Problem nach, aber Frau Fuchs denkt darüber nach, wie sich Herr Müller dem Problem annähert.

Die Macht des Trainierens durch das Stellen von Fragen geht auf Sokrates zurück. Westliche Menschen tun sich manchmal schwer mit dem Erlernen dieser Fähigkeit. Die Methode scheitert, wenn sie von einem Vorgesetzten als Mittel angewandt wird, andere von einer bestimmten Lösung oder Antwort zu überzeugen. Menschen können den Unterschied zwischen einer authentischen, neutralen Befragung gegenüber dem Versuch, sie zu überzeugen, erkennen. Es gibt einen großen Unterschied zwischen dem Stellen von Fragen, das eine Person dazu bringen soll, die vorgefasste Lösung des Fragenden zu übernehmen, und dem Verwenden von Fragen, um festzustellen, wie eine Person denkt, und was sie lernen muss.

Ungeeignete Handlungen durch den Mentor in diesem Zyklus wären gewesen:

- Herrn Müller zu sagen, dass er den Prozess beobachten soll.
- Herrn Müller zu sagen, wie er vorgehen soll.

In welchem Schritt des Practical Problem Solving befinden sich Frau Fuchs und Herr Müller?

Sie sind dabei, zu Schritt 2 zu kommen: »Die Situation erfassen«.

Was würden Sie jetzt an Frau Fuchs' Stelle tun?

Teil 4
Im Gespräch mit Herrn Müller wurde Frau Fuchs klar, dass er noch nicht erkannt hatte, dass es ein Problem mit der Seitenverkleidung gab, obwohl bereits Anzeichen hierfür vorlagen. Frau Fuchs beschloss daher, dass sie die Fähigkeit von Herrn Müller weiterentwickeln sollte, Probleme zu erkennen und zu lösen.

Frau Fuchs und Herr Müller gingen gemeinsam in den Ausschussbereich, um die kürzlich verschrotteten Seitenverkleidungen anzuschauen. Frau Fuchs bat Herrn Müller, die Ausschussteile zu analysieren und ihr seine Beobachtungen mitzuteilen. Die erste Beobachtung war, dass an den meisten Teilen ein Kunststoffclip gebrochen war. Herr Müller zeigte Frau Fuchs den Clip und schlug vor, bei der Eingangsprüfung anzurufen und nachzufragen, ob die Teile bereits mit Brüchen in den Kunststoffclips geliefert werden.

Analyse

Welche Mentoring/Coaching-Handlungsweisen verwendet Frau Fuchs?

- Manchmal ist der Mentor bestimmend hinsichtlich des nächsten Schritts. Nachdem sie Herrn Müllers Antwort gehört hatte, schlug Frau Fuchs vor, einen Blick auf die aussortierten Stücke zu werfen, statt darauf zu warten, dass Herr Müller diesen Schritt vorschlägt. Der Toyota-Mentoring-Ansatz wird nicht ausschließlich über Fragen umgesetzt. Es soll kein Ratespiel für den Mentee werden. Der Mentor stellt Fragen, um zu sehen, was der Mentee denkt. Sobald das deutlich geworden ist, kann der Mentor eine lenkende Feststellung bezüglich des nächsten Schritts (aber nicht zu Lösungen) abgeben.
- »Go and see«. Frau Fuchs ging mit Herrn Müller zum Ort des Geschehens, um sich die Situation vor Ort anzusehen.
  Hätte sich Herr Müller in der Vergangenheit als erfahrener Problemlöser herausgestellt, dann hätte Frau Fuchs ihn vielleicht allein gehen und sich im Anschluss von ihm berichten lassen. Aber Frau Fuchs wusste durch die Antwort von Herrn Müller, dass er ein Anfänger beim Problem Solving ist und mehr von ihrer Coaching-Hilfe benötigt.

  Wenn Frau Fuchs Herrn Müller zum Produktionsprozess und Ausschussbereich geschickt und ihn gebeten hätte, ihr seine Erkenntnisse zu berichten, ohne selber hinzugehen und nachzusehen, hätte sie damit ihre Fähigkeit zum Managen aufgegeben. Wenn der Mentor nicht aus erster Hand die Situation versteht, dann kann er nicht führen. Dies ist ein wichtiger Punkt. Frau Fuchs hätte keine Chance, zu bewerten, ob das, was Herr Müller sagt und vorschlägt, der richtigen Spur folgt oder nicht. Sie wäre nicht mehr im Bilde und könnte bloß nicken und sagen:

»Okay, lassen Sie uns das tun.« (Das verweist auf eine Achillesferse des Management by Objectives, wie wir es praktizieren.)

Obwohl es Frau Fuchs' Aufgabe ist, die Verbesserungsfähigkeit ihrer Mentees zu entwickeln, muss sie die reale Situation gut genug verstehen, um die Antwort ihres Mentees bewerten zu können – damit sie erkennen kann, was der Mentee lernen muss und welches der nächste Schritt für den Mentee ist. Deshalb schenken Mentoren grundsätzlich zwei Dingen Aufmerksamkeit: Dem Prozess, der verbessert werden soll, und der Art, wie sich der Mentee der Situation annähert.

- Beobachten Sie, interviewen Sie nicht.
  Viele von uns würden die Prozessmitarbeiter interviewen, um zu sehen, was ihrer Meinung nach das Problem sein könnte. Wie wir bereits besprochen haben, liefert Ihnen das nur die Meinungen von Menschen, aber keine Fakten und Daten. Mentoren müssen lernen, selber genau hinzusehen und zu verstehen, was tatsächlich geschieht.

Ungeeignete Handlungen durch den Mentor in diesem Zyklus wären gewesen:

- Herrn Müller den Prozess beobachten und hinterher an Frau Fuchs berichten zu lassen.
- Die Prozessmitarbeiter zu befragen.

Was würden Sie jetzt an Frau Fuchs' Stelle tun?

(Herr Müller hat einen Vorschlag gemacht, auf den Sie antworten müssen.)

Teil 5

Frau Fuchs sagt Herrn Müller, dass sie sich mit der Eingangsprüfung in Verbindung setzen wird, wenn sich nach Abschluss der Untersuchung herausstellt, dass es sich tatsächlich um ein Problem der Teilequalität handelt. Frau Fuchs bat Herrn Müller, nicht zu schnell Schlussfolgerungen bezüglich des Problems zu ziehen, und sich die Teile nochmals anzuschauen. Als Herr Müller das tat, fiel ihm auf, dass an allen Teilen jeweils an einem von drei Befestigungsbolzen die Gewinde am Ende beschädigt waren.

In welchem Schritt des Practical Problem Solving befinden sich Frau Fuchs und Herr Müller?

Analyse

Welche Mentoring/Coaching-Handlungsweisen verwendet Frau Müller?

- Leiten Sie den Mentee an, sich zum Ursachenpunkt »zurückzuarbeiten«. Wenn Herr Müller sich zu diesem frühen Zeitpunkt mit der Wareneingangsabteilung in Verbindung gesetzt hätte, hätte das viele Aktivitäten losgetreten, obwohl die Situation noch nicht verstanden wurde. Stellen Sie sich vor, wie viel Verschwendung daraus resultieren würde, wenn sich Menschen aus vielen verschiedenen Bereichen so früh in ihrem Problem Solving mit der Wareneingangsabteilung in Verbindung setzen würden. Allerdings ist das Einbinden der Wareneingangsabteilung in dieser Art durchaus üblich.

  Mentoren werden ihre Mentees anleiten, zuerst den Zustand der Stelle zu erfassen, an der das Problem entdeckt wurde, und dann flussaufwärts zu arbeiten – wenn die Beweise dies nahelegen.

In welchem Schritt des Practical Problem Solving befinden sich Frau Fuchs und Herr Müller?

Frau Fuchs und Herr Müller versuchen noch zu klären, was geschieht. Sie haben den Ursachenpunkt noch nicht gefunden und befinden sich nach wie vor in Schritt 2 (»Die Situation erfassen«).

Teil 6

Frau Fuchs schlug Herrn Müller vor, in den Montagebereich zu gehen und den Montageprozess der Seitenverkleidung zu beobachten. Bevor sie dort den Prozessmitarbeiter dabei beobachteten, wie er den Prozess durchführt, überprüften sie die Teile neben dem Band auf beschädigte Gewindebolzen hin. Sie fanden jedoch keine.

Dann sahen sich Frau Fuchs und Herr Müller den Arbeitsstandard für den Montageprozess der Seitenteile an. Der Ablauf beschrieb, dass der Mitarbeiter das Teil und den Schrauber aus dem Bereitstellungsregal entnimmt, und dann an das Fahrzeug tritt, um das Teil einzubauen. Der Schrauber wird zunächst auf dem Fahrzeugfußboden abgelegt und das Teil so positioniert, dass die Nylonclips an Löchern im Fahrzeugrahmen ausgerichtet sind. Der Mitarbeiter drückt dann die Nylonclips in den Rahmen. Danach nimmt er den Schrauber und steckt eine Mutter in den Schraubereinsatz. Dann schraubt er jeweils eine Mutter auf die drei Bolzen.

Nachdem Frau Fuchs und Herr Müller mehrere Montage-Zyklen des Mitarbeiters beobachtet hatten, fragte Frau Fuchs Herrn Müller, ob er etwas beobachtet hatte, was möglicherweise ein Problem für die Montage sein könnte. Herr Müller sagte, für ihn würde der Prozess normal ablaufen, er könnte keine Abweichung vom Arbeitsstandard erkennen.

Frau Fuchs bat ihn, noch einmal hinzusehen, sich aber dieses Mal darauf zu konzentrieren, welche Handlungen das Teammitglied vornimmt, um die Muttern auf den Bolzen zu montieren.

In welchem Schritt des Practical Problem Solving befinden sich Frau Fuchs und Herr Müller?

Analyse

Welche Mentoring/Coaching-Handlungsweisen verwendet Frau Fuchs?

- Betrachten des Arbeitsstandards oder des Zielzustands vor dem Beobachten eines Prozesses.
  Frau Fuchs und Herr Müller haben den Arbeitsstandard vor dem Beobachten des Prozesses überprüft. Stellen Sie sicher, dass Sie verstehen, wie der Prozess funktionieren soll, damit Sie einen Vergleichspunkt haben. Das ist der Grund, warum die erste der fünf Fragen lautet: »Wie ist der Zielzustand/Zielstandard bei diesem Prozess?«
- Wenn der Mentee einen Vorschlag oder eine Feststellung macht, sollte der Mentor schnell darauf antworten.
  Als ich diesen Rat das erste Mal von einem Toyota-Mitarbeiter erhielt, dachte ich irrtümlicherweise, dass der Mentor die Situation völlig verstanden haben und die Lösung wissen müsse. Ich konnte mich bemühen, so viel ich wollte, aber das konnte ich so gut wie nie erreichen.

  Frau Fuchs hat Herrn Müller gebeten, wieder auf den Prozess zu schauen und zwar mit einem besonderen Fokus darauf, was das Teammitglied tut, wenn es die Muttern auf dem Bolzen anbringt. Es scheint, dass Frau Fuchs die Lösung kennt, oder? Ein junger Amerikaner, der bei Toyota in Japan arbeitete, erzählte mir, wie es ihn am Anfang verrückt machte, dass seine japanischen Mentoren ihm Fragen stellten und bereits eine Lösung im Kopf zu haben schienen. »Wenn Sie wissen, was ich tun soll, dann sagen Sie es doch einfach!«, hätte er am liebsten gerufen. Nach einer Weile erfuhr der Amerikaner, dass der Mentor keine vorgefasste

Lösung im Kopf hat, und das auch nicht haben sollte. Der Mentor soll schnell antworten, aber er muss nur sehen, was der nächste Schritt ist. Der Mentor kann nicht den ganzen Weg nach vorne kennen, aber er muss die Situation gut genug erfassen, um zu wissen, was der folgende Schritt ist, damit er seinen Mentee führen kann. Und falls der folgende Schritt noch unklar ist, lautet die Antwort fast immer: »Wir sehen es uns an.« In den meisten Fällen besteht der nächste Schritt darin, einfach mehr oder spezifischere Daten oder Fakten zu erhalten. Nachdem ich das gelernt hatte, wurden meine eigenen Anstrengungen, mit Mentoring zu experimentieren, beträchtlich effizienter.

Frau Fuchs hat keine Lösung für das Problem im Kopf. Es ist Herrn Müllers Verantwortung, das Problem zu lösen, und Frau Fuchs' Verantwortung, diese Fähigkeit von Herrn Müller zu entwickeln. Aber Frau Fuchs weiß, dass der Schaden an den Gewinden der Bolzen wahrscheinlich auftritt, wenn die Mutter auf den Bolzen montiert wird. Sie hat eine Ahnung bezüglich des Ursachenpunkts und führt Herrn Müller in diese Richtung.

- »Go and see«.
  Stellen Sie sich vor, in welche Richtung diese Bemühungen gehen würden, wenn Frau Fuchs in ihrem Büro geblieben wäre, und Herr Müller ihr seine Eindrücke gemeldet hätte. Frau Fuchs könnte dieses Mentoring nicht leisten, wenn sie sich nicht gemeinsam mit Herrn Müller den Prozess vor Ort angesehen hätte.
- Überlappen der Verantwortung.
  Obwohl Herr Müller für das Tun verantwortlich ist und Frau Fuchs ihm nicht einfach sagen kann, was zu tun ist (da ihre Aufgabe darin besteht, Herrn Müller zu trainieren), weiß Frau Fuchs, dass sie einen großen Teil der Verantwortung für die Ergebnisse trägt.

In welchem Schritt des Practical Problem Solving befinden sich Frau Fuchs und Herr Müller?

Frau Fuchs hat erkannt, dass sich der Ursachenpunkt wahrscheinlich dort befindet, wo die Mutter auf den Bolzen geschraubt wird. Herr Müller hat das noch nicht erkannt. Frau Fuchs wäre bereit, zu Schritt 3 (»Ursachen untersuchen«) überzugehen. Da aber Herr Müller derjenige ist, der das Problem beheben muss, sind sie nach wie vor bei Schritt 2 (»Die Situation erfassen«). Frau Fuchs leitet Herrn Müller auf eine Weise zum nächsten Schritt, die es ihm erlaubt, selbst daraus zu lernen.

Teil 7
Herr Müller beobachtete dann, dass der Mitarbeiter eine Mutter durch ein Loch im Seitenrahmen montieren musste und dabei den Bolzen nicht sehen konnte, wenn er sich vergewissern wollte, dass die Mutter richtig sitzt. Das Teammitglied musste sich bei diesem Schritt auf sein Gefühl verlassen. Herr Müller erklärte Frau Fuchs, dass er jetzt erkannt hatte, was das Problem war. Im Bereich der Seitenteilmontage arbeiteten im letzten Monat zwei neue Teammitglieder. Die neuen Mitarbeiter hatten einfach bisher noch nicht das Gefühl für die Ausrichtung der Mutter und das war der Grund, warum die Gewinde beschädigt wurden und die Teile verschrottet werden mussten. Herr Müller schlug vor, neue Mitarbeiter besser auszubilden, damit sie die Gewinde an den Bolzen nicht beschädigen.

Analyse

Es gibt keine Mentoring-Tätigkeit durch Frau Fuchs in Teil 7.
Was würden Sie jetzt an Frau Fuchs' Stelle tun?

(Herr Müller hat einen Vorschlag gemacht, auf den Sie antworten müssen.)

Teil 8
Frau Fuchs schlug vor, dass zuerst sie den Zusammenhang zwischen der Anzahl von Ausschussteilen und den neuen Teammitgliedern in dem Prozess bestätigen sollten. Frau Fuchs und Herr Müller sahen sich die Ausschussberichte der Gruppe an und verglichen jeden Anstieg des Ausschusses der Seitenverkleidung mit den Daten, wann die neuen Mitarbeiter in dem Prozess gearbeitet hatten. Sie fanden eine direkte Beziehung und jedesmal, wenn ein neuer Mitarbeiter da war, stieg der Ausschuss an Seitenverkleidungen deutlich an.

Herr Müller sagte Frau Fuchs, dass er sofort ein Meeting mit allen Teammitgliedern durchführen würde, die an diesem Prozess arbeiteten, um sie aufzufordern, sorgfältiger zu sein. Er sagte auch, dass er alle darin ausbilden würde, wie die Mutter zu montieren ist.

In welchem Schritt des Practical Problem Solving befinden sich Frau Fuchs und Herr Müller jetzt?

Analyse

Welche Mentoring/Coaching-Handlungsweisen verwendet Frau Fuchs?

- »Show me«: Mentoren bevorzugen Daten und Fakten gegenüber Meinungen.

In welchem Schritt des Practical Problem Solving befinden sich Frau Fuchs und Herr Müller?

Frau Fuchs und Herr Müller haben Schritt 3 erreicht: »Ursachen untersuchen«.

Was würden Sie jetzt an Frau Fuchs' Stelle tun?

(Herr Müller hat einen Vorschlag gemacht, auf den Sie antworten müssen.)

Teil 9
Frau Fuchs fragte Herrn Müller, ob er wisse, was die Mitarbeiter machen, wenn das Gewinde beschädigt wird. Herr Müller erwiderte, er wisse nicht, was die Mitarbeiter genau machten, aber sie würden es wohl nicht richtig machen. Frau Fuchs schlug vor, nochmals vor Ort zu gehen, um einen näheren Blick darauf zu werfen, was die Mitarbeiter tatsächlich taten und was die Umstände waren, wenn das Gewinde beschädigt wurde.

Als sie nochmals den Prozess beobachteten, sahen sie, wie der Mitarbeiter die Mutter in die Aufnahme des Schraubers steckte. Danach betätigte der Mitarbeiter kurz den Schrauber, um die Lage der Mutter im Schrauber zu verbessern. Danach wurde der Schrauber gestoppt und die Mutter auf dem Bolzen platziert. Der Schrauber wurde wieder angeschaltet, um die Mutter auf dem Bolzen festzuschrauben. Frau Fuchs und Herr Müller sahen nichts Ungewöhnliches an der Art, wie das Teammitglied den Prozess ausführte. Dieses Teammitglied verursachte keine beschädigten Gewinde, während es in dieser Schicht in dem Prozess tätig war.

Frau Fuchs schlug Herrn Müller vor, den Prozess bei einem der neuen Mitarbeiter zu beobachten. Sofort sahen sie eine andere Vorgehensweise. Dieser Mitarbeiter hielt den Einschalter des Schraubers gedrückt, während er die Mutter auf den Bolzen aufsetzte.

Frau Fuchs schlug vor, dass sie und Herr Müller ein Experiment durchführen, um zu bestätigen, dass das, was sie gesehen hatten, beschädigte Gewinde verursachen konnte.

In welchem Schritt des Practical Problem Solving befinden sich Frau Fuchs und Herr Müller?

Analyse

Welche Mentoring/Coaching-Handlungsweisen verwendet Frau Fuchs?

- Konzentrieren Sie sich darauf, den Prozess zu verstehen, anstatt auf die Einführung von Gegenmaßnahmen.

  Frau Fuchs und Herr Müller sind eigentlich bei Schritt 3 (»Ursachen untersuchen«). Aber mit seinen Vorschlägen überspringt Herr Müller diesen Schritt und geht direkt zu Schritt 4 (»Gegenmaßnahmen entwickeln und testen«). Das ist nicht unüblich.

  Wir denken häufig, dass gutes Problem Solving die Anwendung von Gegenmaßnahmen sei. Im Gegensatz dazu liegt der Fokus des Problem Solving bei Toyota darauf, die gegenwärtige Situation so eingehend zu verstehen, dass die Gegenmaßnahme offensichtlich wird. Mentees werden davon abgehalten, Gegenmaßnahmen einzuführen, solange sie die Situation nicht genügend erfasst haben.

  Wenn wir Gegenmaßnahmen vor dem Verstehen der Situation einführen, schaffen wir mehr Variablen, was das Identifizieren der Ursachenwurzel erschwert. Im schlimmsten Fall könnte die falsche Gegenmaßnahme das Auftreten des Problems zeitweilig reduzieren und uns glauben lassen, dass unsere Anstrengung ein Erfolg war.
- Konzentrieren Sie sich auf den Prozess, nicht auf die Menschen.

  Mentoren wissen, dass die große Mehrheit von Problemen durch das System verursacht wird, innerhalb dessen Menschen arbeiten, nicht durch die Menschen selbst. Sie nehmen an, dass die Mitarbeiter ihr Bestes tun und dasselbe Problem auch dann auftreten würde, wenn sie selbst anstelle des Mitarbeiters wären und dass Training allein einen Prozess nicht verbessert.

  Es ist wichtig, zu erkennen, dass die Ausschussrate wahrscheinlich abnehmen wird, wenn wir Herrn Müllers Vorschlag, die neuen Mitarbeiter neu einzuweisen, ausführen. Das läge jedoch nicht daran, dass die Wurzelsache identifiziert und beseitigt worden wäre, sondern an der zusätzlichen Managementaufmerksamkeit, die dem Prozess gezollt würde. Dasselbe Problem würde später zurückkehren, weil der Prozess selbst auf keine Weise wirklich verbessert worden ist.

Um dieses Denken bei ihren Mentees einzuprägen, stellen Mentoren Fragen wie: »Was hält den Mitarbeiter davon ab, nach dem Standard zu arbeiten?« oder: »Wissen Sie, was die Person gerade tat, als das Problem auftrat?«

Herr Müller schlägt zusätzliches Training vor – aber Training in was? Wie sollten der Prozess und damit der Standard geändert werden, sodass der Prozess wirklich verbessert wird? Herr Müller hat diese Frage noch nicht beantwortet.

- Probieren geht über Diskutieren.
  Führen Sie kleine Tests durch, bevor Sie etwas im größeren Umfang einführen. Suchen Sie wie immer nach Daten und Fakten.

In welchem Schritt des Practical Problem Solving befinden sich Frau Fuchs und Herr Müller?

Frau Fuchs und Herr Müller sind bei Schritt 3: »Ursachen untersuchen«.

Teil 10

Frau Fuchs und Herr Müller nahmen einige Ausschussteile und einen Schrauber zu einem Fahrzeug mit und versuchten, die Verkleidung mit der Methode zu verschrauben, wie sie der erste Mitarbeiter angewendet hatte. Sie bemerkten ein eindeutiges Gefühl mit dem Schrauber, wenn die Mutter richtig auf den Bolzen angesetzt war. Dies war eine Schlüsselerkenntnis, da die Mutter blind auf den Bolzen gefügt wird, wenn die Verkleidung montiert wird. Danach versuchten sie, die Mutter auf die andere Art zu montieren, wie es der neue Mitarbeiter gemacht hatte.

Während des zweiten Versuches ließen sie den Schrauber laufen, während sie versuchten, die Mutter auf den Bolzen aufzusetzen. Von zehn Versuchen erbrachten vier ein beschädigtes Gewinde. Frau Fuchs und Herr Müller wussten jetzt, dass der einzige Weg, sicher zu sein, dass Mutter und Bolzen richtig ausgerichtet waren, darin bestand, die Positionierung mit einem ausgeschalteten Schrauber durchzuführen.

Als Nächstes sahen sich Frau Fuchs und Herr Müller wieder den Arbeitsstandard für den Prozess der Seitenverkleidung an. Es gab keine Information, die das Teammitglied instruierte, die Positionierung der Mutter und des Bolzen vor dem Einschalten des Schraubers vorzunehmen. Herr Müller sagte Frau Fuchs, dass er jetzt ein Meeting mit den Prozessmitarbeitern abhalten konnte, um die Ergebnisse ihrer Untersuchung zu besprechen und jeden von ihnen über die richtige Vorgehensweise bei der Montage der Mutter auf den Bolzen zu unterrichten.

Frau Fuchs wies Herrn Müller an, auch den Arbeitsstandard auf Basis ihrer Ergebnisse zu korrigieren. Sie bat ihn zudem, ihre Ergebnisse am nächsten Morgen beim Teamleiter-Meeting vorzustellen und mit den anderen Teamleitern zusammenzuarbeiten, um andere Prozesse in der Gruppe zu identifizieren, bei denen möglicherweise dasselbe Problem auftreten könnte.

Analyse

Welche Mentoring/Coaching-Handlungsweisen verwendet Frau Fuchs?

- Durchführen kleiner Tests vor der Einführung.
- Bezug nehmen auf den Arbeitsstandard oder den Zielzustand.

In welchem Schritt des Practical Problem Solving befinden sich Frau Fuchs und Herr Müller?

Frau Fuchs und Herr Müller sind jetzt bei Schritt 4: »Gegenmaßnahmen entwickeln und testen«.

Was würden Sie jetzt an Frau Fuchs' Stelle tun?

Teil 11

Frau Fuchs und Herr Müller haben den Ausschuss in der Sektion B während der nächsten drei Monate verfolgt und entdeckten kein weiteres Auftreten von während der Montage beschädigten Seitenwandstücken.

Herr Müller bestätigte die Anwendung des neuen Standards, indem er die Mitarbeiter und den Prozess beobachtete. Die Teamleiter der zweiten Schicht wurden instruiert, dasselbe zu tun.

Frau Fuchs berichtete ihre Erfahrungen mit dem Problem Solving an Herrn Schmittinger, den Abteilungsleiter der Endmontage.

Analyse

Warum bestand Frau Fuchs darauf, drei Monate lang die Ausschussrate zu überwachen?

Um sicherzustellen, dass die Ursachenwurzel gefunden und beseitigt wurde.

Zusammenfassende Diskussion des Mentor/Mentee-Fallbeispiels

Nachdem Sie das Fallbeispiel gelesen haben, können wir in eine tiefergehende Diskussion über den Mentor/Mentee-Dialog und eine Problemlösung bei Toyota einsteigen.

Wie erging es Ihnen beim Lesen des Fallbeispiels?

Ich habe dieses Fallbeispiel mit Hunderten von Workshopteilnehmern durchgeführt, und häufig zeigte sich bei vielen Teilnehmern eine gewisse Verzweifelung darüber, dass Frau Fuchs' und Herrn Müllers Bemühungen zur Problemlösung anscheinend so langsam fortschritten. Als Frau Fuchs Herrn Müller wieder und wieder zurückschickte, sich die Situation noch einmal anzusehen, begannen einige Teilnehmer sichtlich unruhig auf ihren Stühlen herumzurutschen und sich zu fragen: »Wann unternehmen die denn etwas?«

Es ist wichtig, zu erkennen, dass bei Toyota die Betonung bei Problem Solving auf den Schritten 2 (»Die Situation erfassen«) und 3 (»Ursachen ermitteln«) liegt. Wenn diese Schritte gründlich durchgeführt werden, treten die Gegenmaßnahmen (Schritt 4) oft schnell und wie von selbst zutage. Wenn die Gegenmaßnahmen noch nicht offensichtlich sind, bedeutet das umgekehrt gewöhnlich, dass ein intensiveres Studieren der Situation notwendiger ist als das Nachdenken über Gegenmaßnahmen. Es ist ein klassisches Beispiel dafür, dass mehr Sorgfalt im Vorfeld zu einem effektiveren und insgesamt schnelleren Vorgehen führt. Um ein Problem wirklich zu lösen, müssen Sie verstehen, warum es auftritt.

Albert Einstein wurde angeblich einmal gefragt: »Wenn Sie nur eine Stunde Zeit hätten, um ein Problem zu lösen, wie würden Sie vorgehen?« Der Geschichte zufolge war seine Antwort sinngemäß: »Ich würde 55 Minuten lang das Problem analysieren und während der letzten fünf Minuten meine Gegenmaßnahmen einbringen.« Das Ironische daran ist, dass wir in unseren Unternehmen genau umgekehrt vorgehen. Schon kurze Zeit, nachdem wir ein Problem erkannt haben, schlagen wir eine Vielfalt an Gegenmaßnahmen vor, in der Hoffnung, dass eine davon das Problem beheben wird. Das unterscheidet sich sehr von Toyota, wo das Ziel nicht in der Implementierung von Gegenmaßnahmen besteht, sondern in einem besseren Verständnis des Arbeitssystems, sodass wir dieses auf der Basis von dem, was wir lernen, verbessern können.

Wenn wir ein Problem mit Gegenmaßnahmen zuschütten oder eine Liste an Gegenmaßnahmen erstellen, bedeutet das letztlich, dass wir nicht genügend über die Ursache wissen. Statt mehr Chaos zu schaffen und unsere Analyse weiter zu verkomplizieren, indem wir mehrere Gegenmaßnahmen implementieren, täten wir besser daran, die Situation sorgfältiger zu betrachten, bevor wir entscheiden und handeln. Wir haben unseren Managern beigebracht, darüber nachzudenken, *was* das Problem lösen wird. Manager bei Toyota dagegen denken so wie Frau Fuchs darüber nach, *wie* ihre Mentees an das Problem herangehen sollten.

Wie lange, glauben Sie, zog sich dieses Fallbeispiel hin?

Ich habe keine Information über die tatsächliche Ablaufzeit, aber das meiste der Geschichte ist wahrscheinlich innerhalb einer einzigen Schicht abgelaufen. Das ist ein entscheidender Punkt, der Auswirkungen darauf hat, wie Manager und Führungskräfte ihre Arbeitstage strukturieren.

Wenn Mentoren möchten, dass ihre Mentees die Situation sorgfältig erfassen, Schritt für Schritt vorgehen und immer nur jeweils eine Sache ändern, dann sollten die Zyklen von Schritt zu Schritt kurz sein und ohne Verzögerungen aufeinander folgen. Wenn unsere Manager und Führungskräfte versuchen, dieses Mentoring in ihre vorhandenen Zeitpläne einzufügen – zum Beispiel darauf zu warten, dass ein wöchentlich geplantes Reviewmeeting stattfindet –, ist das viel zu langsam und mechanisch. Zwei Dinge werden passieren:

- Die Situation im und um den Prozess herum wird sich wahrscheinlich verändern.
- Weil sich der Fortschritt so lange hinzieht, wächst der Druck, das Problem zu lösen. Das bringt uns wiederum dazu, Schritte zu überspringen und vorschnell Gegenmaßnahmen zu ergreifen.

Für ein wirkungsvolles PDCA sollte zwischen Mentor und Mentee der Review des letzten Schrittes so bald wie möglich erfolgen, damit man auf der Basis des Erlernten adaptieren kann. Wie in Kapitel 6 beschrieben, kommt der Fortschritt durch kleine, aber dafür schnelle Schritte mit ständiger Anpassung an den aktuellen Zustand. In der Regel bestehen Toyotas Mentoren auf einer kurzfristigen Deadline für den nächsten Schritt und begutachten das daraus resultierende Ergebnis sofort mittels kurzer Meetings vor Ort, die oft im Stehen stattfinden. Der Turnaround umfasst Minuten oder Stunden, wobei der Mentor insbesondere den nächsten Schritt betont. Es gibt keinen Bedarf an langatmigen Diskussionen über Aktivitäten oder Schritte darüber hinaus, denn nach jedem Schritt kann die Situation wieder neu sein.

Ich habe beobachtet, wie ein Mentor bei Toyota die fünfte Frage stellte: »Wann können wir hingehen und sehen, was wir aus der Durchführung dieses Schrittes gelernt haben?« Als der Mentee darauf antwortete: »In zwei Tagen«, wiederholte der Mentor einfach seine Frage so oft, bis der Mentee schließlich sagte: »Wie wäre es mit heute Nachmittag?« – »Ja, das ist gut«, erwiderte der Mentor daraufhin.

Was wäre passiert, wenn Frau Fuchs in ihrem Büro geblieben wäre, statt sich den Prozess selbst anzusehen?

Frau Fuchs wäre sehr schnell nicht mehr in der Lage gewesen, Herrn Müller gute Ratschläge zu erteilen, wenn sie sich nur auf seine Berichte verlassen hätte. Hinzugehen und nachzusehen hält den Mentor näher am tatsächlichen Zustand des Prozesses. Das ist nicht so, damit der Mentor eine Lösung entwickeln kann (das ist die Verantwortung des Mentees), sondern damit der Mentor die Zustandsdetails nutzen kann, um den Mentee zu einem Denken und Handeln anzuleiten, das der Verbesserungs-Kata entspricht.

Wie hat Frau Fuchs Herrn Müller trainiert?

Frau Fuchs hat Herrn Müller durch eine tatsächliche Verbesserung in einem realen Prozess – anstatt im Schulungsraum – etwas beigebracht. Diese Art des Unterrichtens erfolgt zwischen zwei Personen auf dem Shop Floor (im Unterschied zu Projektreviews in einem Büro).

Was halten Sie von der Gegenmaßnahme, die Herr Müller in diesem Fall entwickelt hat?

Die Gegenmaßnahme lautete: Ein Meeting mit den Prozessmitarbeitern abhalten, um jeden von ihnen einzuweisen, wie die Mutter korrekt auf dem Bolzen angebracht wird, den Arbeitsstandard zu aktualisieren, um die Positionierung der Mutter mit dem Schrauber in der »Aus-Position« aufzunehmen, und über die Ergebnisse beim Teamleiter-Meeting zu berichten.

Viele Menschen, die sich mit dieser Fallstudie beschäftigt haben, wünschten eine deutlich ausfallsichere Gegenmaßnahme, zum Beispiel ein Gerät, das den Schrauber davon abhält, sich zu drehen, während der Mitarbeiter die Mutter auf dem Bolzen positioniert. Dennoch ist die Gegenmaßnahme im Fallbeispiel für Toyota akzeptabel. Warum? Denken Sie daran, dass Toyotas Produktionsprozesse von den Teamleitern eng beobachtet werden, die in jeder Schicht den Arbeitsablauf mit dem Standard vergleichen. Wenn unsere Produktionsprozesse größtenteils unbeaufsichtigt ablaufen, was oft der Fall ist, dann bevorzugen wir natürlich einen ausfallsicheren Mechanismus, einen sogenannten Poka Yoke. Interessanterweise fügt Toyota seinen Prozessen nicht gern allzu viele Poka-Yoke-Einrichtungen hinzu, weil dies den Wartungsaufwand erhöht und weil Toyota möchte, dass die Mitarbeiter bei dem, was sie tun, denken müssen.

Es gibt hier noch eine weitere subtile, aber wichtige Erkenntnis. Bei unseren Experimenten mit Toyotas Mentoring-Routinen fiel dem Mentor manchmal eine noch bessere oder elegantere Lösung ein als sie der Mentee entwickelt hat. Der Mentor war dann geneigt, seine Lösung über die des Mentees zu stellen.

Bei Toyota ist das Ziel nicht notwendigerweise, heute die absolut beste Lösung zu entwickeln, sondern die Problem-Solving-Fähigkeit der Mitarbeiter. Der Mentor bekommt keine Extrapunkte dafür, dass er eine bessere Idee hat als der Mentee. Natürlich muss die Lösung gut genug sein, damit sie dem Kunden nützt, aber darüber hinaus ist das sofortige Entwickeln der perfekten Lösung nicht das, woran man bei Toyota denkt. Man denkt stattdessen an die Fähigkeiten der Mitarbeiter.

Obwohl der Mentor oft als hartnäckiger Kunde auftritt, der den Mentee mit Fragen durch das Problem-Solving-Verfahren führt – wie Frau Fuchs in dem Fallbeispiel –, ist letztlich der Mentee derjenige, der das Problem analysieren und Gegenmaßnahmen entwickeln muss. Es mag – insbesondere für unerfahrene Mentoren – verlockend sein zu versuchen, den Mentee auf eine andere Lösung zu bringen, die der Mentor bereits im Kopf hat. Aber das entspricht nicht dem Toyota-artigen Mentoring. Wenn der Mentee das Problem auf ausreichende Weise löst, sodass dem Zielzustand Genüge getan wird, dann muss der Mentor das akzeptieren.

Hier ist die Erkenntnis Folgende: Wie gut der Mentee arbeitet, spiegelt die derzeitige Fähigkeit des Unternehmens wider. Und das sollte möglichst nicht vernebelt werden, denn wir wollen immer den wahren Ist-Zustand so klar wie möglich verstehen. Die Lösungen, die der Mentee entwickelt, reflektieren das Ausmaß, in dem die Organisation lernt – und das kann eine wichtige Information für den Mentor sein. Es kann ihm verraten, an welchen Skill-Sets als Nächstes bei ihren Mentees gearbeitet werden muss. Künstlich perfekte Lösungen herzustellen würde es wesentlich schwieriger machen, zu erkennen, was wir als Nächstes tun müssen, um unsere Organisation weiter nach vorn zu bringen.

Ich hoffe, Sie haben jetzt einen ähnlichen Aha-Moment, wie ich damals, als bei mir dieser Groschen fiel.

Das Management muss keine Problemlösungen darlegen. Was es in die Organisation bringen soll, ist eine Kata, wie Menschen reagieren sollen, wenn sie mit einer Situation konfrontiert werden. Wenn die Fähigkeit, die Kata anzuwenden, in der Organisation richtig entwickelt wird, dann muss sich das Management wenig Sorgen über die Ergebnisse machen. Wenn umgekehrt die Ergebnisse nicht zufriedenstellend ausfallen, dann ist es die Kata, die nicht richtig angewandt wird. Stellen Sie sich vor, diese Vorgehensweise wird in einer Organisation über Jahrzehnte bei jedem Prozess angewandt.

In dem Fallbeispiel haben wir es mit gelegentlich reißenden Gewinden bei einer Komponente eines Produkts zu tun (einem Auto), das aus Tausenden von Komponenten besteht – innerhalb eines riesigen Unternehmens, das viele verschiedene Produkte herstellt. In diesem Licht betrachtet könnte der Aufwand von Frau Fuchs und Herrn Müller unangemessen groß scheinen. Stellen Sie sich aber vor, dass tagtäglich 50 Jahre lang bei allen Prozessen kleine effektive Verbesserungsschritte vorgenommen werden. Dann beginnen Sie einen Eindruck davon zu bekommen, wie Toyota zumindest teilweise die Position erreichen konnte, die es heute hält.

Vorsicht! Gute Coaching-Fähigkeiten zu entwickeln braucht Übung

Toyotas Mentoring ist ein ungewöhnlicher Coaching- und Trainings-Vorgang und man braucht Übung (unter der Anleitung eines erfahrenen Mentors), um diese Mentor-Fähigkeiten zu entwickeln. Ich habe während Experimenten der Entwicklung von Mentoren einige Fallstricke beobachtet. Dazu gehören:

- Bevor Sie ein Mentor sein können, müssen Sie selbst Mentee gewesen sein. Um andere durch die Verbesserungs-Kata begleiten und führen zu können, muss der Mentor selbst ausreichend Erfahrung damit gesammelt haben, die Verbesserungs-Kata anzuwenden.
- Für neue Mentoren ist es schwierig, die richtige gedankliche Haltung anzunehmen. Wenn Sie hingehen und sich eine Situation ansehen, sollten Sie dies völlig unvoreingenommen tun, und weder Vorstellungen von der Situation noch von möglichen Lösungen haben. Der Mentor sollte

sich sehr gut damit auskennen, wie die Verbesserungs-Kata abläuft (das »Wie«), gleichzeitig aber offen sein für den Inhalt einer Verbesserungsbemühung (das »Was«).

Unerfahrene Mentoren stellen zum Beispiel häufig Fragen, mit denen der Mentee auf die vom Mentor vorgedachte Lösung gelenkt werden soll. Leider hilft das nicht, die Fähigkeit des Mentees zu entwickeln. Denken Sie daran: Der Mentor fragt den Mentee, *was* er denkt, um zu erkennen, *wie* er denkt.

- Mentees spüren oft Druck, eine Antwort geben zu müssen, selbst wenn sie noch keine wissen. Der Mentor sollte sich selbst sowie den Mentee an den Punkt bringen, an dem »Ich weiß es nicht« eine akzeptable und zulässige Antwort ist. Wenn die Antwort tatsächlich so lautet, dann heißt es: »Go and see!«

Ein schriftliches Dokument zur Unterstützung des Mentor/Mentee-Dialogs

Coaching-Zyklen sollten idealerweise häufig, kurz und von Angesicht zu Angesicht durchgeführt werden. In dem Fallbeispiel war die Kommunikation zwischen Frau Fuchs und Herrn Müller ausschließlich verbal. In vielen Fällen ist es jedoch ratsam, ein einfaches, einseitiges Dokument zur Unterstützung des Mentor/Mentee-Coachings einzusetzen. Verbale Kommunikation allein stützt sich oft zu wenig auf Daten und während eines Gespräches könnte ein Mentee unbewusst und ganz natürlich seine Äußerungen an das anpassen, von dem er glaubt, dass der Mentor es hören möchte.

Indem der Mentor den Mentee bittet, Informationen *im Vorfeld* des Coachingzyklusses stichpunktartig niederzuschreiben, kann der Mentor klarer sehen, wie der Mentee an eine Situation herangeht und darüber denkt. Das hilft dem Mentor wiederum dabei, herauszufinden, welches der nächste Schritt und was für Coaching jetzt erforderlich ist. Das Dokument beim Umfang von einer Seite zu belassen, zwingt den Mentee, in der Beschreibung seiner Analyse und mit seinem Vorschlag klarer zu sein.

Typische Themen eines Mentor/Mentee-Dialogs, die in ein schriftliches Dokument aufgenommen werden, sind:

- Zusammenfassung von Beobachtungen oder einem Ist-Zustand,
- Zielzustand,
- Vorschläge,

- Pläne,
- Kernpunkte aus Reflexionen.

Bei Toyota werden solche einseitigen Dokumente als »A3s« bezeichnet, weil sie oft auf einem DIN-A3-Blatt stehen.

Das Format eines A3s spiegelt üblicherweise die Schritte der Verbesserungs-Kata wider. Sie sind in einem stichpunktartigen und anschaulichen Stil geschrieben und erzählen mit Daten eine Geschichte. Obwohl das A3 typischerweise nur eine Seite umfasst, kann es ergänzende Seiten mit zusätzlichen Informationen geben. Die Geschichte selbst wird auf einer einzelnen Seite zusammengestellt und präsentiert.

Das Format eines A3s variiert in Abhängigkeit von Zweck und Thema. Typische Abschnitte eines A3s sind zum Beispiel:

Abbildung 88: Ein Beispiel für das A3-Format

Der Verfasser des A3s braucht einen Mentor, der ihn/sie durch die Entwicklung der »Story« führt

<table>
<tr><td>Thema und Business Case
Worum geht es in diesem A3?
Warum führen wir es durch?</td><td rowspan="2">Vom Ist-Zustand zum Zielzustand

Beschreibt geplante Aktivitäten.
Ein Plan ist eine Vorhersage. Deshalb ist während der Durchführung PDCA wichtig.</td></tr>
<tr><td>Ist-(Ausgangs-)Zustand
Beschreibung basierend auf vor Ort durchgeführter Analyse. Go and see.
Stichpunktartig. Muss einige messbare Aspekte enthalten.</td></tr>
<tr><td rowspan="2">Zielzustand
Beschreibt einen Zustand an einem Punkt in der Zukunft.
Muss klar und spezifisch definiert sein.
Muss einige messbare Aspekte enthalten, damit wir wissen, ob wir den Zielzustand erreicht haben oder nicht.</td><td>Kennzahlen</td></tr>
<tr><td>Unterschriften
Gibt das »Okay« um mit dem Plan fortzufahren.</td></tr>
</table>

Ihnen fällt vielleicht auf, dass in diesem A3-Beispiel der »Ist-Zustand« vor dem »Zielzustand« aufgeführt wird, also in der umgekehrten Reihenfolge der fünf Fragen am Ende von Kapitel 6. Der Grund dafür liegt darin, dass die fünf Fragen erst ins Spiel kommen, *nachdem* ein Zielzustand bereits definiert wurde. Ein A3 dagegen wird von Anfang an entwickelt; das Verstehen des Ist-Zustands geht der Erstellung des Zielzustands voran. Jeder Abschnitt des A3s baut auf dem vorherigen auf. Je genauer Sie das Thema definieren, desto besser können Sie den Ist-Zustand untersuchen. Je besser Sie den Ist-Zustand verstehen, desto besser können Sie einen angemessenen Zielzustand entwickeln und so weiter. Während der Mentee das A3 entwickelt, richtet der Mentor den Fokus des Mentees auf jeweils einen Abschnitt des A3s, und der Abschnitt kann mehrere Male neu geschrieben werden, bevor die Arbeit akzeptiert wird. Dieser Abschnitt bildet dann die Grundlage für den nächsten Abschnitt.

Zweck eines A3s

Der Zweck eines A3-Dokuments ist die Unterstützung des Mentor/Mentee-Dialogs. Wichtig dabei ist:

- Den Mentee etwas sorgfältig durchdenken lassen.
  Es ist erstaunlich schwierig, unser Verständnis von etwas auf einer DIN-A3-Seite herauszukristallisieren. Ein prägnant und präzise formuliertes A3 zu erstellen, zwingt Sie dazu, ein fundiertes und klares Verständnis einer Situation zu entwickeln. Der sinngemäße Satz »Hätte ich mehr Zeit gehabt, hätte ich dir einen kürzeren Brief geschrieben«, der Johann Wolfgang von Goethe zugeschrieben wird, macht deutlich, dass es oft schwieriger ist, etwas auf den Punkt zu bringen, als es ausschweifend zu formulieren.
- Dem Mentor die Denkweise des Mentees vor Augen führen, damit der Mentor erkennen kann, was als nächster Schritt beim Mentee ansteht und welche Fähigkeiten dieser noch weiter entwickeln muss.
- Das Coaching fokussiert und effizient halten.
  Idealerweise sollte Mentor/Mentee-Interaktion fokussiert und sachdienlich sein. Mentees schätzen es nicht, wenn sie aus dem Handgelenk geschüttelte Informationen oder Meinungen bekommen und halten das Gespräch gern auf das ausgerichtet, was auf dem A3 notiert ist. Wenn es einen wichtigen Punkt, eine wichtige Frage oder eine wichtige Erkenntnis gibt, dann sollte es in dem A3 stehen. Ein A3 hilft auch, eine neutrale Situation zu gestalten, in der es nicht um Schuldzuweisungen geht, weil es für Mentor und Mentee einen Fokus schafft.
- Einen Konsens herstellen und ein klares Vorgehen festlegen.
- Ecktermine für Prozessüberprüfungen festlegen.

Abbildung 89: Ein A3 hilft, den Mentor/Mentee-Dialog fokussiert zu halten

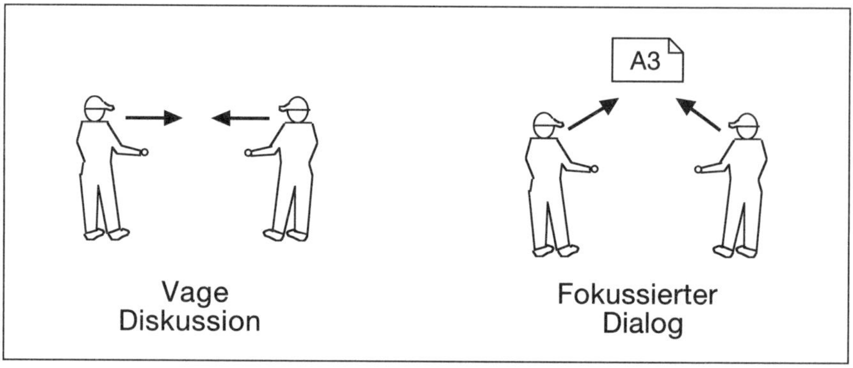

Was haben wir beim Experimentieren mit A3s gelernt?

Dies ist wieder einer dieser Fälle, in denen wir leicht das Wesentliche übersehen können, während wir versuchen Toyota-Methoden zu kopieren. Wir neigen dazu, uns auf das Werkzeug zu konzentrieren – den Aufbau eines *fertigen* A3s, das wir bei Toyota sehen –, statt auf das weniger Offensichtliche: *Wie* und *warum* ein A3 entwickelt und genutzt wird. Nachdem sie erfahren hatten, dass Toyota A3s nutzt, haben einige Manager und Berater diese als Lean-Tool herausgegriffen und vorgeschlagen, sie in Unternehmen einzusetzen. In vielen Fällen war das Ergebnis mehr Papier und sonst wenig.

Ein A3-Dokument verfügt nicht über Zauberkräfte. Der Trick besteht darin, wie es genutzt wird. Hier einige der wichtigsten Punkte aus unseren Experimenten:

- Ein A3 ist ein Werkzeug, das innerhalb des Mentor/Mentee-Dialogs zur Unterstützung genutzt wird (beziehungsweise innerhalb der Coaching-Kata, die wiederum eingesetzt wird, um die Anwendung der Verbesserungs-Kata zu lehren und voranzutreiben). Für sich genommen ist ein A3 also wenig nützlich.
- Ein A3 entsteht durch einen iterativen Hin-und-her-Prozess zwischen Mentor und Mentee. Es wird nicht einfach ausgefüllt und abgesegnet – denn dann wäre es lediglich eine bedeutungslose Formalität. Stellen Sie es sich so vor, dass das A3 mehrfach zwischen Mentor und Mentee hin- und hergeschoben wird, während beide gemeinsam ein fortschreitend besseres Verständnis des Ist-Zustands und des Zielzustands entwickeln und die einzelnen Abschnitte des A3s Schritt für Schritt aufbauen. Wenn ein A3 nicht mehrfach hin- und herwandert, wird es nicht korrekt genutzt.

Ein Großteil des Nutzens eines A3s liegt in seinem Entstehungsprozess, denn es zwingt Sie, mit Daten und Fakten zu arbeiten und zu durchdenken, was Sie tun. Ziel und Nutzen liegen weniger darin, am Ende ein vollständiges A3 zu haben, sondern den schrittweisen Prozess seiner Entwicklung zu durchlaufen.

- Ein gutes A3 zu entwickeln, dauert länger als Sie vielleicht denken, manchmal Wochen oder sogar Monate.
- Wie bereits erwähnt, richtet der Mentor den Fokus des Mentees während der Entwicklung des A3s immer auf jeweils einen Abschnitt, denn jeder Abschnitt bildet das Bezugssystem für den nächsten. Sie werden wahrscheinlich oft zurückgehen und Änderungen vornehmen. Halten Sie Ihren Radiergummi griffbereit.
- Nachdem das A3 vervollständigt und unterschrieben ist, wird es zu einem Werkzeug für Prozess-Checks, während der Mentee in Richtung des Zielzustands arbeitet. Das A3 wird jetzt zu einem Hilfsmittel, mit dem Mentor und Mentee Probleme entlang des Weges besser identifizieren.
- Eine gute Methode, mit einem A3 zu beginnen, ist, den Mentee zu bitten, seinen Vorschlag auf ein leeres Blatt Papier zu schreiben, anstatt ihm ein schon formatiertes A3 vorzugeben. Warten Sie ab, was der Mentee daraus macht. Dann können Sie erkennen, wie der Mentee denkt, und ihn entsprechend anleiten – wie in dem Fallbeispiel, in dem Frau Fuchs Herrn Müller anfangs eine vage Aufgabe stellte. Sie wartete dann erst seine Reaktion ab, um zu sehen, wie er denkt, bevor sie ihn zum nächsten Schritt führte.
- Vorsicht: Ein schriftliches Dokument kann dazu verleiten, per E-Mail statt persönlich zu kommunizieren, oder nicht vor Ort zu gehen. Die Kommunikation sollte unbedingt persönlich ablaufen und Sie sollten vor Ort Fakten gegenüber Daten den Vorzug geben.
- Reden Sie weniger und kommunizieren Sie mehr, indem Sie auf das konzentriert bleiben, was auf dem A3 steht. Vermeiden Sie Gespräche aus dem Stegreif, die normalerweise weder auf Fakten noch auf Daten basieren, und schnell wieder vergessen werden. Das ist Zeitverschwendung. Ohne Daten gibt es keine Diskussionsgrundlage. Lassen Sie den Mentee die notwendigen Punkte und Daten zusammenfassen, *bevor* Sie mit dem Coaching beginnen, um diesen Effekt zu vermeiden.[26]

---

26 Für weitere Informationen zum A3-Prozess innerhalb des Mentor/Mentee-Dialogs siehe: John Shook. *Managing to Learn*. Cambridge, Lean Enterprise Institute, 2008. (www.lean.org)

Zusammenfassung von Teil IV

Es gibt einen bedeutenden Unterschied zwischen dem Ansatz und den Tätigkeiten von Managern bei Toyota im Vergleich zu Managern in unseren Organisationen. Beide arbeiten natürlich mit Zielen und Ergebniskennzahlen, aber für den Manager/Mentor bei Toyota ist dies nur ein Startpunkt, weil er mit Lehren beauftragt ist. Wie Abbildung 90 zeigt, liegt der Unterschied an der Schnittstelle zwischen Manager und Untergebenem:

Abbildung 90: Ein Unterschied an der Stelle, an der Manager und die Menschen, die sie managen, aufeinander einwirken

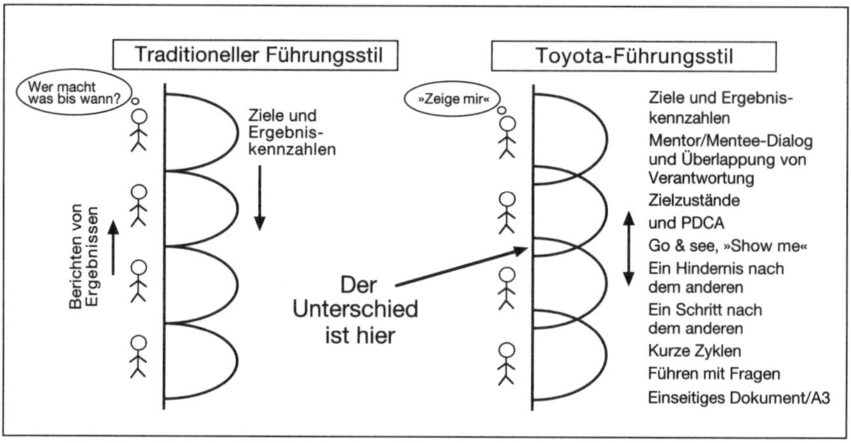

Die Lehranforderung und die Überlappung von Verantwortung – der Mentee ist verantwortlich für das Tun und der Mentor für Ergebnisse – binden Führungskraft und Untergebenen zusammen. Es ist ein Spiel der Abhängigkeit, des Lernens und der Koordination zwischen Mannschaftsmitgliedern. Und denken Sie bitte nicht, dass dies nur eine Übung für wenige Menschen in der Organisation ist. Bei Toyota hat *jeder* einen Mentor.

In mancher Hinsicht ist das, was Toyota mit seiner Verbesserungs- und Coaching-Kata erreicht hat, das Management by Objectives (MBO) zu seinem vollen Potenzial zu entwickeln. Im Vergleich dazu scheint es uns manchmal so, als ob wir das MBO auf ein »Managen durch Zahlen oder Ergebnisse« reduziert haben.

In Toyotas eigenen Worten
»Toyota hat eine einzigartige Unternehmenskultur, die den Schwerpunkt auf Problem Solving und vorbeugende Maßnahmen legt, wie zum Beispiel durch Entscheidungsfindung, die auf der wirklichen Situation vor Ort beruht, und dem Hervorheben von Problemen durch sofortige Warnzeichen und Mitteilung. Das Managementteam und die Mitarbeiter von Toyota führen Tätigkeiten aus und treffen Entscheidungen auf der Grundlage eines gemeinsamen Systems gegenseitiger Kontrolle und auf hohen ethischen Standards.«

»Ein charakteristisches Merkmal des Toyota-Systems besteht darin, dass sich Senior Manager nicht ausschließlich auf das Managen konzentrieren. Als die höchste Autorität in ihren Verantwortungsbereichen handeln sie auch als Bindeglied zwischen Management und Aktivitäten vor Ort. Eine Betonung auf Entwicklungen an der Basis beizubehalten – eine der beständigen Stärken von Toyota – hilft, Entscheidungen eng mit den tatsächlichen operativen Aktivitäten in Einklang zu halten. Managemententscheidungen können sich schnell in den operativen Aktivitäten niederschlagen, während die gesamte Managementstrategie imstande ist, Feedback von Frontaktivitäten zu berücksichtigen.«[27]

Hinsichtlich der Verbesserungs-Kata von Toyota, die in Teil III beschrieben wurde, handelt es sich um einen wissenschaftlichen Ansatz, der von seiner Natur her universell und damit in vielen Organisationen und auf viele verschiedene Situationen anwendbar ist. Ich habe diesen Ansatz viele Male erfolgreich genutzt. Er funktioniert und ich zögere nicht, Ihnen diesen Ansatz wie in diesem Buch beschrieben zu empfehlen.

In Bezug auf die Coaching-Kata von Toyota haben wir andererseits noch nicht genug Erfahrung, um zu wissen, ob dieser Ansatz immer notwendig ist, um ein Verbesserungs-Kata-Verhalten zu entwickeln. Ein Coaching ist zweifellos erforderlich, um Menschen die Verbesserungs-Kata beizubringen. Aber wahrscheinlich ist mehr Forschung – will heißen: Experimentieren – hinsichtlich wirksamer Lehrmethoden notwendig. Vielleicht ist die Coaching-Kata von Toyota nicht der einzige Weg.

---

27 Aus dem Toyota-Geschäftsbericht 2004.

Die Unterscheidung zwischen Verbesserungs-Kata und Coaching-Kata ist wichtig, da das Ziel nicht im Führen mit Fragen an sich liegt, sondern darin, dass die Mitglieder der Organisation nach dem Muster der Verbesserungs-Kata denken und handeln. Zwischen den beiden Kata zu unterscheiden ermöglicht es, dass ein Mentor sich mit Klarheit fragen kann:

a) »Wie effektiv folgt diese Person gerade der Verbesserungs-Kata?«
b) »Welches Coaching muss ich jetzt anbringen?«

Ist die Coaching-Kata bei Toyota im Wandel?

Der Mentor/Mentee-Ansatz ist traditionell die Methode von Toyota, um allen Organisationsmitgliedern die Verbesserungs-Kata zu vermitteln. Toyota nutzte diesen Ansatz, als es sein erstes Produktionswerk in Nordamerika, das »NUMMI«-Werk in Kalifornien, eröffnete; ein 50:50-Gemeinschaftsunternehmen mit General Motors, das 1984 mit der Produktion begann. Etwa 400 sogenannte Coordinators wurden von Japan aus an den Standort in Kalifornien gesandt. Diese Mentoren nahmen die neu eingestellten amerikanischen Toyota-Mitarbeiter »an die Hand« und unterrichteten sie mittels des Mentor/Mentee-Learning-by-Doing-Ansatzes in den Toyota-Kata. Eine ähnliche Anzahl von Coordinators wurde später nach Kentucky gesandt, als Toyota dort seine zweite nordamerikanische Produktionsstätte gründete.

In den letzten Jahren ist Toyota jedoch weltweit so schnell gewachsen (Fabriken in 28 Ländern bei der letzten Zählung), dass es sich vor die Aufgabe gestellt sieht, viele neue Mitarbeiter an seine Art, zu denken und zu handeln, heranzuführen. Die Toyota-Coaching-Kata – der Mentor/Mentee-Ansatz – kann nicht immer mit dieser Anforderung mithalten, da sie erfahrene Mentoren – eine beschränkte Ressource – verlangt, und Zeit in Anspruch nimmt.

> ... ein wesentlicher Aspekt unserer Wieder-Erfindung ist die Veränderung, wie wir unsere Führungskräfte auswählen und entwickeln. Es wird offenbar, dass wir nicht weiterhin ausschließlich japanische Mentoren einsetzen können. Diese Ressource stößt hier und auch weltweit an ihre Grenzen.
>
> Toyota-Präsident Fujio Cho bei einer Rede am 3. August 2004.

Da Toyota Probleme als Gelegenheiten nutzt, um sich weiterzuentwickeln und zu verbessern, können wir annehmen, dass die Art, wie die Verbesserungs-Kata Mitarbeitern beigebracht wird, bereits angepasst wird. Andererseits sind bewusst gepflegte Verhaltensmuster einer Organisation eine fragile Angelegenheit, und Toyota ist dabei keine Ausnahme. Eine Adaptierung auf diesem Gebiet wird wahrscheinlich für Toyota funktionieren, solange es noch genug Schlüsselpersonen in der Organisation gibt, die das adaptive Verhaltensmuster – die Verbesserungs-Kata – verstehen und beherrschen.

Was ist der nächste Schritt für uns?

Die Ergebnisse aus dem Experimentieren weisen darauf hin, dass irgendeine Art Coaching notwendig ist, damit Gruppen von Menschen lernen, die Verbesserungs-Kata anzuwenden, und damit sie tagtäglich in jedem Prozess am Laufen bleibt. Wenn Sie eine Verbesserungs-Kata in die Art und Weise integrieren wollen, wie eine Organisation arbeitet, dann werden Sie einen Coaching-Ansatz entwickeln müssen. Wir werden uns dieses Thema im folgenden, letzten Kapitel vornehmen.

Teil V

Transfer – Wie geht das in anderen Unternehmen?

Kapitel 9

Entwicklung von Verbesserungs-Kata-Verhalten in Ihrer Organisation

In diesem Kapitel werden wir uns der zweiten Hauptfrage aus der Einleitung zuwenden: Wie können andere Unternehmen ähnliche Routinen und Denkweisen in ihrer Organisation entwickeln?

Bisher haben wir in diesem Buch ein grundlegendes Bewusstsein dafür geschaffen, wie Toyota kontinuierliche Verbesserung und Adaption erreicht. Es gibt zu dem Thema natürlich noch mehr zu lernen, aber es wäre vielleicht gut, einen Teil unserer Aufmerksamkeit jetzt von der Frage, was Toyota tut, abzuwenden, und intensiver auf die zweite Frage zu richten. Es ist zwar interessant, Toyota zu studieren und darüber zu diskutieren, noch wichtiger ist aber das Ausprobieren, Lernen und Entwickeln, das wir für uns selbst und in unseren eigenen Situationen unternehmen.

Seien Sie sich darüber im Klaren, was Sie vorhaben

Bevor wir weitergehen, sollten wir uns über die Herausforderung im Klaren sein. Sie wissen jetzt von der Verbesserungs-Kata, die Toyotas Erfolg zugrunde liegt, und dass es um Verhaltensmuster geht und darum, diese zu entwickeln. Von daher ist eine der ersten Fragen: Ist dies etwas, was Sie anpacken wollen? Andere Möglichkeiten, die zweite Hauptfrage zu formulieren, sind zum Beispiel:

- Wie können wir jeden in der Organisation dazu bringen, entsprechend der in Kapitel 5 und 6 beschriebenen Verbesserungs-Kata zu denken und zu handeln?
- Wie können wir diese Verhaltensroutinen in eine Organisation bringen?
- Wie verbreiten wir ein der Verbesserungs-Kata entsprechendes Verhalten im Unternehmen, sodass es von jedem tagtäglich bei allen Prozessen angewandt wird?
- Wie lernen wir eine neue Art des Denkens und Handelns?

Neue Verhaltensmuster innerhalb einer gesamten Organisation zu entwickeln, bedeutet eine größere Aufgabe und weiterreichende Veränderungen – insbesondere beim Führungsverhalten – als Sie sich unter Lean Management vielleicht vorgestellt haben. Es sollte Ihnen an dieser Stelle klar sein, dass es eine andere Herausforderung als ursprünglich angenommen darstellt, kontinuierliche Verbesserung, Lean oder das Toyota-Produktionssystem in eine Organisation einzubringen. Wie Toyota die Verbesserungs- und die Coaching-Kata in die tägliche Arbeit eingebettet hat, bedeutet mehr, als nur etwas zu unserer bestehenden Art des Managens hinzuzugeben. Es bedeutet, die Art und Weise unseres Managens zu verändern.

Abbildung 91: Eine andere Herausforderung

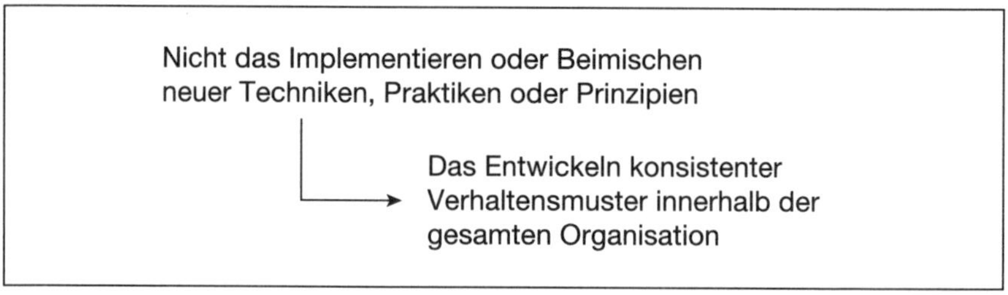

Es geht hier um Organisationskultur

Zu versuchen, jeden in einer Organisation dazu zu bringen, auf bestimmte Weise zu denken und zu handeln, bedeutet, dass Sie an der Organisationskultur arbeiten. Die meisten Organisationen, die sich für Toyotas Vorgehensweise interessieren, müssen nicht ihre komplette Kultur verändern, sondern lediglich Anpassungen vornehmen – wie das Durchfahren einer Kurve.

Aber wie erreicht man eine derartige Veränderung der Organisationskultur?

Abbildung 92: Eine Änderung in der Organisationskultur

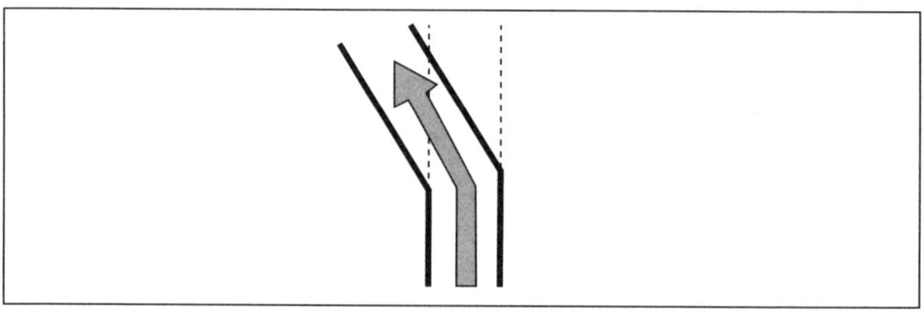

Was wissen wir bisher über diese Herausforderung?

Seit den späten 1980er Jahren hat Toyota erfolgreich – wenn auch nicht ohne Schwierigkeiten – seine Vorgehensweise weltweit an neuen Standorten der Toyota-Gruppe den dort Beschäftigten vermittelt (also *innerhalb* Toyotas). Dazu gehören auch Standorte in Nordamerika und Europa, was darauf hindeutet, dass Toyotas Verbesserungs-Kata für Organisationen und Menschen außerhalb von Toyota realisierbar sein sollte. Dennoch habe ich in Kapitel 1 angemerkt: *Aber selbst nach vielen Jahren des Versuchs, Toyota zu kopieren, sind wir nicht in der Lage, auch nur* ein *Unternehmen außerhalb der Toyota-Gruppe zu finden, das seine Qualität und Wettbewerbsfähigkeit im Bereich Kosten so systematisch, effektiv und kontinuierlich adaptiert und verbessert.*

Aufmerksame Leser mögen sich zu Beginn dieses Kapitels schon gefragt haben: Wenn kein anderes Unternehmen es bisher geschafft hat, diese Art von tagtäglicher systematischer und kontinuierlicher Verbesserung in alle Prozesse des Unternehmens zu integrieren, wie kann jemand die Frage dieses Kapitels beantworten und uns sagen, wie man das macht?

Die Tatsache ist, dass wir noch keine maßgebenden Antworten auf die zweite Hauptfrage haben – auch Toyota nicht. Zum Beispiel haben Toyotas Bemühungen, die eigene Vorgehensweise auf *externe* Zulieferer auszudehnen, zwar viele punktuelle Erfolge bei einer großen Bandbreite unterschiedlicher Prozesse und Wertströme gezeigt, aber auch hier hat die Integration der Verbesserungs-Kata in die tagtägliche Arbeit der gesamten Organisation dieser Unternehmen die Erwartungen bisher nicht erfüllt.

Was ich in diesem Kapitel tun kann, ist Ihnen mitzuteilen, was wir bisher über diese zweite Hauptfrage gelernt haben (nämlich eine ganze Menge!) und wie wir mit den Punkten arbeiten, die diese Frage aufwirft.

Sie müssen also ein Experimentierer werden

Das Ziel dieses Kapitels – und eigentlich des gesamten Buches – ist es, Sie auf das Experimentieren vorzubereiten, wodurch Sie Ihr Managementsystem in Übereinstimmung mit Ihrer Situation weiterentwickeln können. Wenn Sie Verhaltensmuster und die Organisationskultur verändern wollen, dann gibt es sehr wahrscheinlich keinen anderen Weg.

- Es gibt vermutlich keine Vorgehensweise, die auf alle Organisationen passt. Jedes Unternehmen sollte die Details herausarbeiten, indem es sein

Managementsystem so entwickelt, dass es zu der speziellen Situation passt.

- Es ist von enormem Wert, danach zu streben, die Realität der eigenen Situation zu verstehen, und zu experimentieren, denn das ist die Art und Weise, wie wir lernen. Niemand kann Ihnen eine fertige Lösung bieten, denn der Weg zur Beantwortung der zweiten Hauptfrage – wie auch jeder herausfordernde Zielzustand – ist eine Grauzone. Und so sollte es auch sein.

Wir wissen jedoch, wie wir uns durch diese Grauzone hindurcharbeiten können. Die Verbesserungs-Kata – das Mittel, mit dem Prozesse verbessert werden – ist eine Form des Experimentierens, die wir auf nahezu alle Prozesse anwenden können. Wenn ich also sage, dass Sie zu einem Experimentierer werden sollen, heißt das nicht, dass Sie eine zusätzliche Aktivität starten müssen. Wir können mit ein und derselben Aktivität gleichzeitig kontinuierlich verbessern, adaptieren, Menschen schulen und unsere Organisationskultur entwickeln. Das beschreibt sogar ziemlich gut, wie Toyota vorgeht.

Es gibt eine wachsende Gemeinde von Unternehmen, die hieran arbeiten. Die Senior Manager dieser Unternehmen haben erkannt, dass es bei Toyotas Vorgehensweise eher darum geht, menschliche Verhaltensmuster zu ändern als um das Implementieren von Techniken, Praktiken oder Prinzipien. Und in der Tat, wenn Sie anstreben, Denken und Verhalten entsprechend der Verbesserungs-Kata in Ihrer Organisation zu entwickeln, wird dieses schrittweise Vorgehen Auswirkungen auf Ihre Techniken, Praktiken und Prinzipien haben. Wahrscheinlich ist es eine gute Idee, die Sache in dieser Richtung zu betrachten.

Was nicht funktioniert

Einige der ersten Lehren, die wir aus unseren Experimenten zogen, war, festzustellen, wodurch das Verhalten von Menschen nicht verändert wird. Lassen Sie uns diese Punkte gleich zu Beginn aus dem Weg räumen. Wenn Sie eine Verbesserungs-Kata (ein neues Verhaltensmuster) innerhalb Ihrer gesamten Organisation verbreiten wollen, dann werden die folgenden Taktiken wenig wirkungsvoll sein:

- Training im Klassenzimmer: Selbst wenn dieses Training praktische Übungen und Simulationen beinhaltet, wird es das Verhalten der Menschen nicht verändern. Seit einigen Jahren sind wir davon ausgegangen, dass das Verstehen von Toyotas Ansatz automatisch zu seiner Anwendung führen würde, weil der Ansatz Sinn macht. Diese Vorgehensweise hat sich als unwirksam herausgestellt. Intellektuelles Wissen allein führt nicht zur Veränderung von Verhalten, Gewohnheiten oder Kultur. Das kann ihnen jeder Raucher bestätigen.

Wie in Kapitel 8 erwähnt, unterscheidet sich das Konzept des Trainings von Sportlern sehr von dem, was wir heutzutage in unseren Unternehmen unter »Training« verstehen. Beim Sport bedeutet es wiederholtes Üben einer Aktivität unter der Anleitung eines Coaches. Diese Art von Training, wenn es als Bestandteil einer Strategie zur Entwicklung neuer Verhaltensmuster angewandt wird, ist effektiv, um Verhalten zu verändern. Das Beste, was wir mit Training im Klassenzimmer erreichen können, ist, ein Bewusstsein zu schaffen. Aber selbst das verblasst schnell wieder, wenn zügig darauf nicht wiederholte, strukturierte Praxisübungen folgen. Training im Klassenzimmer sollte möglichst kurz gehalten und vor allem bei Teilnehmern eingesetzt werden, die kurz davorstehen, unter Anleitung eines Coaches in das praktische Üben einzusteigen.

- Workshops: Sie sind gut dafür geeignet, um punktuelle Verbesserungen zu erzielen, aber nicht, um neue Verhaltensweisen zu entwickeln. Wie in Kapitel 1 besprochen, besteht darüber hinaus die Tendenz, dass die Resultate nach Beendigung des Workshops schnell wieder auf den Ausgangszustand zurückfallen.
- Beratern die Aufgabe geben: Das Entwickeln interner Routinen und Fähigkeiten für eine tägliche, kontinuierliche Verbesserung und Adaption bei allen Prozessen und mit allen Mitarbeitern – die Kultur eben – ist per Definition etwas, das eine Organisation für sich selbst machen muss. Ein erfahrener externer Berater kann besonders am Anfang Coaching-Inputs liefern und sogar mit Ihnen gemeinsam experimentieren. Aber um Ihre eigene Fähigkeit zu entwickeln, muss die Anstrengung von innen geführt werden, und zwar von der Spitze aus. Wenn die Führungsspitze nicht als gutes Beispiel vorangeht, wird sich die Organisation auch nicht ändern. Mehr dazu später in diesem Kapitel.
- Nach Kennzahlen und Anreizsystemen suchen, die die gewünschte Veränderung herbeiführen: Wie bereits angesprochen, gibt es einfach keine Kombination von Kennzahlen und Anreizsystemen, die von sich aus ein Verhalten gemäß der Verbesserungs-Kata generiert und Ihre Unternehmenskultur in Richtung der Kultur von Toyota verändert.
- Neuorganisation: Viele Unternehmen haben erfolglos eine Reorganisation unternommen, in der Hoffnung, dadurch Strukturen herzustellen, die eine kontinuierliche Verbesserung anregen. Ein Beispiel ist, Abtei-

lungen und Bereiche nach Wertströmen auszurichten. So verlockend es auch manchmal scheinen mag, Sie können sich nicht zu kontinuierlicher Verbesserung hin umorganisieren. Entscheidend ist nämlich nicht die Organisationsform, sondern wie die Menschen handeln und reagieren. Die Wurzeln von Toyotas Erfolg liegen nicht in dessen Organisationsstrukturen, sondern in der Entwicklung der Fähigkeiten und Gewohnheiten der Menschen. Es überrascht sogar viele, dass Toyota größtenteils traditionell nach funktionalen Ressorts organisiert ist.

Wenn etwas an Toyotas Organisationsstruktur einzigartig ist, wie zum Beispiel der Teamleiter-Ansatz, entstand es aus Toyotas Streben nach spezifischen Verhaltensmustern – und nicht umgekehrt. Definieren Sie zuerst, wie Menschen handeln sollen, zum Beispiel entsprechend der Verbesserungs-Kata, und streben Sie an, diese Verhaltensroutinen zu entwickeln. Wenn es sich dann auf dem Weg dorthin als notwendige oder nützliche Gegenmaßnahme erweist, Änderungen in der Organisationsstruktur vorzunehmen, dann ist das in Ordnung. Aber diese sollten als das angesehen werden, was sie sind: als Gegenmaßnahmen und nicht als Zielzustände. Richten Sie Ihre Aufmerksamkeit auf den Zielzustand des Entwickelns eines der Verbesserungs-Kata gemäßen Verhaltens und lassen Sie die Bedürfnisse dieser Anstrengungen die Entwicklung Ihrer Strukturen steuern.

All diese Taktiken haben ihren Platz, sie werden jedoch weder Verbesserungs-Kata-Verhalten noch die Kosten, Qualität und Adaptionsvorteile, die aus der täglichen Anwendung der Kata erwachsen, generieren. Eine Veränderung der Kultur wird nicht durch Bücher, Intellekt, Klassenzimmer-Training, Diskussionen oder Ähnliches bewirkt.

Wie vollziehen wir die Veränderung zu einer gewünschten Organisationskultur?

Was dies anbelangt, ist sich die Psychologie einig: Wir erlernen Gewohnheiten, automatische Haltungen, durch wiederholtes Ausüben einer Verhaltensweise. Um neue Bahnen im Gehirn zu entwickeln, müssen wir das gewünschte Verhalten einüben und periodisch ein Erfolgsgefühl daraus ziehen. Der Grundsatz, dass wir durch Erfahrungen lernen, hat zum folgenden bekannten und weithin akzeptierten Veränderungsmodell geführt (siehe Abbildung 93).

Vieles von dem, was wir tun, läuft als Routine oder gewohnheitsmäßig ab. Wiederholtes Üben – Konditionieren – lässt neue neuronale Bahnen ent-

Abbildung 93: Ein Modell, um die Organisationskultur zu ändern

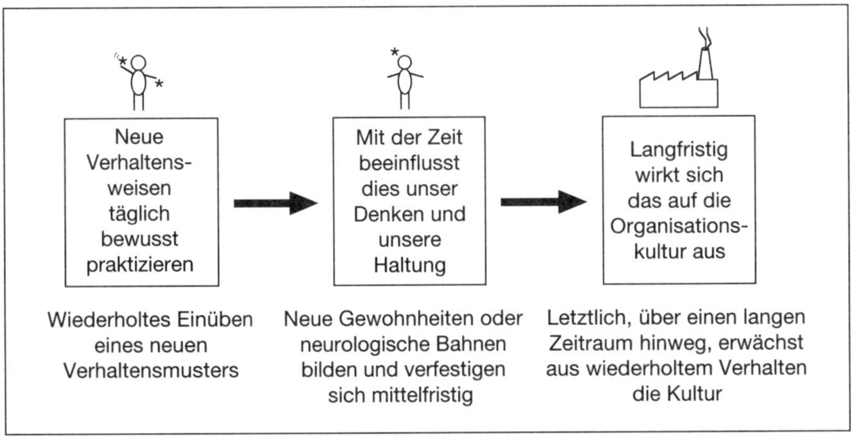

stehen, und mit der Zeit eine Organisationskultur. Dieses Veränderungsmodell ist im Hinblick auf die Verbesserungs-Kata deshalb von besonderem Interesse, weil etliche Aspekte der Kata sich so sehr von unserer derzeitigen Vorgehensweise unterscheiden und dadurch noch nicht intuitiv sind. Der einzige Weg, die zugrunde liegende Bedeutung der Kata zu verstehen und ihre Anwendung auf verschiedene Situationen zu erlernen, besteht darin, sie selbst durch wiederholte Praxisanwendung zu üben.

Idealerweise wird unser Befolgen des Verbesserungs-Kata-Musters automatisch und reflexiv, wodurch wir unsere Aufmerksamkeit der anstehenden Situation zuwenden können. Dieses Ideal ist es, was Toyotas Coaching-Kata (Kapitel 8) zu erreichen versucht, und das ist ein Grund, warum es Toyota-Mitarbeitern schwer fällt, das ihrem Verhalten zugrunde liegende Muster zu erklären.

> Wir sind, was wir immer wieder tun. Exzellenz ist
> keine Handlung, sondern eine Gewohnheit.
> ARISTOTELES

> Zu wissen und nicht zu handeln ist noch nicht zu wissen.
> ZEN-SPRICHWORT

Glücklicherweise sind Kata speziell dafür konzipiert, weitergegeben zu werden. Im Kampfsport waren die Kata so gestaltet, dass der Meister die wirkungsvollsten Kampftechniken an folgende Generationen weitergeben konnte. Anders ausgedrückt: Kata sind eine Art, genau das zu tun, worüber wir hier sprechen: Das Üben und Erlernen neuer Verhaltensgewohnheiten.

Anleitung zum Experimentieren

Nutzen Sie reale Arbeitsprozesse

Dies haben wir eins zu eins von Toyotas Vorgehen übernommen: Trainieren und Tun sind nicht getrennt. Um die Verbesserungs- und die Coaching-Kata zu üben, wenden Mentees sie in tatsächlichen Situationen an realen Arbeitsprozessen an. Auf diese Weise ist ihr Experimentieren real und nicht theoretisch. Sie können erkennen, an welchem Punkt der Mentee mit seinem Denken und seinen Fähigkeiten steht, und dementsprechend die nächsten Schritte angehen. Der Grad oder Mangel an Verbesserung im Prozess dient dann als Metrik für die Effektivität Ihrer Bemühungen, die gewünschten Verhaltensroutinen zu coachen und zu entwickeln.

Abbildung 94: Mit realen Prozessen experimentieren

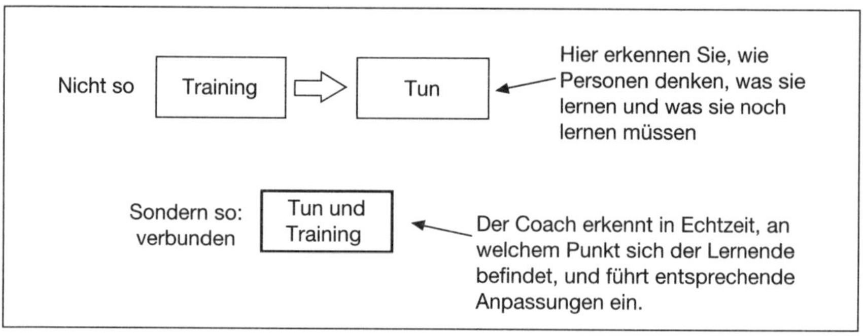

Richten Sie den Fokus auf drei Einflussfaktoren

Wenn wir Menschen, einschließlich uns selbst, dazu bringen wollen, entsprechend der Verbesserungs-Kata zu denken und zu handeln, schlage ich drei Hauptfaktoren vor, die wir beeinflussen können, um das zu erreichen[28]:

---

28 Mein Dank gilt Dr. Ralph Richter für seine Anregungen bei diesem Diagramm (Abbildung 95).

Abbildung 95: Drei Faktoren, die wir beeinflussen können

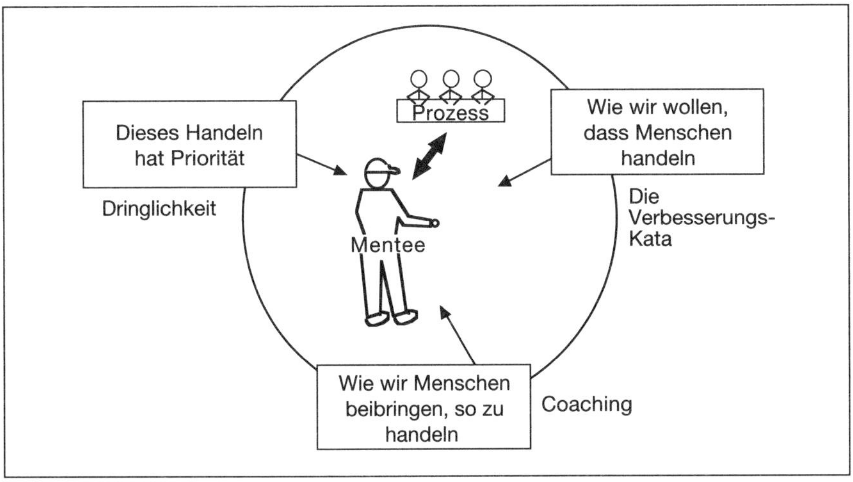

Sich auf nur einen dieser drei Faktoren zu konzentrieren, ist uneffektiv, um eine Veränderung in der Organisationskultur zu bewirken. Wird umgekehrt einer der drei weggelassen, ist es ebenfalls nicht wirkungsvoll. Zum Beispiel: Nur eine Dringlichkeit zur Veränderung zu erstellen resultiert typischerweise in breit gestreuten Verhaltensreaktionen. Das Ergebnis ist zumeist keine wirkliche Veränderung oder etwas, das sich gänzlich von der Verbesserungs-Kata unterscheidet. Wir sollten nicht erwarten, dass das reine Drängen von Mitarbeitern ein Verhalten entsprechend der Verbesserungs-Kata generieren wird. Menschen brauchen auch ein Mittel, wie sie Verbesserung angehen können. Desgleichen bringt auch Coaching allein nicht viel. Coaching in was? Und nur die Verbesserungs-Kata zu erklären, selbst wenn wir das mit einem Dringlichkeitsbewusstsein kombinieren, wird das Verhalten der Menschen ebenfalls nicht verändern. Das wäre in etwa so, als würde man zu einem Team von Sportlern sagen: »Um zu gewinnen, müsst ihr auf diese Weise spielen«, und das Team dann damit allein lassen.

Setzen Sie die Verbesserungs-Kata ein, um Verhalten zu entwickeln, das der Verbesserungs-Kata entspricht

Dies ist der wichtigste Rat in diesem Kapitel: Um in Ihrer Organisation ein der Verbesserungs-Kata entsprechendes Verhalten zu entwickeln, sollten Sie die Verbesserungs-Kata *während dieses Entwicklungsprozesses selbst* einsetzen und befolgen. Mit anderen Worten: Die Verbesserungs-Kata ist Ihr Mittel zum Experimentieren.

Dies hat nichts mit dem Implementieren eines neuen Managementsystems oder einer Kultur zu tun. Der Weg zu einem Zielzustand, einschließlich einer Veränderung der Unternehmenskultur, ist unklar, und gutes PDCA ist ein Schlüsselfaktor, um diesen Zustand zu erreichen. Anders ausgedrückt: Für das Hinarbeiten auf einen Zielzustand, der eine veränderte Kultur beinhaltet, ist es genauso wichtig, regelmäßig den aktuellen Ist-Zustand zu überprüfen und entsprechend Anpassungen vorzunehmen. Das Entwickeln neuer Verhaltensmuster ist ein Veränderungsprozess, der mit der Zeit mittels PDCA stattfindet.

Die Verbesserungs-Kata einzusetzen, um ein entsprechendes Verhalten einzuführen, ist ein Beispiel für dessen Anwendung auf einer höheren fraktalen Ebene als dem Produktionsprozess. Die Verbesserungs-Kata kann auf allen Ebenen befolgt und jedem im Unternehmen können die fünf Fragen gestellt werden.

Abbildung 96: Die Verbesserungs-Kata findet auf allen Ebenen Anwendung

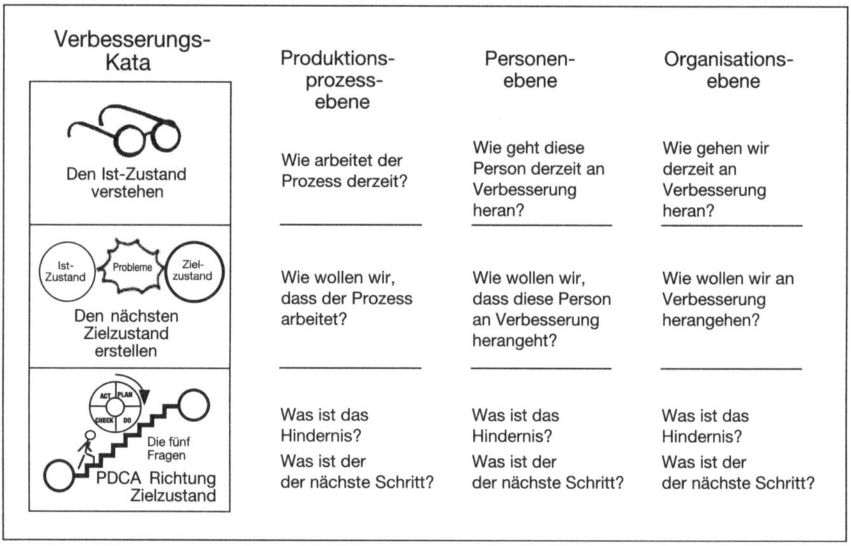

Lassen Sie uns genauer anschauen, wie das funktioniert. Wie in Teil III beschrieben, wird die Verbesserungs-Kata auf einen *Arbeitsprozess* angewendet durch

- Erfassen des Ist-Zustands,
- Definieren eines messbaren Zielzustands,
- Anwenden kurzer PDCA-Zyklen, um sich in Richtung des Zielzustands zu bewegen.

Wir sollten verstehen, dass exakt dieselbe Kata einen *Coaching-Prozess* im Visier haben kann. Auch für das Coaching sollte ein Zielzustand definiert werden. Dann können Sie sich mittels PDCA auf diesen zubewegen.

Eine Grundsatzannahme, von der wir bei unseren Experimenten ausgehen sollten, ist, dass die Verbesserungs-Kata funktioniert. Anders ausgedrückt: Unser Experimentieren dient nicht dazu, die Wirksamkeit der Verbesserungs-Kata zu überprüfen, sondern um zu erfahren, was wir tun müssen, um ein wirksames Verhalten entsprechend der Verbesserungs-Kata

Abbildung 97: Wenn die Verbesserungs-Kata nicht wie gewünscht funktioniert, sollte das Coaching justiert werden

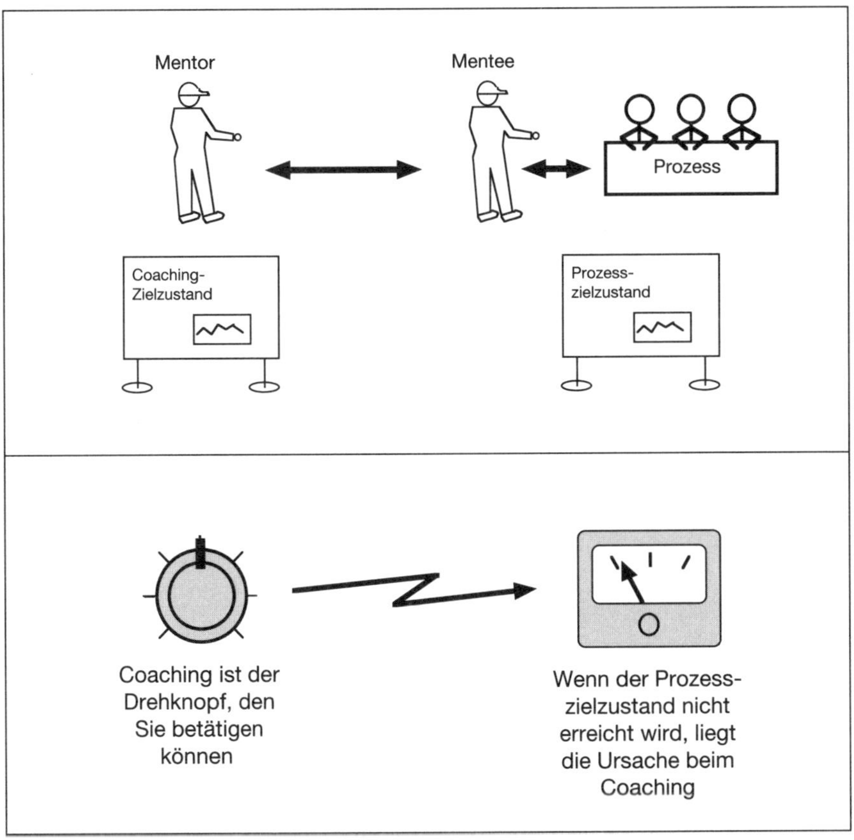

zu entwickeln. Wenn die Verbesserungs-Kata also nicht wie gewünscht funktioniert, dann ist es unser Coaching/Lehren, das mittels PDCA zu verbessern ist. Wie in dem Diagramm dargestellt, ist unser Coachingansatz vielleicht der Hauptdrehknopf, den wir betätigen können, um gewünschte Verhaltensmuster zu entwickeln. Wenn Ihnen die Ergebnisse beim Arbeitsprozess nicht gefallen, dann sollten Sie das Coaching unter die Lupe nehmen. Ich möchte Sie in diesem Zusammenhang noch einmal dazu anhalten, folgenden Spruch in Ihren Gedanken zu halten: »Hat der Student nicht gelernt, dann hat der Lehrer nicht gelehrt.«

Taktiken

Im restlichen Teil dieses Kapitels werden einige derzeit von mir verwendete Taktiken beschrieben, die vielleicht genug Allgemeingültigkeit haben, um in anderen Organisationen genutzt zu werden. Da eine Diskussion von Taktiken im Wesentlichen eine Diskussion über Lösungen (Gegenmaßnahmen) darstellt, möchte ich Sie bitten, diese nur als Ausgangspunkt, Anregungen und Input für Ihre eigenen Bemühungen zu verstehen, ein der Verbesserungs-Kata entsprechendes Verhalten in Ihrer Organisation zu entwickeln. Es wäre weder angemessen noch wirksam, wenn ich ohne ein Verständnis Ihrer spezifischen Ist- und Zielzustände Gegenmaßnahmen vorschlagen würde. Ebenso unwirksam und unangemessen wäre es, wenn Sie einfach die Gegenmaßnahmen eines anderen anwenden. Noch einmal: Der beste Rat, den ich Ihnen geben kann, ist der, die Routine der Verbesserungs-Kata zu nutzen und zu befolgen, während Sie versuchen, diese Routine innerhalb Ihrer Organisation zu entwickeln. Dann können Sie entsprechend dem, was Sie in Ihrer Situation lernen, adaptieren und Ihren eigenen passenden Weg zum gewünschten Zustand finden.

Lernen, es zu tun, bevor Sie lernen, zu coachen

Coaches sollten in der Lage sein, einschätzen zu können, was ihre Mentees tun, und sie gut beraten zu können beziehungsweise ihre Mentees in den Korridor des von der Verbesserungs-Kata vorgegebenen Denkens und Handelns zu führen. Folglich müssen Coaches erfahren sein. Erst nachdem sie selbst die Verbesserungs-Kata geübt haben, werden sie genügend Verständnis entwickelt haben, um nützliche Ratschläge geben zu können.

Wenn ein Coach oder eine Führungskraft nicht aus eigener Erfahrung weiß, wie man den Ist-Zustand eines Produktionsprozesses erfasst, einen passenden, herausfordernden Zielzustand erstellt und dann schrittweise darauf hinarbeitet, wird er oder sie schlichtweg nicht in der Lage sein, andere zu führen und zu unterrichten. Solche Coaches werden auf Vorschläge eines Mentees nicht anders reagieren können, als einfach zu sagen: »Okay« oder »Gute Arbeit!« – und das hat nichts mit Coaching oder Lehren zu tun.

Die Zwickmühle besteht darin, dass es zu Beginn nicht genügend Mitarbeiter innerhalb der Organisation gibt, die über ausreichend Erfahrung mit der Verbesserungs-Kata verfügen, um als Coaches fungieren zu können. Dies ist ein ähnliches Problem, das Toyota aufgrund seines schnellen Wachstums hat. Es wird zwingend erforderlich sein, so schnell wie möglich zumindest einige Coaches zu entwickeln.

Wer geht zuerst?

Bei Toyota gilt die Verbesserungs-Kata für alle innerhalb der Organisation und wird von jedem praktiziert. Niemand ist ausgenommen. Allerdings versucht Toyota auch nicht, seine Kata zu verändern; das Unternehmen führt denselben grundsätzlichen Ansatz seit den 1950er Jahren fort. Wenn dagegen eine Organisation eine Veränderung in der Kultur wünscht – statt weiter den bisherigen Weg zu verfolgen –, dann erfordert das insbesondere von einer Gruppe Führung: dem Topmanagement. In einer derartigen Veränderungssituation sind es die Senior Manager, die die Verbesserungs-Kata vor anderen in der Organisation praktizieren sollten.

Manager und Führungskräfte der mittleren und unteren Organisationsebenen sind diejenigen, die letztlich die Veränderung hin zur Verbesserungs-Kata coachen werden. Im Allgemeinen werden sie jedoch verständlicherweise nicht von sich aus in solch eine neue Richtung aufbrechen. Sie werden warten, um zu sehen, was basierend auf den Handlungen (nicht den Worten) des Topmanagements tatsächlich Priorität hat und passieren wird.

George Koenigsaecker, ein früher Lean-Vordenker in den Vereinigten Staaten, hat diesen Effekt dargestellt, indem er dafür die Kurve der Normalverteilung nutzte (siehe Abbildung 98).

Koenigsaeckers Diagramm weist darauf hin, dass nur ein geringer Prozentsatz von Mitarbeitern einer Organisation (das rechte Ende der Kurve)

Abbildung 98: Verteilung der Reaktion auf Veränderung

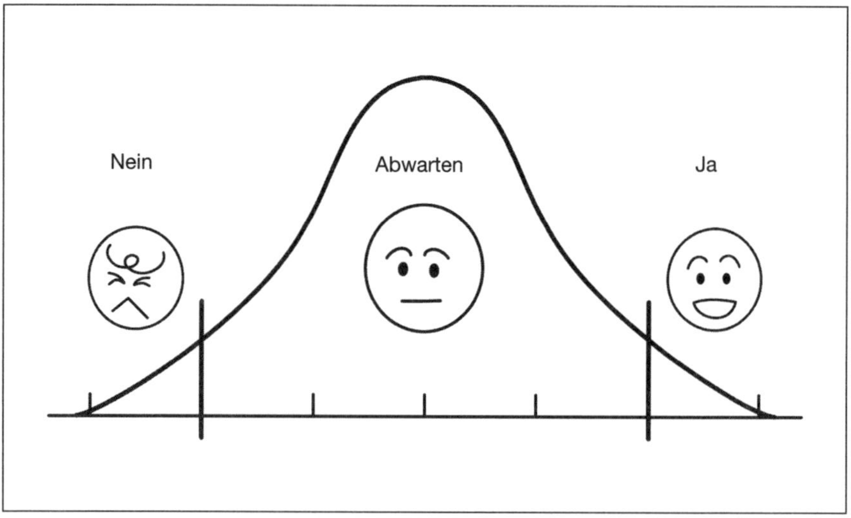

Veränderungsbemühungen begrüßt und aktiv daran teilnimmt. Eine andere kleine Gruppe (das linke Ende der Kurve) wird aktiv dagegen kämpfen. Und die große Mehrheit – obwohl sie vielleicht nickt und ihre Unterstützung signalisiert – wird sich erst einmal zurückhalten, um zu sehen, was wirklich passiert. Das mittlere Management wird manchmal dafür kritisiert, Veränderungen zu meiden. Wenn Sie aber darüber nachdenken, ist diese »Warten-wir-es-ab«-Reaktion auf Unsicherheit eine verständliche Haltung von Managern, die sich auf der Karriereleiter in einer Organisation befinden. Außerdem: Möchten Sie wirklich, dass Ihre Manager locker von einer Managementart zur nächsten springen?

Der Punkt ist:

- Die Art und Weise, wie sich die Mehrheit der Manager und Führungskräfte – Personen in der Mitte der Normalverteilungskurve – verhält, bestimmt, wie die Menschen in der Organisation handeln, und bestimmt damit die Organisationskultur.
- Wenn die Senior Manager nicht als Erste die Verbesserungs-Kata lernen und praktizieren, dann ist es unwahrscheinlich, dass sie in der Lage sein werden, Manager und Führungskräfte für die Anwendung des gewünschten Verhaltensmusters zu gewinnen, zu mobilisieren und dahinzuleiten. Die Art kultureller Veränderung, von der wir hier sprechen, kann nicht von den Senior-Führungskräften delegiert werden.

Das Einrichten einer »Vorab-Gruppe«

Bevor wir damit anfangen, Senior Manager in der Verbesserungs-Kata zu unterrichten, haben wir meistens zuerst eine kleine Vorab-Gruppe aufgebaut. Am Anfang besteht der Zweck dieser Gruppe darin, sich mit dem Thema und der Arbeitsweise vertraut zu machen. Es ist diese Vorab-Gruppe, die sich zuerst mit dem Üben der Verbesserungs-Kata befasst. In die Gruppe beziehe ich einen Senior Manager ein – bei kleinen und mittelgroßen Firmen *den* Senior Manager. Die Vorab-Gruppe ist keine Stabsgruppe oder Lean-Abteilung, die für das komplette Mentoring und Training zuständig sein wird oder dafür, dass auf der Prozessebene Verbesserung stattfindet. Das unterliegt der Verantwortung der lokalen Manager und Führungskräfte auf jeder Ebene und in jedem Bereich der Organisation. Richten Sie keine Lean-Abteilung oder Gruppe ein, in die dann die Verantwortung für das Entwickeln von Verhalten entsprechend der Verbesserungs-Kata verbannt wird. Eine solche parallel laufende Stabsgruppe wird machtlos sein, wirksame Veränderung herbeizuführen, und diese Vorgehensweise hat sich im Übermaß als uneffektiv erwiesen. Ein Verwenden dieser Taktik deutet wahrscheinlich auf Delegation von Verantwortung und Mangel an Verbindlichkeit auf dem Top-Level hin.

Die Vorab-Gruppe ist verantwortlich für Überwachung, Feinabstimmung und Weiterentwicklung (mittels PDCA) des Lehransatzes der Organisation. Diese Gruppe ist für die Organisation sozusagen der »Hüter der Kata«. In gewissem Maße wird die Vorab-Gruppe natürlich im Coaching auf allen Organisationsebenen mitmachen und es unterstützen, damit diese Gruppe stets ein Verständnis für den aktuellen Ist-Zustand in der Organisation haben kann.

Um eine funktionsfähige Größe zu haben, sollte die Gruppe zuerst aus nicht mehr als fünf Mitgliedern bestehen. Die Gruppe sollte einen Mentor haben, am Anfang zum Beispiel einen externen Berater. Sollten Sie einen externen Coach einsetzen, ist es wichtig, dass derjenige spezifisch dafür engagiert wird, Sie beim Start zu unterstützen und Ihre interne Coaching-Fähigkeit zu entwickeln. Engagieren Sie keinen Externen, um das Coaching für Sie zu übernehmen, denn dann werden Sie diese wichtige Fähigkeit innerhalb Ihrer Organisation nicht selbst aufbauen. Die Aufgabe eines externen Coaches besteht darin, die Entwicklung Ihrer eigenen Fähigkeit zu beschleunigen.

Ein guter erster Schritt für die Vorab-Gruppe ist es, die Verbesserungs-Kata auf ein paar Montageprozesse anzuwenden und währenddessen darüber nachzudenken, was wir hierbei über die Verbesserungs-Kata, unsere

Prozesse, unsere Mitarbeiter und unsere Organisation lernen. Hierdurch kann die Gruppe ein besseres Verständnis dafür entwickeln, was die Verbesserungs-Kata nach sich zieht, und gleichzeitig für den Ist-Zustand auf Prozessebene der Organisation. Ein guter Ort, um mit der Anwendung der Verbesserungs-Kata zu beginnen, ist an einem Schrittmacherprozess. In Anhang 1 und 2 wird erläutert, was darunter zu verstehen ist und wie der Ist-Zustand eines Produktionsprozesses aufgenommen werden kann, was der Anfang der Verbesserungs-Kata und Grundvoraussetzung für das Erstellen eines Zielzustands ist.

Etwas, das diese Gruppe zum Beispiel umgehend tun kann, ist eine Analyse der Stabilität eines Produktionsprozesses, wie in Kapitel 5 beschrieben. Das beinhaltet die Zeitmessung und grafische Darstellung von 20 bis 40 aufeinanderfolgenden Prozesszyklen an unterschiedlichen Punkten im Prozess. Dann kann man fragen: »Was hält den Prozess und die Mitarbeiter davon ab, in stabilen Zyklen zu arbeiten?«

Diese ersten Bemühungen, die Verbesserungs-Kata auszuprobieren, kann die Vorab-Gruppe leicht für zwei bis sechs Monate beschäftigen. Das hört sich vielleicht lang an, aber bedenken Sie, dass wir darüber sprechen, wie die Organisation funktionieren soll – es geht um Ihre Organisationskultur. Die Vorab-Gruppe sollte diese Aufgabe nicht mit lediglich einem oberflächlichen Verständnis davon, was dazu gehört und wo das Unternehmen steht, angehen.

Diese ersten Aktivitäten der Vorab-Gruppe am Prozess sind zudem eine gute Möglichkeit, mit dem Training Ihrer ersten internen Coaches zu beginnen. Zu diesem Zweck haben wir zusätzlich zu den vier bis fünf Gruppenmitgliedern meistens zwei oder drei potenzielle Coaches in die Gruppe integriert. Diese »Coaches in der Ausbildung« nehmen nicht an allen Aktivitäten, wie zum Beispiel Planungsaktivitäten, der Gruppe teil. Sie sind jedoch bei den Aktivitäten vor Ort dabei, um die Verbesserungs-Kata zu erlernen und anzuwenden.

Training mittels frequenter Coaching-Zyklen und den fünf Fragen

Um neue Gewohnheiten zu entwickeln, ist es Psychologen zufolge vorzuziehen, häufig kurz zu üben – zum Beispiel täglich – als weniger oft, aber dafür länger. Idealerweise würde natürlich jede Begegnung und Interaktion in der Organisation die Kata widerspiegeln, wie in dem Mentor/Mentee-Fallbeispiel in Kapitel 8.

Um Personen dazu zu bringen, regelmäßig zu üben und über die Routine der Verbesserungs-Kata nachzudenken, verwende ich derzeit ein Konzept, das ich »Coaching-Zyklus« nenne. Coaching-Zyklen kommen ins Spiel, nachdem ein Prozesszielzustand erstellt wurde und nutzen die fünf Fragen. Die fünf Fragen sind ein Trainingsmittel für Verbesserungs-Kata-Verhalten. Sie vereinfachen einen Teil der Verbesserungs-Kata-Routine und machen es einfacher, sie anzuwenden, zu verstehen und zu übertragen. Ein Coaching-Zyklus besteht daraus, dass der Mentor alle fünf Fragen einmal durchgeht, während er mit einem Mentee vor Ort am Prozess steht. In den meisten Fällen versuchen wir dies bei jedem Fokusprozess wenigstens einmal pro Schicht zu tun. Der Zweck eines Coaching-Zyklus ist:

- Dem Coach die Möglichkeit zu verschaffen, schnell den Ist-Zustand des zu verbessernden Prozesses wie auch des Mentees zu erfassen. Dadurch kann der Coach entscheiden, was ein geeigneter nächster Schritt ist.
- Eine Routine für das Konditionierungstraining zu liefern.
- Die Bemühungen des Mentees anzuerkennen.

Die fünf Fragen bilden einen *Coaching-Zyklus*

1) Was ist der Zielzustand? *(die Herausforderung)*

- Was soll unserer Erwartung nach passieren?

2) Wie ist der jetzige Zustand?

- Was haben wir aus dem letzten Schritt gelernt?
- Ist die Beschreibung des Ist-Zustands messbar?
- Sehen Sie es sich selbst an. Verlassen Sie sich nicht auf Berichte.

3) Welche Hindernisse halten Sie aktuell davon ab, den Zielzustand zu erreichen? Welches eine davon gehen Sie jetzt an?

- Beobachten Sie den Prozess oder die Situation sorgfältig.
- Konzentrieren Sie sich auf jeweils ein Problem oder Hindernis.
- Vermeiden Sie die Pareto-Paralyse: Machen Sie sich nicht zu viele Gedanken darüber, auf Anhieb das größte Problem zu finden. Wenn Sie sich in kurzen Zyklen vorwärts bewegen, werden Sie es bald finden.

4) Was ist Ihr nächster Schritt? *(Start des nächsten PDCA-Zyklus)*

- Machen Sie immer nur jeweils einen Schritt, diese aber in kurzen Zyklen.

- Der nächste Schritt muss nicht der nutzbringendste, größte oder wichtigste sein. Am wichtigsten ist, dass Sie einen Schritt machen.
- Viele der nächsten Schritte sind weitergehende Analyse beziehungsweise keine Gegenmaßnahmen.
- Falls der nächste Schritt aus Analyse besteht: Was erwarten wir zu lernen?
- Falls der nächste Schritt eine Gegenmaßnahme darstellt: Was soll unserer Erwartung nach passieren?

5) Wann können wir uns vor Ort ansehen, was wir aus diesem Schritt gelernt haben?

- So früh wie möglich. Heute ist nicht zu früh. Wie wäre es, wenn wir den Schritt jetzt sofort setzen? (Kurze Zyklen anstreben!)

Mit Übung und Erfahrung sollte ein Coaching-Zyklus nicht sehr lange dauern. Neue Coaches lassen die Zyklen manchmal irrtümlicherweise zu langatmigen Diskussionen werden, die sich um die verschiedensten Punkte drehen und sogar Stunden andauern können. Ich strebe in vielen Fällen pro Coaching-Zyklus 15 Minuten an. Sobald *ein* nächster Schritt – und keine Liste von Schritten – für Mentor und Mentee klar ist, ist der Coaching-Zyklus zu Ende. Wie bei dem Mentor/Mentee-Fallbeispiel kann und sollte der nächste Schritt häufig sehr klein sein. Das ist völlig in Ordnung, solange die Zyklen kurz sind.

Natürlich gehört mehr zu Coaching als nur der Coaching-Zyklus. Gehen Sie möglichst schnell die fünf Fragen durch und ziehen Sie Bilanz: *Wie ist die jetzige Situation? Wo stehen wir innerhalb der Verbesserungs-Kata, innerhalb des zu verbessernden Prozesses und bei der Entwicklung der Fähigkeiten dieser Person? Was ist als Nächstes nötig?* Im Anschluss an einen Coaching-Zyklus kann der Mentor zum Beispiel entscheiden, ob er den Mentee bei der Durchführung des nächsten Schrittes begleitet, beobachtet und Ratschläge erteilt, so wie Frau Fuchs in dem Mentor/Mentee-Fallbeispiel in Kapitel 8, oder ob er später zurückkehrt, um mittels eines erneuten Coaching-Zyklus den Ist-Zustand zu überprüfen. Der nächste Coaching-Zyklus sollte so schnell wie möglich folgen, häufig innerhalb weniger Stunden oder sogar Minuten am selben Tag. Wenn der nächste Schritt direkt gemacht werden kann, dann tun Sie das.

- Eine Erkenntnis ist, dass es eine gute Idee sein kann, die ersten Zielzustände eines Mentees auf den Zeithorizont von einer Woche zu beschränken. Auf diese Weise kann der Mentee mehr Erfahrung mit der gesamten Verbesserungs-Kata sammeln, erste Erfolge verbuchen und beginnen, einen Rhythmus zu entwickeln. Nach einiger Übung können Sie anfangen, den Horizont des Zielzustands ein wenig auszudehnen, zum Beispiel auf zwei bis vier Wochen.
- Eine weitere Erkenntnis ist, nicht bis zum Ende einer Schicht zu warten, um Checks beziehungsweise Coaching-Zyklen durchzuführen. Sehen Sie einen Check als einen Anfang und nicht als das Ende an, und führen Sie diese Checks möglichst zu Beginn eines Arbeitstages durch. Sie können die Uhrzeit als Teil eines Coaching-Zielzustands festlegen. Wenn wir Coaching-Zyklen immer bis an das Ende des Arbeitstages schieben, dann signalisiert das eine geringe Priorität und dass ein Coaching-Zielzustand fehlt.
- Wann immer Sie einen Prozess angehen, durchlaufen Sie die fünf Fragen. Auf diese Weise unterrichten Sie nicht nur andere in einer Denkweise, sondern auch sich selbst.
- Die fünfte Frage (»Wann können wir uns vor Ort ansehen, was wir aus diesem Schritt gelernt haben?«) hat sich als Stolperstein entpuppt. Neue Coaches denken beim Stellen dieser Frage oft, dass der nächste Schritt eine Gegenmaßnahme oder Lösung sein muss. Zugleich denkt der Mentee häufig, dass es das ist, was der Coach haben will. In vielen (oder gar den meisten) Fällen besteht der nächste Schritt jedoch darin, die Situation noch eingehender zu erfassen, wie in dem Fallbeispiel in Kapitel 8 gezeigt wurde.
- Eine weitere Erkenntnis besteht darin, jeweils nur einen Zielzustand zu coachen. Das bedeutet gewöhnlich: jeweils einen Mentee. Wenn Sie versuchen, mehrere Mentees gleichzeitig zu coachen, wird der Dialog schnell zu allgemein, und die Mentees sprechen vielleicht weniger offen über Probleme. Jeder Mentee befindet sich möglicherweise in einer spezifischen Situation und hat in der Regel spezifische Entwicklungsbedürfnisse.

Erfolgserlebnisse

Die Entwicklung neuer Verhaltensmuster umfasst auch, aus dem Üben des neuen Verhaltens periodisch Erfolgserlebnisse zu ziehen. Obwohl wir vielleicht denken, dass Erfolg erst am Ende von etwas kommt, gibt es in der Tat

Abbildung 99: Gelegenheiten für Erfolgserlebnisse gibt es entlang der gesamten Verbessungs-Kata

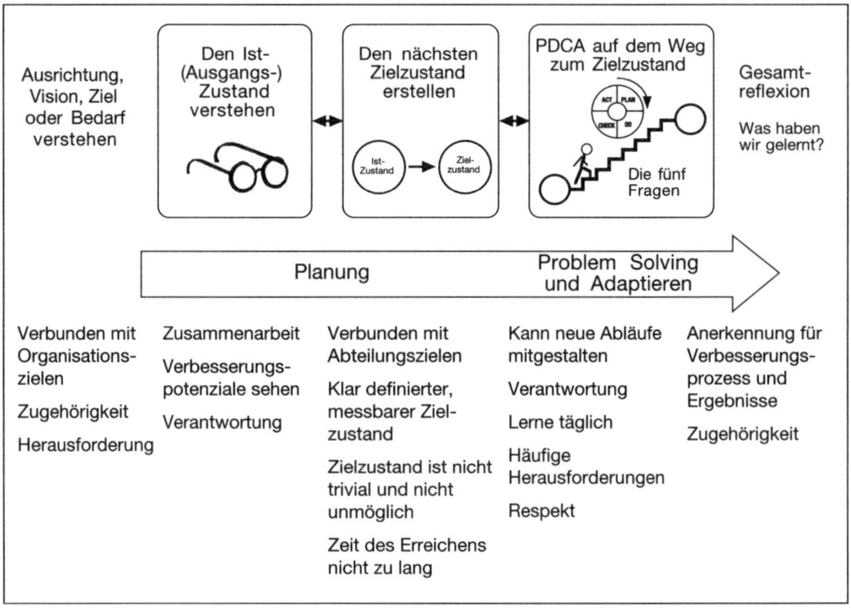

wichtige Gelegenheiten für ein positives Feedback in allen Phasen der Verbesserungs-Kata, wie in Abbildung 99 unten gezeigt wird. Diese Gelegenheiten sollten genutzt werden, da das Ziel nicht nur aus Lösungen besteht, sondern aus der Entwicklung der Fähigkeit, der Routine der Verbesserungs-Kata zu folgen, Situationen zu verstehen und passende Lösungen zu entwickeln.

Einen Plan erstellen

Nachdem die Vorab-Gruppe einige Monate lang durch die Anwendung der Verbesserungs-Kata am Produktionsprozess gelernt hat, besteht Bedarf für einen Plan, um mit der Erweiterung der Entwicklung von Verbesserungs-Kata-Verhalten zu beginnen. Der zeitliche Horizont für einen ersten solchen Plan sollte zwölf Monate nicht überschreiten, da Sie sich in diesem Stadium in einer steilen Lernkurve befinden und sich Ihr Verständnis der Verhältnisse wahrscheinlich noch stark ändern wird. Aufgrund unserer begrenzten Erfahrung leuchtet unsere Taschenlampe zu diesem Zeitpunkt noch nicht allzu weit voraus. Einen solchen Plan zu erstellen, ist nichts anderes als ein A3-Planungsprozess, wie am Ende von Kapitel 8 vorgestellt:

- Die Vorab-Gruppe braucht einen Mentor, dem sie ihre Planungsbemühungen während Coaching-Zyklen schrittweise vorstellt. Bei der Entwicklung dieses Plans konzentriert sich die Gruppe auf jeweils einen Abschnitt, denn jeder Abschnitt des Plans bildet das Bezugssystem für den nächsten. Bis dieser Plan abgezeichnet ist, ist es akzeptabel, zu vorherigen Abschnitten zurückzukehren und Änderungen vorzunehmen. Der Prozess ist nicht nur iterativ, sondern verläuft häufig auch in Schleifen.
- Ein Großteil des Nutzens dieses Plans liegt in dem iterativen Planungsprozess, weil dieser Sie zwingt, Fakten und Daten zu sammeln und das, was Sie unternehmen, wiederholt zu durchdenken – mit jedem Zyklus noch tiefer. Das Ziel besteht nicht einfach darin, einen Plan zu haben, sondern die schrittweisen Bemühungen zu durchlaufen, einen Plan zu erstellen.
- Diese Art von Plan zu erstellen braucht seine Zeit. Es kann leicht zwei Monate dauern. Während Sie den Plan entwickeln, bleiben Sie dabei, die Verbesserungs-Kata zu üben und Ideen zu testen. Das hilft Ihnen, nah an der realen Situation zu bleiben.

Im Folgenden einige Schlüsselpunkte für den Planungsprozess, vorgestellt unter den entsprechenden A3-Überschriften:

1. Thema

Das Thema ist, das Verhalten von Managern und Führungskräften in Richtung eines Musters zu entwickeln, das der Verbesserungs-Kata folgt. Achten Sie jedoch darauf, Thema und Aktivitäten in Verbindung mit kontinuierlicher Verbesserung von Produktionsprozessen zu halten, da das übergeordnete Ziel in der Kostenreduzierung mittels Prozessverbesserung liegt. Wir führen die Verbesserungs-Kata nicht um ihrer Selbst willen ein. Wir sollten Prozesse verbessern und gleichzeitig die Routine der Verbesserungs-Kata üben und lernen.

Wie in Kapitel 3 beschrieben, wirkt Toyotas Verbesserungs-Kata innerhalb einer allgemeinen Ausrichtung, die durch eine langfristige Vision geprägt wird. Ohne diese laufen Personen in unterschiedliche Richtungen los, während sie versuchen Prozesse zu verbessern und auf Hindernisse stoßen. Deshalb lautet eine der ersten Fragen, die Sie sich stellen müssen: »Haben wir einen Konsens über eine Vision, das heißt eine langfristige Ausrichtung?«

Ich habe etliche Gruppen dabei beobachtet, wie sie in lange, theoretische Diskussionen über das Festlegen einer Vision eintauchten, die in der Regel damit endeten, dass nutzlose Statements abgegeben wurden, die dem Schutz heiliger Kühe dienten. Eine prägnante, nützliche, aber nicht übermäßig einengende langfristige Vision zu entwickeln, ist schwierig. Es bedarf einer beträchtlichen Menge an Zeit und Reflexion, und ist nicht unbedingt ein demokratischer Prozess. Wenn wir außerdem im Hinblick auf das Potenzial der Verbesserungs-Kata noch Anfänger sind, dann ist es vielleicht noch nicht der richtige Zeitpunkt, um darüber zu debattieren, was eine geeignete Vision sein könnte. Aber ohne Vision geht es nicht. Falls Sie in einem Produktionsunternehmen tätig sind, sehe ich keinen Grund, warum Sie nicht dieselbe langfristige Vision für Ihre Produktionsprozesse übernehmen sollten, die Toyota anstrebt: One-Piece-Flow zu geringstmöglichen Kosten. Wie wir in Kapitel 3 gesehen haben, stammt diese Vision nicht von Toyota oder aus Japan und ihr wird bereits seit einigen Jahrhunderten nachgegangen. Warum also diese weithin anerkannte Produktionsvision nicht übernehmen und loslegen?

2. Ist-Zustand

Die Vorab-Gruppe ist dabei, sich ein unmittelbares Verständnis der aktuellen Situation anzueignen, indem sie versucht, die Verbesserungs-Kata auf der Prozessebene der Organisation anzuwenden. Fassen Sie in Stichpunkten zusammen, was dabei gelernt wird. Einige Aspekte des Ist-Zustands sollten messbar sein, sodass Sie beurteilen können, ob Sie Fortschritte erzielen oder nicht. (Mehr zu Kennzahlen später in diesem Plan.) Basierend auf dem, was die Vorab-Gruppe dabei lernt, wenn sie sich in die derzeitige Situation vertieft, kann dann ein erster Zielzustand erstellt werden.

3. Zielzustand

Was Sie hier definieren, ist ein Zustand, den Sie an einem Punkt in der Zukunft haben möchten (zum Beispiel in sechs oder zwölf Monaten von jetzt an gerechnet). Diesen zu definieren, braucht etwas Zeit und Iteration, da er auf Daten und Fakten basieren sowie spezifisch und messbar sein sollte.

Im Planabschnitt »Zielzustand« könnten zwei Kategorien von Informationen stehen:

1. Prozessverbesserungsaktivität, zum Beispiel:
- Gesamtzahl an Prozessen, die mittels Verbesserungs-Kata gemanagt und verbessert werden.
- Messbare Prozessverbesserung, zum Beispiel Prozessstabilität.

2. Führungsverhalten, zum Beispiel:
- Welche Personen welches Fähigkeitslevel erreicht haben (siehe Abbildung 100).
- Welche Personen die Verbesserungs- und die Coaching-Kata in welcher Frequenz und bei wie vielen Prozessen durchführen.

Wie Sie diesen Zielzustand erreichen wollen, wird das Thema des nächsten Planungsabschnitts sein.

Behalten Sie, während Sie die Gesamtzahl an Prozessen im Zielzustand festlegen, im Hinterkopf, dass die Verbesserungs-Kata ein Ansatz für das tägliche Managen ist. Haben Sie erst einmal in einem Prozess mit der Verbesserungs-Kata begonnen, gibt es dort kein Ende mehr. Das bedeutet, dass im Unterschied zu Verbesserungsprojekten oder Workshops, die einen Endtermin haben, die Zahl der mittels Verbesserungs-Kata angegangenen Prozesse wächst und sich akkumuliert, je mehr Sie die Handlungsweise auf andere Prozesse ausweiten. Überstürzen Sie am Anfang nichts, indem Sie zu viele Fokusprozesse auswählen.

Bei der Festlegung eines Zielzustands haben wir bezüglich der Entfaltung der Verbesserungs-Kata in einer Organisation Fähigkeitslevels beschrieben, die die Personen erreichen sollten. Dabei haben wir oft die drei in Abbildung 100 dargestellten Ebenen benutzt.

Vom unteren Ende des Diagramms, also bei Ebene B (»Bewusstsein«), zu beginnen, bedeutet, dass der Mentee ein grundsätzliches Verständnis davon besitzt, was die Verbesserungs-Kata ist und wie sie funktioniert. Ebene V (»Ver-

Abbildung 100: Beispiel von Fähigkeitslevels

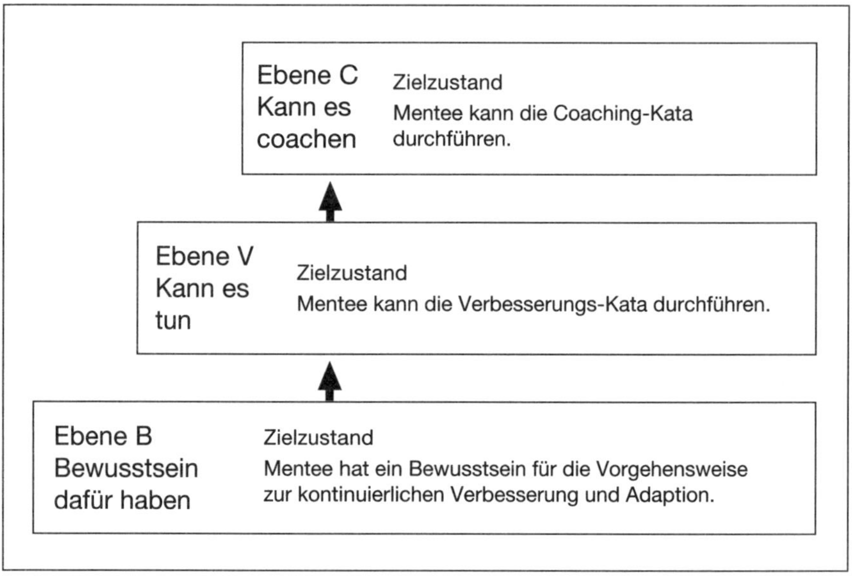

besserungs-Kata«) bedeutet, dass die Person die Verbesserungs-Kata wirksam ausführen kann. Ebene C (»Coaching-Kata«) bedeutet, dass die Person sowohl die Verbesserungs- als auch die Coaching-Kata wirksam ausführen kann.

4. Vom Ist-Zustand zum Zielzustand

Nachdem die Vorab-Gruppe den nächsten Zielzustand definiert hat, bezieht sie idealerweise Personen der nächsten Organisationsebene, ihre Mentees, bei der Planung ein, wie man sich vom Ist-Zustand auf den Zielzustand zubewegen will. Diesen Teil des Plans sollte die Vorab-Gruppe nicht alleine erstellen. Es ist durchaus akzeptabel, wenn Mentoren ein Ziel und manchmal sogar einen Zielzustand festlegen. Aber bei der Planung, wie dieser erreicht werden kann, sollten die Mentees einbezogen werden. Ansonsten ähnelt es der herkömmlichen Art und Weise, den Mitarbeitern zu sagen, was sie tun sollen.

Die übergeordnete Idee in diesem Planabschnitt ist, dass Menschen die Verbesserungs-Kata durch wiederholtes Ausführen der Routine lernen – und zwar bei realen Prozessen unter Anleitung eines Coaches. Im Hinblick auf Taktiken sollte dieser Teil des Plans die Coaching-Zyklen im Detail spezifizieren: Wer übt wann, wo und wie? Sie könnten das zum Beispiel in monatliche Blöcke herunterbrechen.

Bei der Planung, wie vom Ist-Zustand auf den Zielzustand zu kommen ist, haben wir oft die drei Fähigkeitslevels mit den folgenden Trainingsaktivitäten gekoppelt:

Abbildung 101: Beispiel für Trainingsaktivitäten

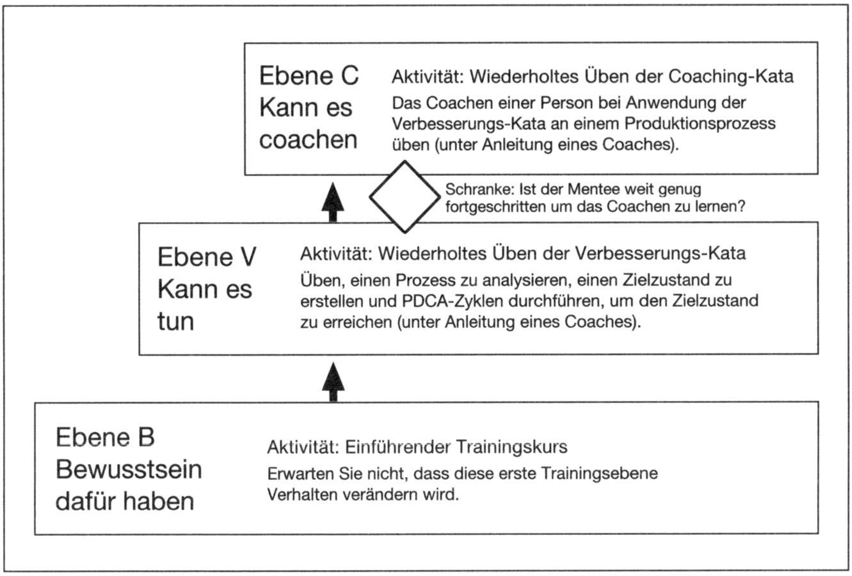

Nochmal vom unteren Ende des Diagramms anfangend (bei Ebene B) besteht die Trainingsaktivität aus einem Kurs im Schulungsraum – samt Aufgaben vor Ort. Der Zweck dieses Kurses besteht lediglich darin, ein Bewusstsein dafür zu schaffen, was die Verbesserungs-Kata ist. Auf der nächsten Trainingsebene geht es um das Üben der Verbesserungs-Kata (Trainingslevel V im Diagramm). Nachdem der Mentee ausreichend Fähigkeit zur Ausführung der Verbesserungs-Kata gezeigt hat – das ist die Ausgangsvoraussetzung beziehungsweise die Schranke –, kann zur nächsten Ebene übergegangen werden. Auf der Ebene C wird die Coaching-Kata geübt. Von Ebene V zu Ebene C überzugehen ist keine Frage von Zeit oder Anzahl der Übungen, sondern von demonstrierter Fähigkeit.

Diese drei Ebenen der Trainingsaktivitäten – oder welche Ebenen Sie auch immer definieren – können einen Rahmen bilden, um zu spezifizieren, wer was wann und wie üben wird. Die folgende Tabelle dient als Beispiel:

Abbildung 102: Beispiel, wie Trainingsaktivitäten durch die Organisation gebracht werden können

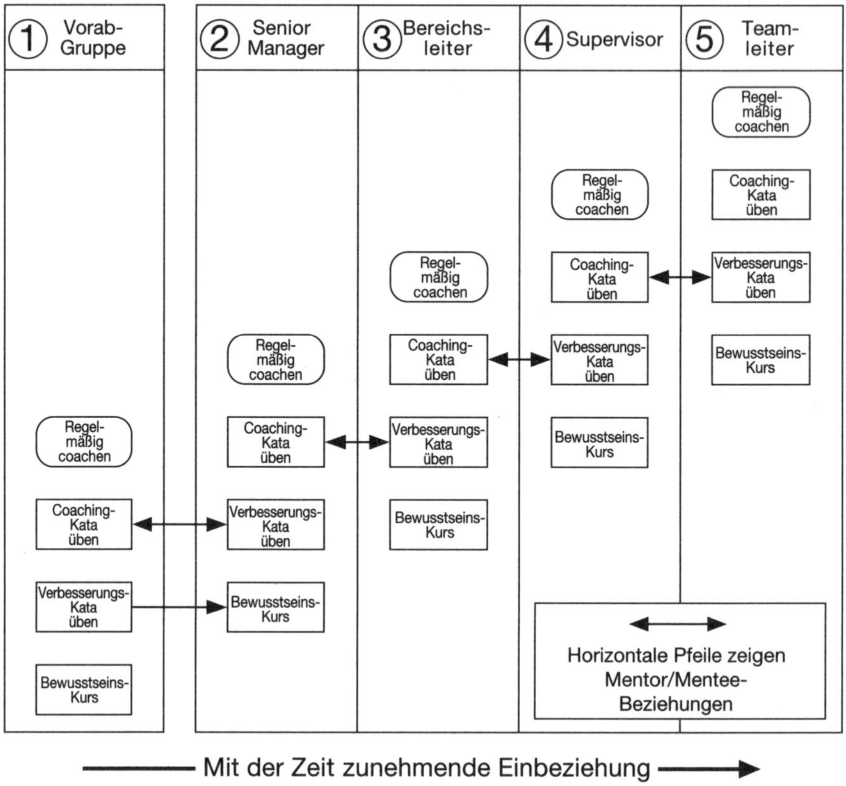

Wenn Mitarbeiter ein höheres Niveau an Erfahrung, Fähigkeit und Perspektive erreicht haben, unterrichten und coachen einige von ihnen Mitarbeiter der nächsten Ebene (siehe horizontale Pfeile in der Tabelle). Durch das Coachen der nächsten Gruppe können die Personen in der höheren Ebene ein besseres Gefühl für die tatsächliche Situation, sprich für die derzeitigen Fähigkeiten von Mitarbeitern, erhalten. (Siehe Vorteile der Mentor/Mentee-Vorgehensweise in Kapitel 8.)

Diese generische Tabelle soll Ihnen helfen, sich vorzustellen, wie Sie praxisbasiertes Training innerhalb Ihrer Organisation verbreiten können. Natürlich ist das wahre Leben nicht so ordentlich. Das in dieser Tabelle dargestellte Vorgehen wird außerdem in den meisten Organisationen deutlich mehr als ein Jahr in Anspruch nehmen. Aber mit dieser allgemeinen Taktik im Hinterkopf können Sie Ihren ersten Plan für Ihre Situation entwickeln.

Es ist wichtig, dass wir unseren Fortschritt und insbesondere den Mangel desselben messen können. Wir lernen am meisten aus unseren Fehlern. Derzeit verwenden wir zwei Kategorien von Kennzahlen:

1. Eine Kategorie von Metriken hat mit Coaching zu tun. Es können zum Beispiel die Anfangs- und Schlusszeiten der Coaching-Zyklen sein, die Anzahl der gecoachten Prozesse, wer das Coaching durchführt, wie oft die Coaching-Zyklen stattfinden und ob der nächste Schritt gemacht wird oder nicht.

   Es ist allerdings absolut denkbar, eine spezifizierte Anzahl von Coaching-Zyklen durchzuführen und keine oder wenig Verbesserung im Produktionsprozess zu bewirken. Behalten Sie stets im Kopf, dass das übergeordnete Ziel die kontinuierliche Verbesserung von Kosten und Qualitätsleistung auf Prozessebene ist.
2. Deshalb sollten Sie die Beziehung zwischen Coaching-Zyklen und einer zweiten Kategorie von Kennzahlen überwachen, die die Prozessverbesserung betreffen. Diese Kennzahlen entstammen unmittelbar den Zielzuständen der entsprechenden anvisierten Produktionsprozesse. Wenn die Coaching-Zyklen wie geplant ausgeführt, die Zielzustände im Produktionsprozess jedoch nicht erreicht werden, dann müssen Sie sich genauer ansehen, wie das Coaching durchgeführt wird.

Denken Sie außerdem darüber nach und definieren Sie, wie diese Zahlen beschafft werden. Idealerweise erfolgt das so einfach wie möglich: Mit Papier und Bleistift am Prozess. Eine gute Faustregel ist, die Kennzahlen nicht in das IT-System einzugeben. Um uns die benötigten Metriken zu erhalten, sollten wir zu dem Prozess gehen. Der Mentee liefert nicht Kennzahlen an den Mentor. Es ist im Grunde eher wie ein Pull-System, bei dem Mentor und Mentee zum Prozess gehen, um sich vor Ort die benötigten Daten und Fakten zu besorgen.

Viele Organisationen haben versucht, als Bestandteil Ihrer Bemühungen Lean-Konzepte zu implementieren: Systeme mit Punktvergaben einzuführen, um Fortschritt anzutreiben und zu bewerten. Seien Sie vorsichtig mit derartigen Systemen. Oftmals sind Personen dadurch letztlich mehr am Sammeln von Punkten interessiert als am gewünschten Zielzustand. Ich vermeide solche Maßnahmen eher.

Probleme treten auf, sobald Punkte mit dem Abschluss oder der Implementierung von Aktivitäten verknüpft sind – was leicht zu messen ist – statt mit dem Erreichen einer Ebene persönlicher Kompetenz oder eines Zielzustands (was zugegebenermaßen schwieriger zu messen ist). Levels sollten gemessen an der vom Mentee gezeigten Fähigkeit oder dem Erreichen von Zielzuständen erteilt werden – und nicht an der Zahl

- der absolvierten Kurse,
- der durchgeführten Aktivitäten oder
- der implementierten Werkzeuge.

Bauen Sie Reflektierzeiten in den Plan ein

Denken Sie daran, dass Sie bei der Umsetzung eines Plans und der Arbeit in Richtung eines Zielzustands Anpassungen durchführen müssen, die auf dem basieren, was Sie aus unvorhergesehenen Problemen und Hindernissen entlang des Weges lernen. Dies ist einer der Gründe, warum wir einen Plan erstellen: Damit wir erkennen können, was nicht wie erwartet läuft. Die Vorab-Gruppe muss regelmäßig die Situation reflektieren und, wenn nötig, Anpassungen vornehmen. Bauen Sie das in Ihren Plan ein, indem Sie Reflektierzeiten für die Vorab-Gruppe festlegen, zum Beispiel alle zwei Wochen.

Bei der Durchführung von Reflexionen – das heißt PDCA-Checks, während Sie daran arbeiten, innerhalb Ihres Unternehmens Verbesserungs-Kata-Verhalten zu entwickeln – werden Sie lernen, woran Sie arbeiten müssen, um dieses Verhalten zu erreichen. PDCA-Checks können Sie auf unkomplizierte Weise durchführen. Gehen Sie die fünf Fragen durch und erfassen Sie auf einem Flipchart, was wie geplant läuft (+) und was nicht wie erwartet funktioniert (–).

Eine Sache, die ich allerdings gelernt habe: Beginnen Sie jede Reflexionssession mit (1) einer Bestätigung des übergeordneten Themas (zum Beispiel: »In der Organisation ein der Verbesserungs-Kata gemäßes Verhalten zu entwickeln.«) und (2) einer Wiederholung des Grundes, warum wir experimentieren, um das Denken jedes Einzelnen vor dem Reflektieren zu kalibrieren. Personen, die zu einem Reflexionsmeeting gehen, fühlen sich vielleicht unter Druck gesetzt, sich zu verteidigen, warum sie einen Schritt nicht wie geplant abschließen können. Das blockiert natürlich PDCA. Es ist nützlich, daran zu erinnern, dass sie alle experimentieren, um Hindernisse zu erkennen und dadurch zu lernen, woran man arbeiten muss, um den Zielzustand zu erreichen. Es geht nicht darum, die Leistungen Einzelner zu bewerten, und unser

Erfolg ist davon abhängig, dass die Reflexion als depersonalisierter, offener und faktenbasierter Dialog abläuft.

Eine wiederholte Anmerkung zur Durchführung von Reflexionen: Wir wissen, dass die Verbesserungs-Kata wissenschaftlich ist und funktioniert. Wenn die Prozessverbesserung nicht wie erwartet ausfällt, so liegt das nicht an einer fehlerhaften Kata, sondern daran, dass etwas an unserem Coaching noch nicht richtig läuft. Die Verbesserungs-Kata wieder und wieder anzuwenden sollte Ergebnisse bringen. Wenn nicht, dann ist irgendetwas in unserem Lehren fehlerhaft.

Typische Hindernisse

Bei unserem Experimentieren stießen wir auf etliche Hindernisse, erlebten viele »Aha-Momente« und zahlreiche Kurskorrekturen. Als Beispiele hier einige häufige Hindernisse. Sie werden noch viel mehr entdecken.

- Es fällt Menschen schwer, dem Drang zu widerstehen, eine Liste von Action Items aufzustellen.
- Senior-Führungskräften fällt es oft schwer, die fünf Fragen zu verinnerlichen.
- Wir mögen es, etwas zu tun, aber weniger, es zu überprüfen und Anpassungen vorzunehmen.
- Wir stürzen uns auf Lösungen und überspringen sorgfältige Beobachtung und Analyse.
- Die Menschen missverstehen den Coaching-Stil von Toyota. Sowohl Mentor als auch Mentee glauben irrtümlicherweise, dass der Mentee herausfinden soll, welche Lösung der Mentor im Kopf hat.
- Der unklare Weg in Richtung Zielzustand löst bei vielen Personen Unbehagen aus. Menschen wissen gern im Voraus, wo es langgeht, selbst wenn das in Wahrheit nur eine Prognose ist.
- Iteration (Wiederholung von Schritten) ist unbequem. Menschen haben den Eindruck, etwas falsch gemacht zu haben, wenn man sie bittet, noch einmal hinzuschauen oder einen Schritt zu wiederholen. Dabei ist dies sehr wichtig für das Lernen und Gewinnen eines tieferen Verständnisses.
- Viele Personen werden diese Bemühungen lediglich wie ein weiteres Projekt betrachten statt als die Entwicklung einer neuen Führungsart. Anfangs sieht es natürlich so aus, als bedeute dieses Vorhaben, nur noch mehr Arbeit auf die täglichen Managementpflichten zu packen – und

nicht wie eine andere Form der Durchführung des täglichen Managements.

- Anfangs nehmen Coaching-Zyklen oft zu viel Zeit in Anspruch und werden dadurch zu einer Last. Nachdem ein Zielzustand erstellt ist, können Coaching-Zyklen oft in 15 Minuten abgewickelt werden. Weniger ist mehr. Wie bereits angesprochen, sollten Sie keine Liste von Schritten entwickeln, sondern lediglich einen Schritt durchführen und dann sehen, wohin dieser Sie führt. Führen Sie Ihre Coaching-Zyklen vor Ort beim Prozess durch (dazu müssen Zielzustandsinformationen und Prozessdaten auch vor Ort sein), und lassen Sie diese nicht in endlose Diskussionen verlaufen. Gehen Sie die fünf Fragen durch, finden Sie den nächsten Schritt – und damit ist der Coaching-Zyklus zu Ende. Dann führen Sie so schnell wie möglich den nächsten Schritt durch.

Lebenslanges Üben

In diesem Kapitel haben wir über das Entwickeln von Fähigkeiten und Verhaltensmustern gesprochen, die nach Toyotas Auffassung die Kraft einer Organisation darstellen.

Die anhaltende Herausforderung eines Kata-Trainings besteht im Streben nach Perfektion. Selbst die versiertesten Ingenieure, Führungskräfte, Manager und Executives von Toyota werden sagen, dass sie immer noch darauf hinarbeiten. Der Vergleich mit Sport passt auch hier. Wie Sportler müssen auch fortgeschrittene Mentees und Senior-Führungskräfte die Anwendung der Kata weiter praktizieren, die sie als Anfänger unter der Anleitung eines Coaches erlernt haben. Der nie endende Bedarf an Verbesserung und Entwicklung unserer Prozesse und Produkte gibt uns die Möglichkeit, unsere Fähigkeiten zu verbessern, während wir an aktuellen Themen und in Richtung eines realen Zielzustands arbeiten. Während wir das tun, sollten wir auf unsere Coaches und andere Menschen hören, die vielleicht eine schlechte Angewohnheit entdecken.

Der elegante Trick besteht darin, dass Sie beim Üben auch etwas Reales tun – immer entsprechend Ihres derzeitigen bestmöglichen Könnens. Das ist eine interessante Art, kontinuierliche Verbesserung und Adaption zu managen, und eine faszinierende Art, eine Organisation zu managen.

Fazit

Wir bewundern Toyotas Fähigkeit, in unterschiedlichen Umfeldern und unter sich verändernden, herausfordernden Verhältnissen erfolgreich zu sein. Dabei ist es nicht unbedingt ein Problem, dass Unternehmen kommen und gehen. Der Ökonom Joseph Schumpeter sah darin einen Prozess der *kreativen Zerstörung* und erklärte, dass dies zur Vitalität der pulsierenden und dynamischsten Volkswirtschaften auf der Erde beiträgt.

In den späten 1980er Jahren begann ich zu erforschen, wie produzierende Unternehmen Wettbewerbsfähigkeit beibehalten oder wiedererlangen können. Dabei überraschte mich ein buddhistischer Kollege mit einer Beobachtung. Er wies darauf hin, dass ich mich mit dieser Forschung und dem Versuch, Unternehmen zu unterstützen, möglicherweise in die natürliche Selektion einmische, unhaltbare Situationen künstlich verlängere und dadurch auf lange Sicht gesehen mehr statt weniger Leiden verursache.

Trotz der Ansicht von Schumpeter und meines buddhistischen Kollegen beschäftigt es mich aber doch, ob ein Unternehmen überlebt oder nicht, und es beschäftigt mich, ob *Ihr* Unternehmen überlebt oder nicht. Das liegt nicht daran, dass ich mich vor Veränderungen fürchte oder an einem Unternehmen hänge. Der Grund ist, dass der unbeabsichtigte Rückgang oder Zusammenbruch eines Unternehmens bedeuten kann, dass wir als Menschen nicht in der Lage waren, rechtzeitig zu erkennen, was passiert, entsprechend zu reagieren und geschickt zu adaptieren. Ich lamentiere weniger über den Verlust der Organisation, sondern bedauere, dass wir unsere menschliche Fähigkeit, stets zu adaptieren, nicht in ihrem ganzen Ausmaß einsetzen konnten. Wenn wir diese Fähigkeit stärker nutzen würden, gäbe es sogar öfter Veränderungen, während unsere Organisationen bewusst sich selbst, ihre Produkte und ihre Dienstleistungen modifizieren, um sich dynamischen Bedingungen anzupassen.

Durch ihren Erfolg kann es sein, dass Unternehmen zu wenig von ihrer Aufmerksamkeit darauf lenken, Kunden und Gesellschaft zu dienen, und zu viel Aufmerksamkeit darauf verwenden, mehr Geld zu verdienen, versuchen einen Status quo beizubehalten und kurzfristige Maximierung von

Shareholder Value zu erlangen. Infolgedessen wird es wahrscheinlicher, dass Fortschritt durch Verbesserung und Adaption in Prozess, Produkt oder Dienstleistung von außerhalb dieser Unternehmen kommen wird. Im Kontrast dazu hilft Toyotas Verbesserungs-Kata einer Organisation, ihre Aufmerksamkeit darauf zu halten, was sie tun muss, um die Art und Weise immer zu verbessern, wie ein Mehrwert für Kunden und Gesellschaft geschaffen wird.

Finanzziele und -ergebnisse sind natürlich lebenswichtig für ein Unternehmen, aber für das langfristige Überleben einer Organisation sollte der Frage »Wie erreichen wir diese Finanzergebnisse?« oftmals eine andere Frage vorangestellt werden, nämlich: »Was müssen wir als Nächstes mit unseren Prozessen, Produkten oder Dienstleistungen tun, um Kundenbedürfnisse zu erfüllen?«

Zwischen diesen beiden Fragen liegt eine Menge an menschlichem Einfallsreichtum und Kreativität, die jeder Organisation, die eine Kata hat, durch die diese Fähigkeiten genutzt und kanalisiert werden, zur Verfügung steht.

Wenn wir wissen und meistern können, wie man sich durch unklares Terrain bewegt, brauchen wir uns nicht vor Herausforderungen, Veränderungen und dem Unvorhersehbaren zu fürchten, das uns begegnet. Statt an einer möglichen künstlichen und falschen Sicherheit festzuhalten – was zu Schwierigkeiten führen kann, weil wir dann auf Basis einer falsch aufgefassten Realität agieren –, können wir uns Mittel aneignen, um mit Unsicherheit umgehen zu können. Das ist der Grund, warum ich mich weiterhin mit Toyota beschäftigte und warum ich mich, als die Forschung voranschritt und die Ergebnisse klarer wurden, entschied, dieses Buch zu schreiben. Ich hoffe, dass Toyota lange genug existiert, damit viele von uns – in Business, Education, Politik und im täglichen Leben – von diesem einzigartigen Unternehmen etwas darüber lernen können, wie wir unsere menschlichen Fähigkeiten vielleicht besser nutzen können. Langfristig zu überleben – das grundlegende Ziel von Toyota –, ist für mich ein Zeichen konzertierten Nutzens – sprich: guten Managements – unserer menschlichen Fähigkeiten und Potenziale.

Als ich vor sechs Jahren mit den Forschungen für dieses Buch begann, dachte ich, es würde wie üblich eine Geschichte über Techniken und andere auflistbare Aspekte von Toyota sein. Heute sehe ich Toyota in einem bemerkenswert anderen Licht, nämlich als eine Organisation, die sich vorrangig über ihre einzigartigen Verhaltensroutinen definiert, die sie kontinuierlich alle Mitglieder lehrt. Wegen der linearen Natur eines Buchformats sind einige meiner Beschreibungen der Verbesserungs-Kata gezwungenermaßen

Abbildung 103: Weiter als wir sehen können

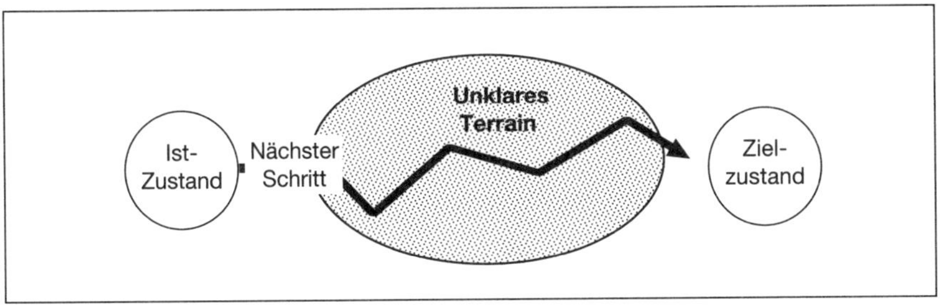

zu mechanisch im Vergleich dazu, wie diese Kata tagtäglich bei Toyota genutzt wird. Glücklicherweise wird sich aber die Verbesserungs-Kata, sogar wie sie hier dargestellt wird, bereitwillig der Unvorhersehbarkeit der Realität anpassen.

Toyotas Verbesserungs-Kata und Coaching-Kata sind größtenteils unsichtbar, wenn wir Toyota benchmarken. Dennoch spielen diese beiden Kata die vielleicht größte Rolle bei Toyotas Fähigkeit, ehrgeizige Ziele zu erreichen, und sich permanent zu verbessern und zu adaptieren. Mittlerweile habe ich umfangreich mit diesen Kata gearbeitet und bin fasziniert von ihrem Vermögen, uns auf unvorhersehbaren Wegen, die vor uns liegen, weiter als wir sehen können, zu führen (Abbildung 103). Wenn man hinter den Vorhang schaut, wie Toyota sich selbst managt, dann erkennt man, dass Toyota nicht nur eine kommerzielle, sondern auch eine intellektuelle Leistung vollbracht hat.

Die Reaktion von Wirtschaftsführern, wenn sie von Toyotas Verbesserungs- und Coaching-Kata erfahren, ist überaus positiv, sogar wesentlich positiver als gedacht – als hätten sie auf so etwas gewartet. Wenn doch Skepsis geäußert wird, dann dreht sie sich oft um zwei Punkte: dass das schrittweise Vorgehen der Verbesserungs-Kata und Coaching-Kata zu langsam Fortschritte generiert, oder dass es zu lange dauere, solche Verhaltensmuster zu entwickeln.

Was die erste Bemerkung angeht, mag Toyotas Vorgehen vielleicht langsam erscheinen, aber die kontinuierliche Verbesserung und Adaption, die es bewirkt, ist in Summe schneller und effektiver als unser derzeitiges Vorgehen mit nur periodischen Verbesserungs- und Adaptierungsversuchen. Es ist ein klassisches Beispiel von dem Wettlauf von Hase und Igel. Was die zweite Bemerkung angeht, würde ich zustimmen, dass das Entwickeln neuer Verhaltensmuster innerhalb einer gesamten Organisation eines weiterreichenderen Aufwands und vielleicht mehr Zeit bedarf als eine Schnellreparatur. Aber eine Schnellreparatur ändert nicht das zugrunde liegende

Managementsystem und – der Schluss wird immer unvermeidlicher – einige Aspekte unseres vorherrschenden Managementsystems müssen verändert werden.

Permanenter Druck, sich anzupassen, kann eine Organisation fit und gesund halten, wenn es eine systematische Weise – eine Kata – hat, um darauf zu reagieren. Dieses Buch beschreibt nicht alles an Toyota. Aber es liefert Ihnen mehr als genug Informationen und Details, um mit der Entwicklung Ihres eigenen kontinuierlichen Verbesserungssystems, wie dem von Toyota, – durch Experimentieren und Üben – zu beginnen. Durch Ihre Bemühungen, kontinuierliche Verbesserung und Adaption in Ihre Organisation zu integrieren, können Sie diese sogar als Teil der Menschheitsgeschichte sehen. Denn jeder Schritt in diese Richtung nützt nicht nur Ihrer Organisation; er hilft, unsere Gesellschaft weiter nach vorne zu bringen, indem unsere Fähigkeiten mobilisiert werden.

Ist der Weg, wie Sie in Ihrer Organisation ein Verbesserungs-Kata-Verhalten entwickeln, unklar? Sind Sie unsicher, was Sie tun müssen, um erfolgreich eine Veränderung der Kultur zu bewirken? Genau so sollte es sein und, wenn es so ist, kann ich Ihnen versichern, dass Sie bereits auf dem richtigen Weg sind. Wir können nicht wissen, wie der Weg nach vorne aussieht, aber die Verbesserungs-Kata zeigt uns eine Möglichkeit, wie wir damit umgehen und diesen unvorhersehbaren Aspekt des Lebens vielleicht sogar genießen können. Letzteres ist mein Wunsch für uns alle, und mit diesem Gedanken im Hinterkopf stelle ich eine Frage zum Schluss:

Was ist Ihre Verbesserungs-Kata?

Anhänge

Anhang 1

Wo startet man mit der Verbesserungs-Kata?[29]

Idealerweise gäbe es für jeden Fertigungsprozess einen Zielzustand. Führungskräfte würden imstande sein, Verbesserungsaktivitäten zu überprüfen und Mentoring zu praktizieren, indem sie täglich von Prozess zu Prozess gehen, Beobachtungen machen und die fünf Fragen bei jedem Halt stellen. Sicherlich sollte kein Prozess in einem Werk ohne einen definierten Standard arbeiten, den man versucht zu erreichen. Allerdings wäre es zu viel, damit zu beginnen, die Verbesserungs-Kata auf viele Prozesse gleichzeitig anzuwenden.

Eine gängige Antwort auf die Frage, wo man starten sollte, ist die Schleife in dem Wertstrom mit dem größten Verbesserungspotenzial. In der folgenden vereinfachten Wertstrom-Map hat die Stanzschleife mit acht Tagen Durchlaufzeit eindeutig größeres Verbesserungspotenzial als die Montageschleife, die nur einen halben Tag Durchlaufzeit erzeugt. Viele von uns würden logischerweise in der Stanzschleife beginnen.

Abbildung 104: Ein Wertstrom mit zwei Schleifen

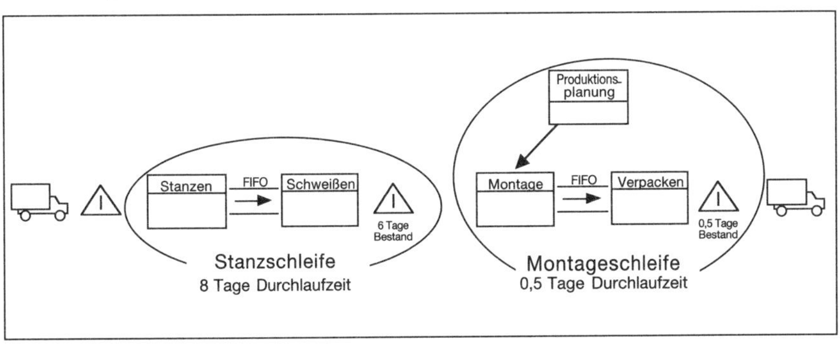

29 Die Anhänge 1 und 2 stellen technische Anleitungen zur Verfügung, um Ihnen zu helfen, mit der Nutzung der Verbesserungs-Kata in einer Produktionsumgebung zu beginnen.

Als Bestandteil der Forschungen zu diesem Buch untersuchte ich, wie Toyota mit seinen Lieferanten arbeitet. Dabei beobachtete ich, dass Mitarbeiter von Toyotas Supplier-Support-Gruppe, nachdem sie für einige Zeit einen Wertstrom entlanggingen, um einen ersten Eindruck der gesamten Situation zu gewinnen, gewöhnlich damit begannen, sich auf die Montageschleife eines Wertstroms zu konzentrieren, selbst wenn diese viel weniger Bestand und Durchlaufzeit hatte als vorgelagerte Schleifen. In dem gezeichneten Wertstrom (Abbildung 104) würde Toyota sehr wahrscheinlich in der Montageschleife beginnen. Warum?

In der Denkart von Toyota ist die erste Stelle im Wertstrom, für die man einen Zielzustand festlegen und anstreben soll, der Schrittmacherprozess, anstatt in den vorgelagerten Fertigungsprozessen. Dieser Prozess (oder Schleife) in einem Wertstrom besteht aus den flussabwärts gelagerten Arbeitsschritten, die einer bestimmten Produktfamilie zugeordnet sind und wo diese Produktfamilie für den externen Kunden fertig gestellt wird. Der externe Kundentakt wird an diesem Prozess angewandt. Häufig sind das der Montageprozess und der damit verbundene Planungsprozess.

Abbildung 105: Schrittmacher- und Fertigungsprozesse

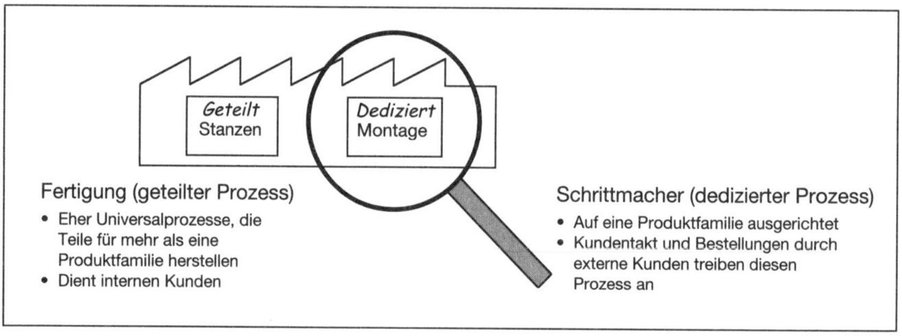

Beachten Sie, dass ein Schrittmacherprozess etwas anderes ist als ein Engpassprozess, obwohl es sich zufällig um denselben Prozess handeln kann.

Toyota neigt dazu, in der Schrittmacherschleife zu beginnen, weil sie eine kritische Position in einem Wertstrom besetzt und der speziellen Aufmerksamkeit würdig ist. Schwankungen und Instabilität in der Schrittmacherschleife können schnell den flussabwärts stehenden externen Kunden betreffen, und zugleich schwer verfolgbare und sich verstärkende Nachfrageschwankungen für vorgelagerte Prozesse verursachen.

Ich stieß zuerst auf diese Wirkung, als ich ein Werk besuchte und mir gesagt wurde, dass das größte Problem in der vorgelagerten maschinellen Teilefertigung läge. Der Montageprozess konnte oft seinen Produktionsplan nicht erfüllen, weil immer wieder bearbeitete Teile fehlten. Und doch: Als wir zum maschinellen Bearbeitungsbereich kamen, deckten ein paar Berechnungen dort Überkapazität auf. Der Leiter dieses Fertigungsbereiches klärte das auf, als er sagte: »Ja, wir haben hier genug Kapazität, aber niemand kann erwarten, dass wir mit der Montage Schritt halten, so wie die ständig ihren Produktionsplan ändern.« An diesem Punkt gingen wir zurück zur Montage – in die Schrittmacherschleife – und begannen damit, dort genauer hinzusehen.

Viele Probleme in vorgelagerten Prozessen eines Wertstroms haben tatsächlich ihren Ursprung in einer schlecht betriebenen Schrittmacherschleife. Wenn der Schrittmacher auf eine instabile oder ungeglättete Weise funktioniert, wird es schwer zu erkennen, wo Probleme im Wertstrom wirklich herkommen. Problem Solving und Verbesserung sind dann schwierig. Die Verbesserungsstrategie von Toyota ist hier, *zuerst* einen stabilen, gleichmäßigen Schrittmacherprozess zu entwickeln, dann zu sehen, welche Probleme in den vorgelagerten Prozessen bestehen bleiben und dann *je nach Bedarf* dorthin überzugehen.

Manchmal können Sie natürlich nicht mit der Schrittmacherschleife starten, weil es ein so gravierendes Problem in einem vorgelagerten Prozess gibt. Was Toyota in dieser Situation häufig tut, ist, das vorgelagerte Problem schnell zu lösen, meistens innerhalb von zwei Wochen – selbst wenn das bedeutet, dort temporär den Materialbestand zu erhöhen – und dann zur Konzentration auf den Schrittmacher zurückzukehren.

Ein spezieller Fokus auf Schrittmacherprozesse kann besonders am Anfang etwas Übung und Sonderanstrengung erfordern. Bei einem Unternehmen, das ich kenne, besucht der Vice President of Manufacturing regelmäßig die Produktionsstandorte des Unternehmens; eine übliche Praxis bei Manufacturing Vice Presidents. Trotz der Anweisung des Schrittmacherfokus würden Werksleiter den sie besuchenden Vice President grundsätzlich durch die Fabrik führen wollen, um ihn auf alle Verbesserungen, die vorgenommen wurden, aufmerksam zu machen; mit anderen Worten: auf diverse punktuelle Verbesserungen, die an vielen Stellen in der Fabrik gemacht wurden. Um das zu ändern und die Menschen stärker zu fokussieren, müsste der Vice President sagen: »Wenn ich Ihr Werk besuche, werde ich zuerst zu den Schrittmacherprozessen gehen und dort die fünf Fragen stellen.«

Während Sie damit fortfahren, sich auf den Schrittmacherprozess zu konzentrieren und sich bemühen, dort sukzessive anspruchsvollere Zielzustände zu erreichen, werden die Ursachen von Hindernissen zunehmend in vor- oder nachgelagerten Prozessen des Schrittmachers oder sogar anderswo in der Organisation liegen. Wenn Verhältnisse in anderen Prozessen und Bereichen zu Hindernissen werden, die Sie davon abhalten, den nächsten Zielzustand am Schrittmacher zu erreichen, können Sie zu ihnen übergehen. Das ist ein eleganter Weg, sich auf den Wertstrom auszudehnen – den Problemen dahin folgen, wohin diese Sie führen –, weil Sie dann immer an dem arbeiten, woran Sie arbeiten müssen, und die einzelnen Verbesserungsanstrengungen zueinander passen. Schließlich werden Sie bei allen Prozessen auf Zielzustände hinarbeiten, aber auf eine verbundene und konzertierte Weise. Und wenn Sie zu anderen Prozessen gehen, wird das Wertstromdesign wertvolle Unterstützung liefern, um zu verstehen und zu planen, wie Sie den Fluss als Nächstes gestalten möchten.

Abbildung 106: Nach Bedarf zum Wertstrom und in andere Bereiche migrieren

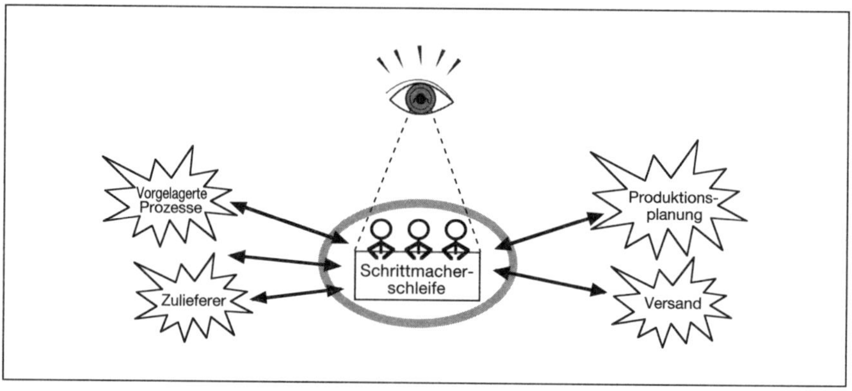

Anhang 2

Prozessanalyse

Der Zweck dieses Anhangs ist, Ihnen ein Vorgehen zu zeigen, mit dem Sie den Ist-Zustand eines Produktionsprozesses analysieren können. Dies hilft dabei, die benötigten Daten und Fakten zu erhalten, um einen passenden Prozesszielzustand zu definieren.

Ich habe diese Prozessanalyse auf eine Bandbreite von Produktionsprozessen angewandt; manche mehr automatisiert und manche weniger. In einigen Fällen werden Anpassungen notwendig sein, um die Analyse an die Eigenschaften eines bestimmten Prozesstyps anzupassen, aber das hier präsentierte Grundkonzept ist gewöhnlich in etwa dasselbe.

Der Zweck der Prozessanalyse ist *nicht*, Probleme oder potenzielle Verbesserungen aufzudecken, sondern den gegenwärtigen Prozesszustand zu erfassen und die Fakten und Daten zu erhalten, die Sie brauchen, um einen passenden folgenden Prozesszielzustand festzulegen. Dies ist ein wichtiger Punkt. Es geht nicht um die Suche nach Verschwendung im Prozess. Das Durchlaufen der Schritte dieser Prozessanalyse ist so angelegt, dass

Abbildung 107: Die Prozessanalyse hilft Ihnen, den Ist-Zustand zu verstehen

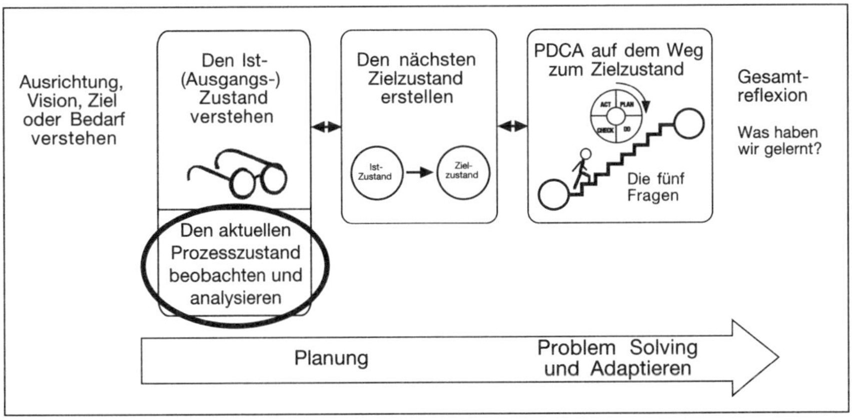

Sie gezwungen sind, in die Details eines Prozesses zu schauen und sich mit ihnen auseinanderzusetzen, damit Sie definieren können, wie der Prozess funktionieren kann.

Sobald Sie einen Zielzustand haben, können Sie sich darauf zubewegen, die fünf Fragen stellen und identifizieren, woran Sie arbeiten müssen. Die Prozessanalyse und das Festlegen eines Zielzustands nehmen Zeit in Anspruch, aber sobald ein Zielzustand erstellt worden ist, können die Coaching-Zyklen häufig und kurz sein.

Versuchen Sie, die Schritte dieser Prozessanalyse zu üben, einen Zielzustand festzulegen und den Rest der Verbesserungs-Kata anzuwenden. Wenn Sie einmal das Denken und das Muster hinter dieser Prozessanalyse verstehen, dann können Sie sich durchaus dafür entscheiden, dieses Denken und dieses Muster zu modifizieren, um beides Ihrer Umgebung besser anzupassen.

Mit dem Wertstrom starten

Verbesserung geschieht auf Prozessebene, aber es ist eine Vorbedingung vor der Durchführung einer Prozessanalyse und dem Festlegen eines ersten Zielzustands, zumindest einen Wertstrom-Scan durchzuführen. Solch ein Scan hilft Ihnen, den gesamten Fluss von Tor zu Tor zu verstehen und die Segmente oder Schleifen eines Wertstroms zu identifizieren.[30] Ein Wertstrom-Scan braucht in der Regel nicht sehr viel Zeit, normalerweise einen Tag oder weniger. Versuchen Sie nicht, alle Details zu erhalten, sondern nur eine grundlegende Übersicht des Wertstroms mittels der folgenden Fragen. Sie können später Details zu dieser Wertstrom-Map hinzufügen, wenn Sie beginnen, ein tieferes Verstehen des Schrittmacherprozesses zu gewinnen.

---

30 Mehr zum Thema Wertstrom Mapping finden Sie in: Mike Rother/John Shook: *Sehen lernen. Mit Wertstromdesign die Wertschöpfung erhöhen und Verschwendung beseitigen.* Aachen: Lean-Management-Institut, 2004. (http://www.lean-management-institut.de)

Fragen zum Wertstrom-Scan

1. Welchen Wertstrom (welche Produktfamilie), haben Sie ausgewählt?
2. Was sind die Prozessschritte?

Abbildung 108

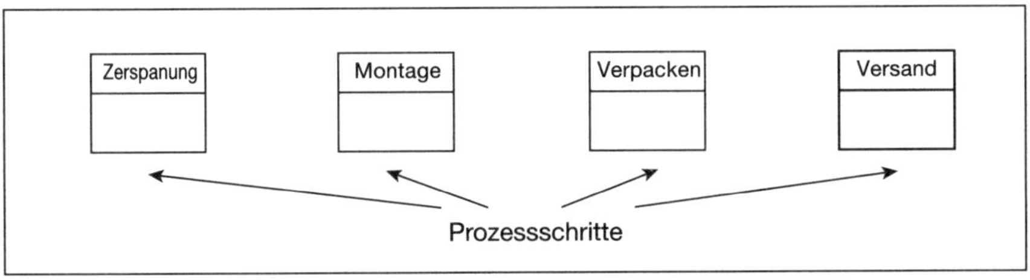

3. Sind die Prozesse dediziert (D) oder gemeinsam genutzt (G)?

Abbildung 109

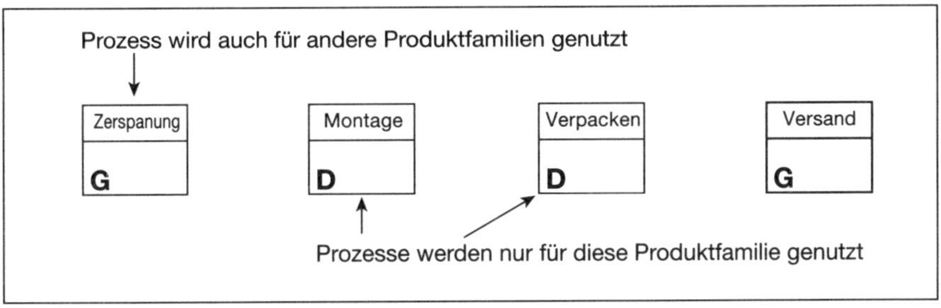

4. An welchen Stellen entlang des Wertstroms wird Bestand gehalten?

Abbildung 110

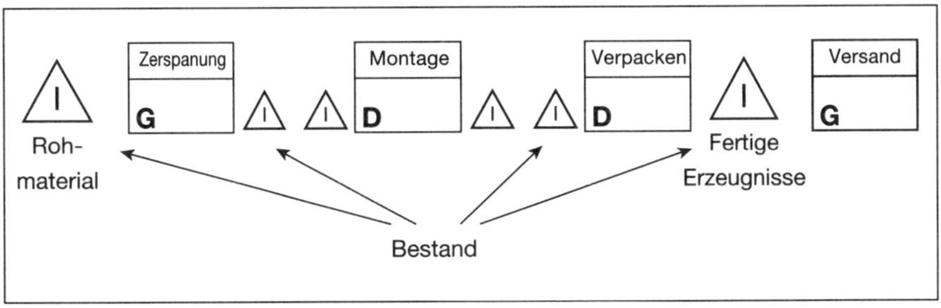

5. Woher weiß jeder Prozess, was produziert werden soll (Informationsfluss)?

Abbildung 111

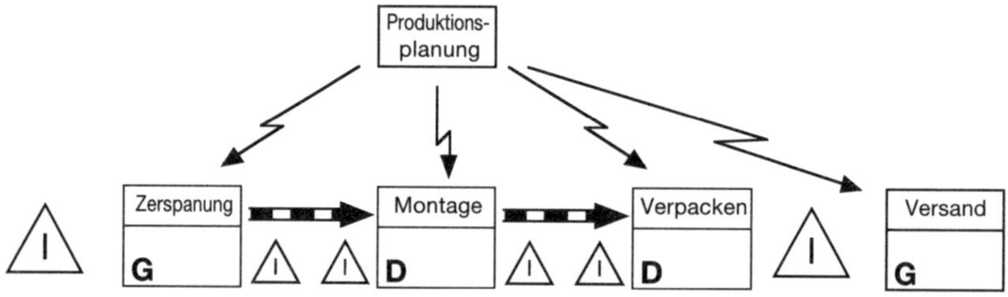

»Push«: Material wird unabhängig von aktuellen Anforderungen vom Zulieferprozess zum Kundenprozess geschoben

6. An welchen Prozessen sind Umrüstungen erforderlich? Was sind Rüstzeit, aktuelle Losgröße, gegenwärtige Anzahl von Rüstvorgängen pro Tag und dem geschätzten EPEI[31] bei diesen Prozessen?

Abbildung 112

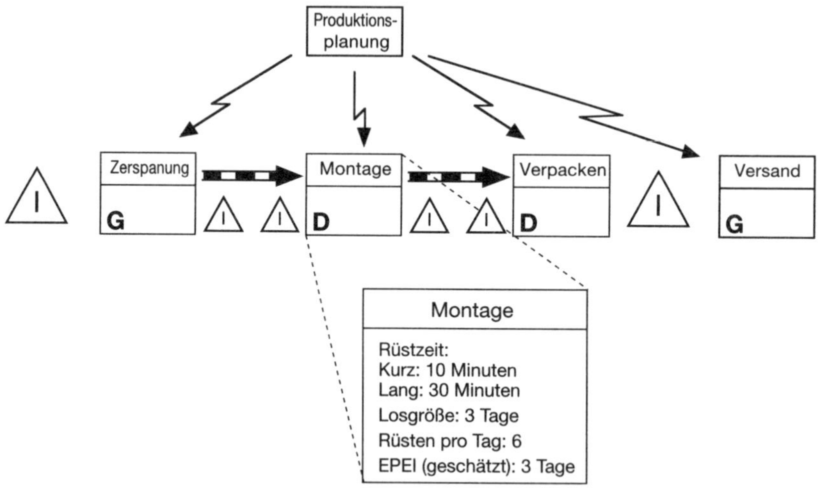

31 »EPEI« = Every-Product-Every-Interval beziehungsweise das Zeitintervall, über den der Prozess jedes Rennerprodukt produziert, das er herstellt.

7. Welche Schleifen gibt es in diesem Wertstrom? Welche davon ist die Schrittmacherschleife?[32]

Abbildung 113

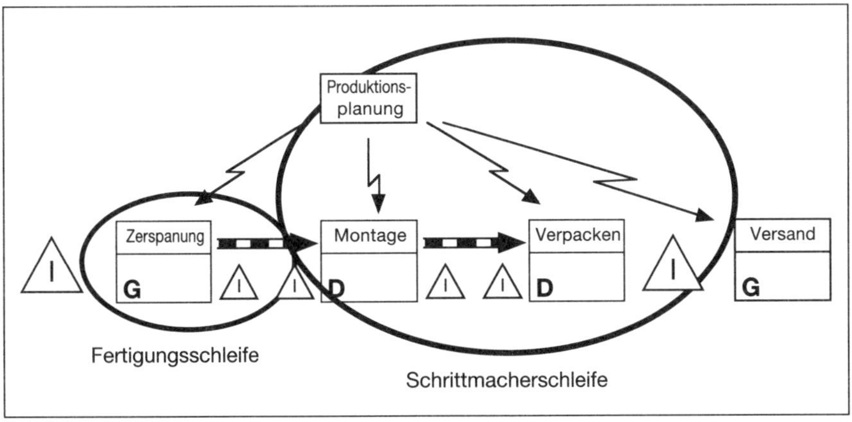

8) Wenn Sie sich einen Zeithorizont von ein bis zwei Jahren vorstellen, wo, denken Sie, sollte ein 1x1-Fluss möglich sein? Wo, denken Sie, sollte Materialbestand durch ein Pull- oder FIFO-System ersetzt werden?

Setzen Sie jetzt den Fokus auf einen Prozess im Wertstrom

Sie steigen jetzt von der Wertstromebene herunter auf die Prozessebene, um die Prozessanalyse durchzuführen. Beginnen Sie mit der Schrittmacherschleife und behalten Sie Ihren Fokus dort. Häufig bedeutet das, dass Sie einen Montageprozess oder einen ähnlichen Prozess analysieren werden.

Es gibt eine Logik hinter der Reihenfolge dieser Schritte. Jedoch werden die Bemühungen auch schnell iterativ. Wenn Sie die Analyse durchlaufen, werden Sie häufig zurückgehen und nachprüfen oder einen früheren Abschnitt neu berechnen müssen, basierend auf dem, was Sie lernen, wenn Sie vorankommen. Das ist normal. Sie versuchen ein tieferes Verständnis für den gegenwärtigen Zustand zu bekommen.

Die einzige *Ausrüstung*, die Sie brauchen, um eine Prozessanalyse durchzuführen, ist (siehe Seite 277):

32 Siehe Anhang 1 für eine Erklärung des Schrittmacherprozesses oder der Schleife.

Abbildung 114: Am Schrittmacherprozess anfangen

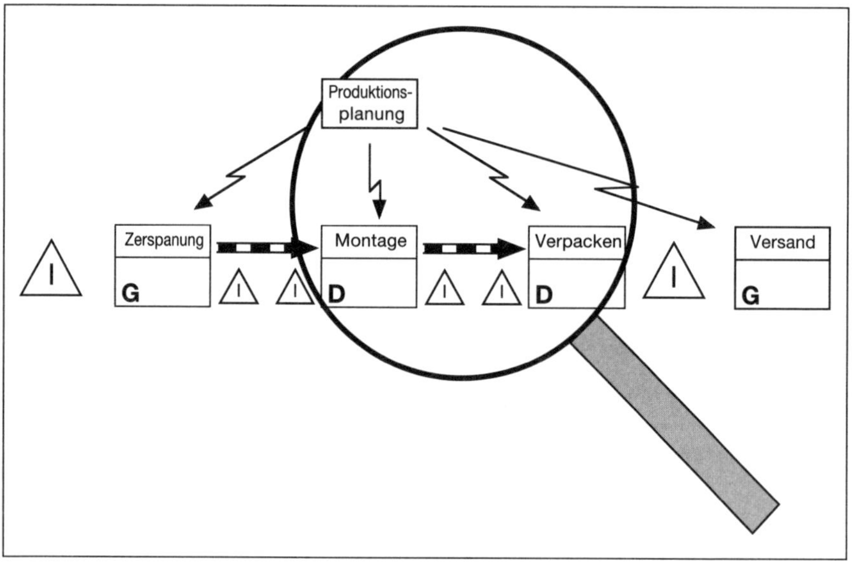

Abbildung 115: Schritte der Prozessanalyse – Ihr Wegweiser

Kundenbedarf und Prozesszyklus bestimmen

- Kundentakt
- Geplante Zykluszeit

Erste Eindrücke über den Prozess

- Lernen Sie den Prozess kennen, indem Sie ein Blockdiagramm skizzieren.
- Ist 1x1-Fluss vorhanden?
- Sind die Schritte der Mitarbeiter in jedem Zyklus gleich?
- Ist der Prozess-Output stabil?

Reicht die Maschinenkapazität aus? ☹ Nein ☺ Ja

- Können die Maschinen die geplante Zykluszeit unterstützen?
- Was ist die aktuelle Kapazität?
- Wie viele Schichten?

Ist der Prozess stabil? ☹ Nein ☺ Ja

- Messen Sie 20 bis 40 ganze Zyklen pro Mitarbeiter

Wieviele Prozessmitarbeiter sind notwendig, wenn der Prozess stabil wäre?

- Berechnung der Mitarbeiteranzahl

- eine Stoppuhr mit Sekundenanzeige (nicht 1/100 Minuten),
- kariertes Papier,
- Bleistift,
- Radiergummi,
- Taschenrechner.

Vergessen Sie nicht *Shop-Floor-Höflichkeit:*

- Nähern Sie sich dem Prozess über den Teamleiter oder Supervisor.
- Stellen Sie sich vor.
- Erklären Sie, was Sie tun.
- Unterbrechen Sie die Prozessmitarbeiter nicht bei der Arbeit.
- Erklären Sie, dass Sie die Arbeit, nicht die Mitarbeiter, beobachten. (Die Menschen werden Ihnen nicht glauben, wenn Sie das sagen, aber wenn es Ihre ehrliche Absicht bleibt, glauben Sie Ihnen vielleicht irgendwann doch.)
- Zeigen Sie alle Notizen, die Sie gemacht haben.
- Sagen Sie »Vielen Dank«, bevor Sie gehen.
- Lassen Sie Ihre Hände in der Fabrikhalle aus den Hosentaschen. Die Menschen arbeiten hier hart, und die Hände in den Taschen zu haben kann eine zu lässige Botschaft vermitteln. Eine bessere Botschaft ist: Wir arbeiten alle hart für den Kunden.

Kundenbedarf und Prozesszyklus bestimmen

Hier sind zwei Kennzahlen, die Sie kennen sollten:

Abbildung 116: Taktzeit und geplante Zykluszeit

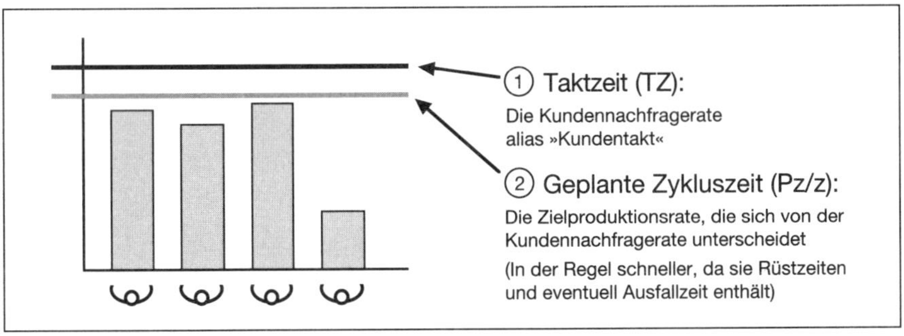

Taktzeit (TZ)

Die Taktzeit ist die Rate der Kundennachfrage nach der Produktgruppe oder -familie, die durch einen Prozess produziert wird. Die Taktzeit wird berechnet, indem man die effektive Betriebszeit eines Prozesses durch die Menge von Einheiten teilt, die Kunden von diesem Prozess in diesem Zeitabschnitt verlangen. Die effektive Betriebszeit ist die verfügbare Produktionszeit minus geplanter Ausfallzeiten wie Mittagspause, Arbeitspausen, Teamsitzungen, Reinigung und geplante Wartung. Ungeplante Ausfallzeiten und Umrüstzeiten werden an diesem Punkt nicht abgezogen, weil es sich um Variablen handelt, die wir reduzieren wollen.

$$\text{Taktzeit} = \frac{\text{Ihre effektive Betriebszeit pro Schicht oder Tag}}{\text{Vom Kunden geforderte Quantität pro Schicht oder Tag}}$$

Beispiel:

$$\frac{\text{26100 Sekunden verfügbare Zeit}}{\text{450 geforderte Einheiten}} = \text{58 Sekunden Taktzeit}$$

Interpretation: Der Kunde kauft derzeit durchschnittlich alle 58 Sekunden eine Einheit. (Kundennachfrageraten ändern sich natürlich mit der Zeit. Toyota berechnet die Taktzeit alle 30 Tage neu und überprüft sie alle zehn Tage.)

Geplante Zykluszeit (Pz/z)

Nachdem Sie den Takt berechnet haben, ziehen Sie auch Rüstzeit und vielleicht andere Verluste wie ungeplante Ausfallzeit sowie Auschuss- und Nachbearbeitungsquoten von der Betriebszeit ab, um bei der geplanten Zykluszeit (Pz/z) anzukommen. Das ist das tatsächliche Tempo, mit der der Prozess laufen sollte.

Rüstzeit

In Ihrer ersten Pz/z-Berechnung können Sie einfach die Anzahl von Rüstvorgängen, die gegenwärtig pro Tag vorgenommen werden, und die Gesamtzeit, die dafür gebraucht wird, verwenden. Sie können auch mit anderen Reihenfolgen von Rüstvorgängen und anderen Rüstzeiten rechnen, um verschiedene Szenarien zu erproben.

Es gibt zwei Arten der Ausfallzeit: Kurze Stillstände im Laufe des Tages, die sich summieren, und seltenere, aber länger anhaltende, katastrophale Störungen. Bei der Berechnung von Pz/z berücksichtigen wir nur die kurzen Stillstände. Sie können gelegentliche Katastrophen nicht mittels einer schnelleren Pz/z abdecken.

Toyota zieht Rüstzeit bei der Kalkulation von Pz/z ab, aber in der Regel nicht ungeplante Ausfallzeiten. Das liegt daran, dass Toyota-Fabriken eine Zeitlücke nach jeder Schicht freihalten; diese Zeit wird verwendet, um kurze Stillstände wettzumachen, die während der Schicht auftraten. Wenn Sie diese Option nicht haben, dann werden Sie wahrscheinlich etwas ungeplante Ausfallzeiten bei der Berechnung von Pz/z berücksichtigen müssen.

Eine Taktik ist das Anstreben eines Pz/z-Werts, der nur um 15 bis 20 Prozent schneller ist als der Takt, und das Vorschreiben, dass Rüsten und andere Verluste so kontrolliert werden sollten, dass sie in diese Prozentlücke passen.

Die folgende einfache Kapazitätsanalyse, die ein L-förmiges Stapeldiagramm nutzt, ist ein außergewöhnlich nützliches Werkzeug, dessen Gebrauch Sie meistern sollten (siehe Abbildung 117).

Abbildung 117: Kapazitätsanalyse

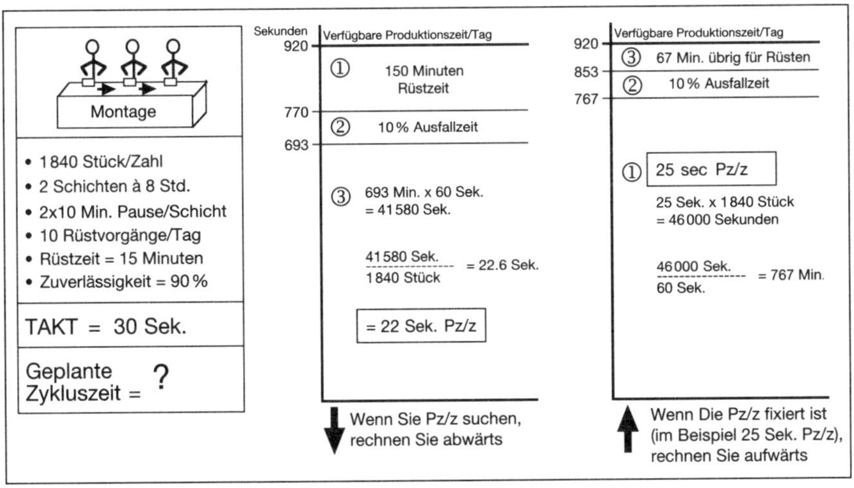

- Zeigen Sie in jeder Kategorie die Verluste einzeln, anstatt sie zum Beispiel in einer OEE-Zahl (Overall Equipment Effectiveness) zu vereinen. Auf diese Weise können Sie besser verstehen, was die Kernpunkte sind.
- Verwenden Sie zuerst ein eintägiges Intervall für die Pz/z-Berechnung.
- Wenn Sie die Pz/z suchen, rechnen Sie *abwärts*. Wenn die Pz/z fixiert ist, zum Beispiel aufgrund eines unveränderlichen Maschinenzyklus, dann rechnen Sie *aufwärts*.
- Verwenden Sie die optimale Rüstreihenfolge, um die Gesamtumrüstzeit zu minimieren.
- Setzen Sie immer die Rüstzeit an die Spitze des Balkens.

Abbildung 117 zeigt ein Beispiel für die Berechnung von Taktzeit und Pz/z.

Erste Eindrücke über den Prozess

Was sehen Sie? Lernen Sie den Prozess zunächst kennen, indem Sie ein Blockdiagramm davon skizzieren. Zeichnen Sie eine lineare Skizze der Arbeitsstationen im Prozess. Bilden Sie nicht die Dimensionen ab und machen Sie sich keine Gedanken über das tatsächliche Layout des Prozesses. Zeichnen Sie einfach jeden Kasten in derselben Größe. Jeder Kasten steht für eine Arbeitsstation oder Maschine, wie hier dargestellt.

Abbildung 118: Blockdiagramm eines Prozesses

Pumpen-montage	Kabel-montage	Flange-montage	Kabel	Test	Montage	Tank-montage	Tank-löten	Montage	Sonder-montage	Autom. Test	Ver-packung

Beobachten Sie jetzt den Prozess und versuchen Sie, folgende Fragen zu beantworten. Schreiben Sie Ihre Beobachtungen auf. Sie können Fragen stellen, aber interviewen Sie Personen nicht. Versuchen Sie, für sich selbst zu sehen und zu verstehen.

- Ist 1x1-Fluss vorhanden? Bewegen sich Teile direkt von einem wertschöpfenden Schritt zum nächsten?
- Sind die Schritte der Mitarbeiter in jedem Zyklus gleich?
- Ist der Prozess-Output gleichmäßig? Verwenden Sie eine Stoppuhr, um 20 aufeinanderfolgende Zyklen am Ende des Prozesses zu messen. Wählen Sie einen Punkt aus und messen Sie, wie oft ein Teil diesen Punkt passiert. Stellen Sie die einzelnen Zeiten wie in Abbildung 127 gezeigt dar. Berechnen Sie oder verwenden Sie keine Durchschnittswerte.

Reicht die Maschinenkapazität aus?

Mit »Maschinen« ist hier automatisiertes Equipment gemeint, das weiterläuft, wenn der Mitarbeiter weggeht. Eine Standbohrmaschine, die von einer Person per Hand betätigt wird, ist nicht automatisiert. Eine Bohrmaschine, die allein bohrt, nachdem eine Person sie ent- und beladen hat, ist automatisiert.

Die Fragen, die wir mit diesem Schritt der Prozessanalyse zu beantworten versuchen, sind:

1. Können die automatisierten Maschinen in diesem Prozess die geplante Zykluszeit unterstützen?
2. Welche ist die schnellste geplante Zykluszeit, die die automatisierte Maschine derzeit unterstützen kann? (Das ist die aktuelle Prozesskapazität.)

Theoretisch muss die Zykluszeit einer automatisierten Maschine so schnell wie oder schneller sein als die geplante Zykluszeit. Wenn zum Beispiel die geplante Zykluszeit für einen Prozess 20 Sekunden beträgt, dann würden die automatisierten Maschinen im Prozess ihren vollen Zyklus in 20 Sekunden oder weniger durchlaufen müssen. In der Praxis ist das allerdings nicht ganz richtig.

Jede Maschine hat eine bestimmte kleine Schwankung von Zyklus zu Zyklus. Manchmal variiert die Zeit, in der die Maschine ent- und beladen wird, ein bisschen, oder der Maschinenzyklus selbst schwankt um eine kleine Menge. Wegen dieser »Persönlichkeit« von Maschinen wird ein eng gekoppelter 1x1-Fluss nicht nachhaltig sein, wenn eine automatisierte Maschine darin das volle Pz/z-Intervall braucht, um ihren Zyklus zu vollenden. Wenn in einem 1x1-Fluss eine Maschine die geplante Zykluszeit überschreitet, dann kann diese Schwankung in den Prozess vor- und zurückstrahlen und den 1x1-Fluss unterbrechen.

Aus diesem Grund sollten automatisierte Maschinen ihren Zyklus spätestens ein wenig vor der geplanten Zykluszeit beenden. Eine Richtlinie – nur eine Richtlinie – ist, dass die Gesamtmaschinenzykluszeit für jede automatisierte Maschine in einem 1x1-Fluss nicht länger sein sollte als ungefähr 90 Prozent der geplanten Zykluszeit. Diese Richtlinie gilt nur für die Maschinen, nicht für die Mitarbeiter. Die Arbeit der Mitarbeiter sollte idealerweise bis zur geplanten Zykluszeit gefüllt werden. Anders ausgedrückt bedeutet das, dass die schnellste geplante Zykluszeit, mit der ein Prozess imstande ist, konsequent im 1x1-Fluss zu laufen, den Quotienten 0,9 hat:

$$\frac{\text{Längste Gesamtmaschinenzykluszeit}}{0{,}9}$$

Dieser Quotient stellt die gegenwärtige Kapazitätsgrenze eines 1x1-Fluss-Prozesses dar.

Ungenügende Maschinenkapazität ist ein K. O.-Kriterium, weshalb es einen Ja/Nein-Check bei diesem Schritt der Prozessanalyse gibt. Wenn die Maschinenkapazität ungenügend ist, dann müssen Sie das zuerst angehen, bevor Sie andere Verbesserungen vornehmen, weil diese in so einer Situation nicht greifen werden. Wir müssen den Shop Floor mit einem Prozess versorgen, der fähig ist, die geplante Zykluszeit zu unterstützen. Um die Maschinenkapazität zu überprüfen, zeichnen Sie ein Maschinenkapazitäts-Chart wie folgt:

Abbildung 119: Maschinenkapazitäts-Chart, Schritt 1

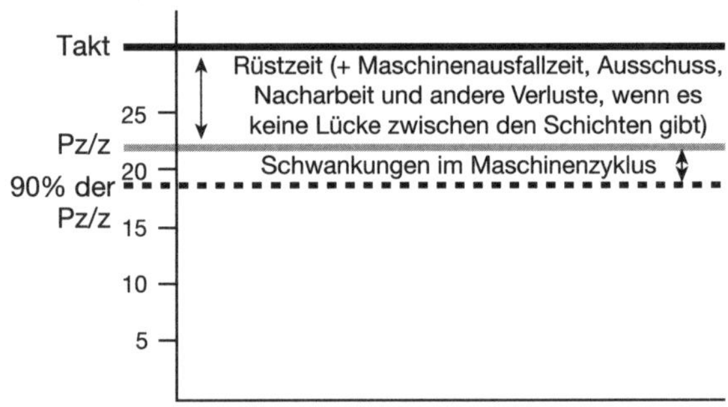

Zeichnen Sie zuerst Linien für Taktzeit, geplante Zykluszeit und 90 Prozent der geplanten Zykluszeit ein.

Abbildung 120: Maschinenkapazitäts-Chart, Schritt 2

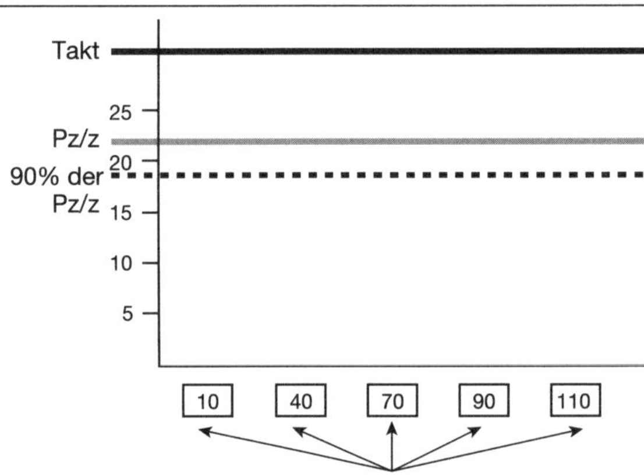

Als nächstes listen Sie die automatisierten Maschinen in dem Prozess auf (Maschinen, die ihren Zyklus ohne einen Mitarbeiter durchlaufen)

Abbildung 121: Maschinenkapazitäts-Chart, Schritt 3

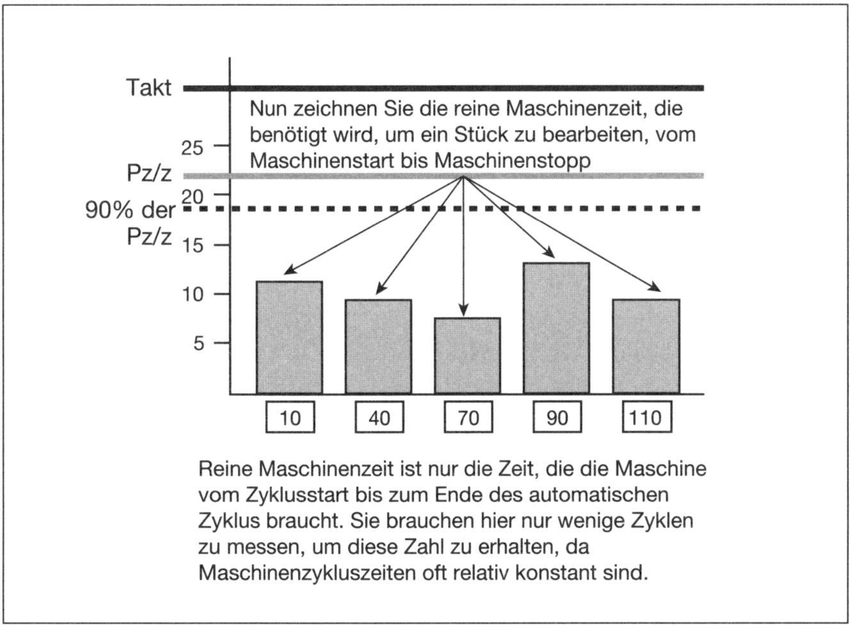

Abbildung 122: Maschinenkapazitäts-Chart, Schritt 4

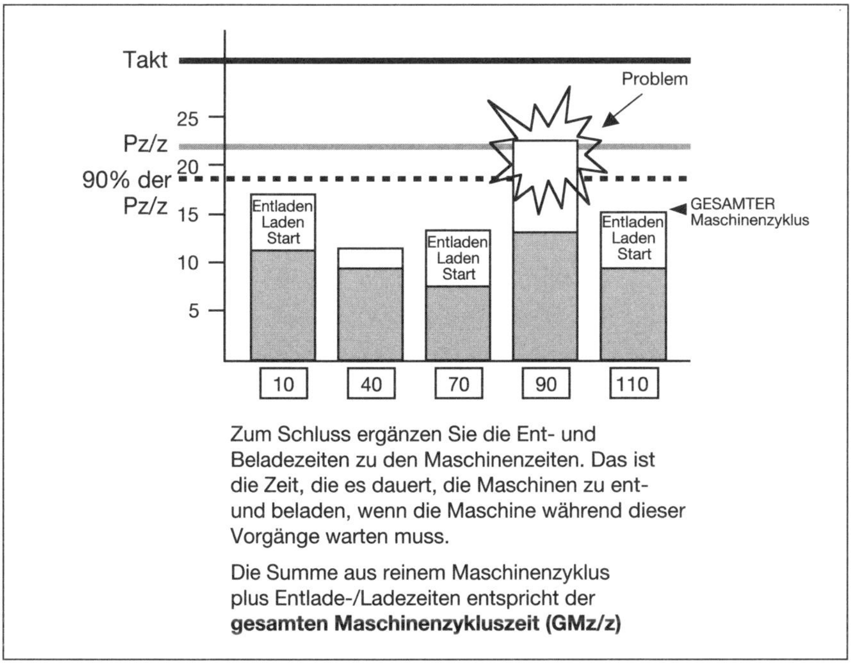

Interpretation des Maschinenkapazitäts-Charts

Abbildung 123: Beispiel eines Maschinenkapazitäts-Charts

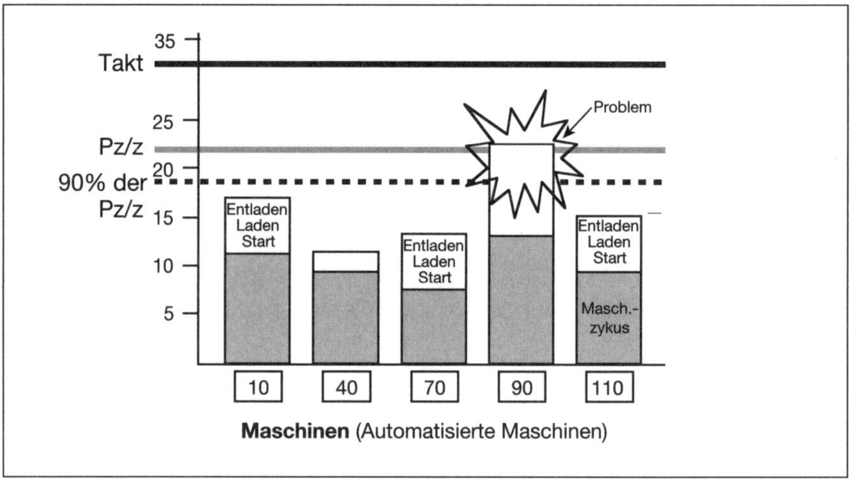

Das erste, was ein Maschinenkapazitäts-Chart Ihnen anzeigt, ist, ob Sie Maschinen haben, die aktuell die geplante Zykluszeit nicht unterstützen können. Wie Sie in dem Beispiel oben sehen können, hat Maschine 90 eine Gesamtzykluszeit, die für die geplante Zykluszeit zu lang ist. Das muss vor einem Weitergehen angegangen werden. Taktiken, um solch ein Hindernis zu behandeln, lassen sich in drei aufeinanderfolgende Kategorien einteilen; die erste Kategorie ist der folgenden vorzuziehen und so weiter.

Kategorie I: Echte Verbesserung (Arbeiten Sie hart, um diese zu erreichen, bevor Sie zur nächsten Kategorie weitergehen)

- Verkürzen Sie die Ent- und Beladezeiten.
- Reduzieren Sie die Lücke zwischen Taktzeit und geplanter Zykluszeit, was den Effekt hat, die Pz/z zu verlangsamen.
- Finden Sie Kapazität im Maschinenzyklus. Reduzieren Sie zum Beispiel ungenutzte Maschinenzykluszeit, wie »Schneiden von Luft«. Wie viel der Zykluszeit der Maschine wird tatsächlich für Verarbeitung genutzt?
- Trennen Sie Multifunktionsmaschinen auf, wenn das kostengünstig getan werden kann. Maschinen mit einer einzelnen Funktion haben mehr Kapazität.
- Bringen Sie Maschinenlaufzeit und Ent-/Beladezeiten in eine Parallelakti-

vität. Stellen Sie zum Beispiel die Teilevorrichtungen auf einen Drehteller, damit der Mitarbeiter aus- und einladen kann, während die Maschine läuft.

- Beschleunigen Sie die Maschine (Qualität darf aber nicht eingeschränkt werden).

Kategorie II: Ausgleichen (Keine wahre Verbesserung)

- Legen Sie einen kleinen Standardpuffer vor und nach der Problem-Maschine an, um ihre »Persönlichkeit« vom Rest des 1x1-Flusses zu isolieren. Das funktioniert nur, wenn die Gesamtmaschinenzykluszeit in oder unter der geplanten Zykluszeit liegt.
- Lagern Sie die Fertigung einiger Produkte auf andere Prozesse um, was die Taktzeit und geplante Zykluszeit für diesen Prozess verlangsamt.

Kategorie III: Kaufen Sie mehr Kapazität (Die Option des letzten Auswegs)

Ein Toyota-Mitarbeiter erzählte mir einmal: »Wenn wir einfallsreich und kreativ sind, können wir fast immer Wege finden, mehr Kapazität aus einer Maschine zu bekommen.«

Ein Maschinenkapazitäts-Chart kann Ihnen auch helfen, das gegenwärtige natürliche Kapazitätsniveau eines Prozesses zu erkennen. In der Linie A (Abbildung 124) gibt es ein Kapazitätsproblem, aber es betrifft nur zwei Maschinen. Wenn wir die Gesamtmaschinenzykluszeit für diese zwei Maschinen reduzieren können, dann kann die geplante Zykluszeit erreicht werden. In dieser Linie ist noch Kapazität vorhanden und vielleicht können – mit einiger Kreativität – zusätzliche Produkte hinzugefügt werden.

Abbildung 124: Linie A hat noch nicht ihr natürliches Kapazitätslimit erreicht

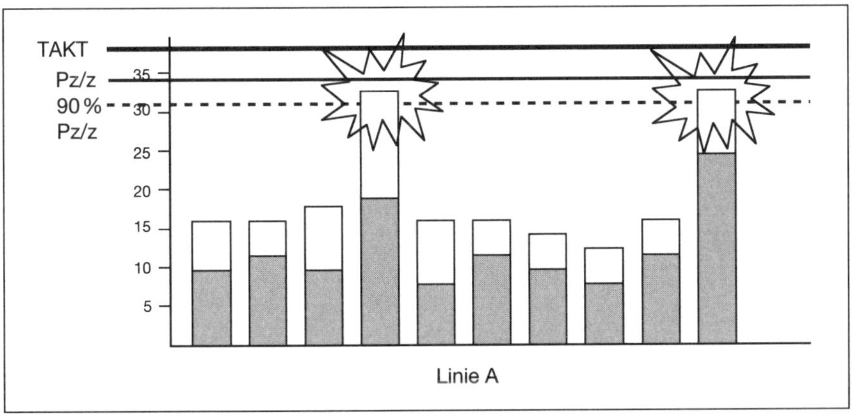

In der Linie B (Abbildung 125) können zwei Maschinen derzeit auch nicht die geplante Zykluszeit erreichen. Aber die meisten weiteren Maschinen hier sind in der Nähe ihrer gegenwärtigen Kapazitätsgrenze. Es gibt natürlich Möglichkeiten, mit denen wir mehr Kapazität in dieser Linie freisetzen können, aber ein Kapazitätszuwachs in diesem Prozess würde fast alle Maschinen betreffen. Linie B liegt nahe an ihrem gegenwärtigen natürlichen Kapazitätslimit.

Abbildung 125: Linie B liegt nahe an ihrem natürlichen Kapazitätslimit

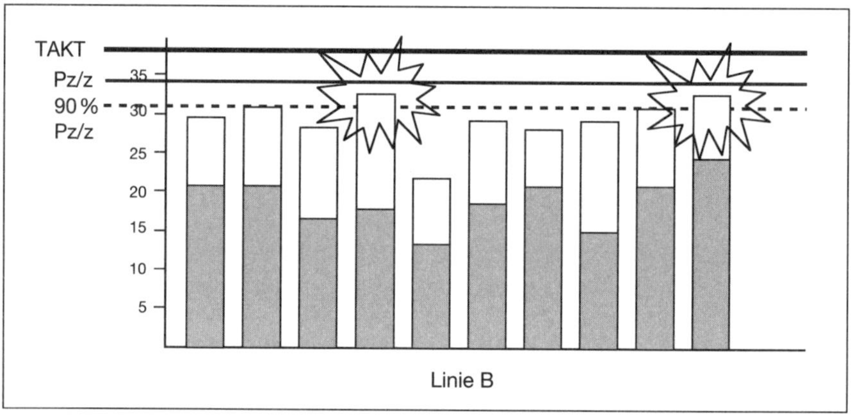

Wie viele Schichten?

In Verbindung mit Überprüfung der Maschinenkapazität sollten Sie auch die Anzahl der Schichten betrachten. Der klarste Weg, die Optionen zu sehen, besteht darin, folgende Tabelle vorzubereiten:

Abbildung 126: Optionen für Anzahl der Schichten

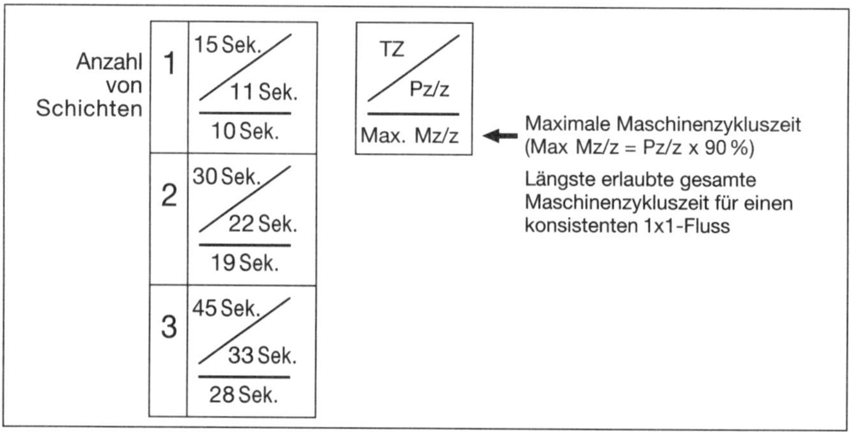

Ist der Prozess stabil?

Wenn Sie damit beginnen, die Verbesserungs-Kata auf einen Fertigungsprozess anzuwenden, oder nachdem Sie Prozessänderungen vorgenommen haben, umfasst der Zielzustand häufig das Herstellen einer Zyklusstabilität. Prozessstabilität beziehungsweise deren Fehlen, ist ein weiteres K.O.-Kriterium. Wenn ein Prozess nicht stabil ist, müssen Sie das angehen, bevor Sie versuchen, andere Verbesserungen zu erreichen, weil diese ohne einen stabilen Prozess oft nicht greifen werden. Wann immer Produktionsprozesse, insbesondere Schrittmacherprozesse, nicht stabil sind, wird die gesamte Organisation (Shop Floor, Verwaltung, Planung, Logistik, Vertrieb, Kundendienst, Kunden und so weiter) Wellen von Schwankungen, Abweichungen und Extratätigkeiten erfahren. Die gesamten Zusatzanstrengungen und Kosten, die durch diese Schwankung in der Produktion erzeugt werden, werden als die »versteckte Fabrik« bezeichnet. Die Zusatzkosten sind nicht messbar, weil es zu viele unbestimmbare Werte gibt, aber es wird geschätzt, dass sich die Kosten durch solche Schwankungen um 20 bis 30 Prozent erhöhen. Je stabiler und geglätteter Sie Ihre Prozesse gestalten können, desto »leaner« kann die gesamte Organisation sein.

Berücksichtigen Sie, dass ein stabiler Prozess nicht bedeutet, dass es keine Probleme gibt, sondern dass der Prozess konsistent von Zyklus zu Zyklus arbeitet.

Messen Sie 20 bis 40 Zyklen pro Mitarbeiter

Sie können Prozessstabilität überprüfen, indem Sie einzelne Zyklen, die Stundenleistung und Tagesleistung messen. Die aussagekräftigsten dieser Messgrößen sind die einzelnen Zyklen, weil dies Prozesskennzahlen sind, die Prozessdetails sichtbar machen. Schwankung in der Stundenleistung ist auch interessant, wird aber erst nach den Ereignissen abgeleitet. Und Schwankungen in der Gesamtproduktion von Tag zu Tag sind nur eine Ergebniskennzahl beziehungsweise einfach zu grob und zu spät für Prozessverbesserung.

Um die Prozessstabilität zu überprüfen, messen Sie 20 bis 40 aufeinanderfolgende Zyklen des Outputs der Linie und dasselbe bei jedem Mitarbeiter. Stellen Sie die Ergebnisse wie in Abbildung 127 gezeigt grafisch dar, inklusive einer Linie für die Taktzeit und die geplante Zykluszeit. Messen Sie ganze Zyklen: Wählen Sie einen einzelnen Bezugspunkt im Zyklus aus,

Abbildung 127: Messung von Schwankungen im Prozess

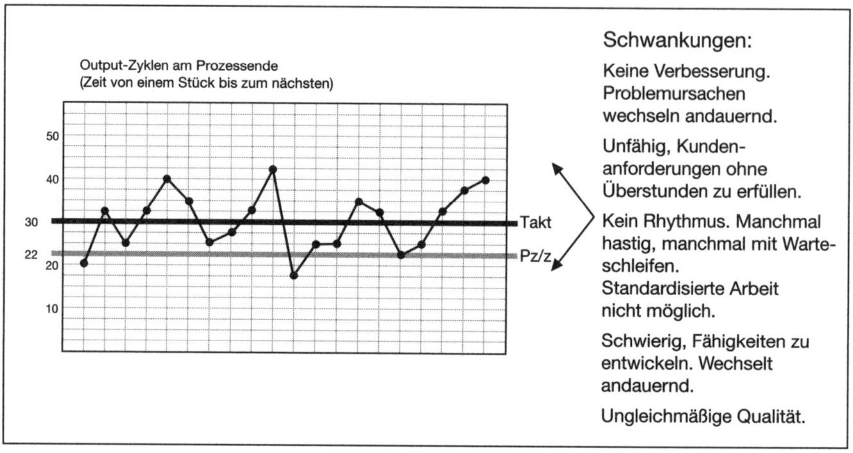

um Ihre Stoppuhr zu starten und zu stoppen, und lassen Sie die Stoppuhr laufen, bis der Mitarbeiter zu diesem Punkt im Zyklus zurückkehrt. Unterscheiden Sie dabei, soweit möglich, zwischen Arbeitszykluszeit und Wartezeit, und notieren Sie die Arbeitszykluszeit. Zuletzt: Verwenden Sie keine Durchschnitte, weil diese Instabilität verbergen.

In dieser Grafik sollten Sie auch die niedrigste wiederholbare Arbeitszykluszeit für jeden Mitarbeiter vermerken, denn diese Zahl werden Sie im folgenden Schritt verwenden. Beispielsweise in der Grafik oben beträgt die niedrigste wiederholbare Zykluszeit des Mitarbeiters 24 Sekunden.

Wie viele Prozessmitarbeiter sind notwendig, wenn der Prozess stabil wäre?

Je instabiler ein Prozess ist, desto mehr zusätzliche Mitarbeiter benötigt er, um die erwünschte Produktionsmenge zu schaffen. Leider führt die Überbesetzung eines Prozesses auch zu noch größerer Unregelmäßigkeit, weil nicht ausgelastete Mitarbeiter einander natürlich (und mit den besten Absichten) bei Problemen helfen, vorausarbeiten und dadurch Puffermengen bilden, und von Zyklus zu Zyklus unterschiedlich arbeiten. Eine derart gesteigerte Unbeständigkeit erzeugt tatsächlich mehr Probleme und erschwert das Verstehen der Ursachen von Problemen. Ein Teufelskreis.

Beachten Sie jedoch, dass Sie, selbst wenn Sie einen stabilen Prozess mit der richtigen Anzahl von Mitarbeitern betreiben, einen Weg haben müssen, schnell von außerhalb der Linie zu reagieren, wenn Probleme auftreten. Und Probleme werden auftreten.

Berechnung der Mitarbeiteranzahl

Die Bestimmung der notwendigen Anzahl von Mitarbeitern in einem Prozess bedeutet die Messung der gesamten Zeit für menschliche Tätigkeiten, um ein Stück von Anfang bis Ende zu bearbeiten. Das kann durch Beobachtung und Zeitmessung getan werden (Vermeiden Sie hierbei Standard-Zeit-Tabellen, weil sie Sie davon abhalten, die echte Situation sorgfältig zu beobachten). Es gibt aber auch einen schnelleren und einfacheren Weg, der für diese Prozessanalyse ausreicht.

Verwenden Sie einfach die niedrigste wiederholbare Zykluszeit der Mitarbeiter aus der 20-bis-40-Zyklus-Grafik (Abbildung 127) des vorherigen Schritts. In dieser Prozessanalyse müssen die ersten Mitarbeiterzeiten nicht exakt sein, weil Sie Ungleichheiten, übersehene Wartezeiten und Probleme schnell bemerken und beheben werden, wenn Sie in Richtung des Zielzustands arbeiten und PDCA-Zyklen ausführen. Verschwenden Sie keine Zeit damit, jetzt zu versuchen, vollkommen genaue Mitarbeiterzeiten zu erhalten und sich darauf zu einigen, weil sich die Situation sowieso ändern wird, sobald Sie Schritte in Richtung Zielzustand unternehmen.

Die theoretisch notwendige Anzahl von Mitarbeitern in einem Prozess wird mit der folgenden Formel bestimmt:

Abbildung 128

$$\text{Korrekte Anzahl der Mitarbeiter} = \frac{\text{Gesamte Mitarbeiter-Zykluszeit für die Produktion einer Einheit}}{\text{Geplante Zykluszeit}}$$

Abbildung 129 zeigt ein Beispiel für diese Berechnung. Zurzeit sind in diesem Prozess vier Mitarbeiter tätig, und die Berechnung ergibt 3,2 Arbeiter. Ergo sind heute vier Mitarbeiter notwendig. Da vier Mitarbeiter aber nicht voll ausgelastet sind, könnte ein denkbarer Stretch-Aspekt eines Zielzustandes für diesen Prozess, wenn er stabil ist, *drei* Mitarbeiter sein.

Abbildung 129: Berechnungsbeispiel für die Mitarbeiteranzahl

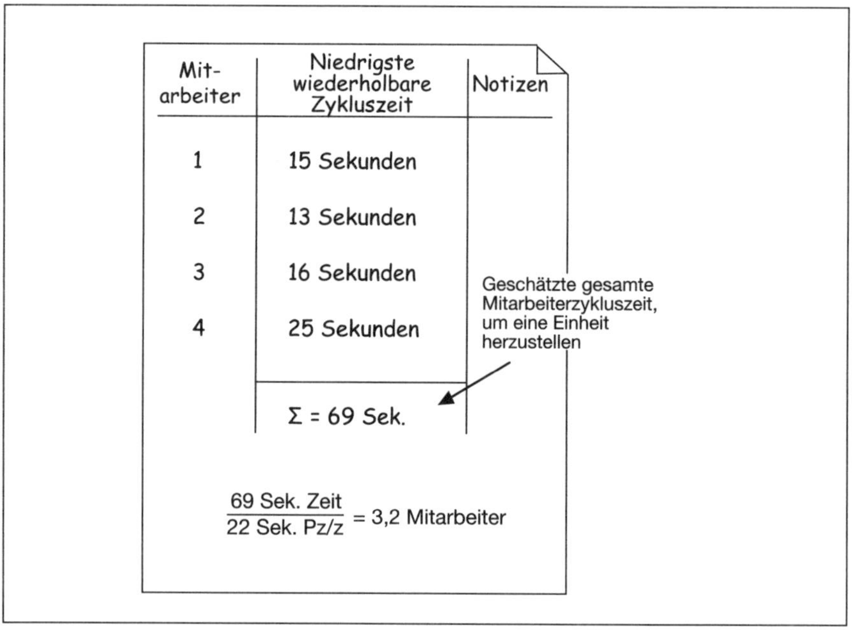

Zusammenfassung des Ist-Zustandes

Ein Zweck der Prozessanalyse ist, Sie Zeit damit verbringen zu lassen, die reale Situation am Prozess zu beobachten. Die Informationen und Daten, die Sie an diesem Punkt erhalten haben, könnten ausreichend sein, um einen ersten Zielzustand für diesen Prozess zu erstellen. Vielleicht können Sie schon erkennen, was ein angemessener Zielzustand wäre und möchten starten, in diese Richtung zu arbeiten. Sie sollten jedoch sicherstellen, dass Sie eine kurze schriftliche Zusammenfassung des Ist-Zustands machen, bevor Sie anfangen, den Zielzustand zu definieren.

Es folgt ein Beispiel für eine Zusammenfassung des Ist-Zustands, in einem einseitigen Format, von einem deutschen Unternehmen, das mit der Verbesserungs-Kata arbeitet. Ich ermuntere Sie, Ihr eigenes Format zu entwickeln.

Abbildung 130: Zusammenfassung eines Ist-Zustands auf einer Seite

Prozesszyklus

- Taktzeit = 30 Sekunden
- Pz/z = 22 Sekunden
- Verluste = 27 %
- 2 Schichten
- 10 x Rüsten pro Tag
- EPEI = 1 Tag

Erste Eindrücke

- Output-Zyklen +/– 109 %
- Mitarbeiterschritte variieren
- Kein 1x1-Fluss (Puffer)
- 3 bis 4 Tage Bestand
- Prozess erreicht nicht Pz/z und muss Überstunden fahren

Maschinenkapazität

- Maschine 90 erreicht nicht Pz/z (siehe Grafik)

Prozessstabilität

- Mitarbeiterzyklen schwanken
- Mitarbeiter 4 kann nicht regelmäßig Pz/z erreichen

Notwendige Anzahl von Mitarbeitern

- 3,2 Mitarbeiter / 4 aktuell
- Mitarbeiter 1, 2 und 3 sind nicht ausgelastet

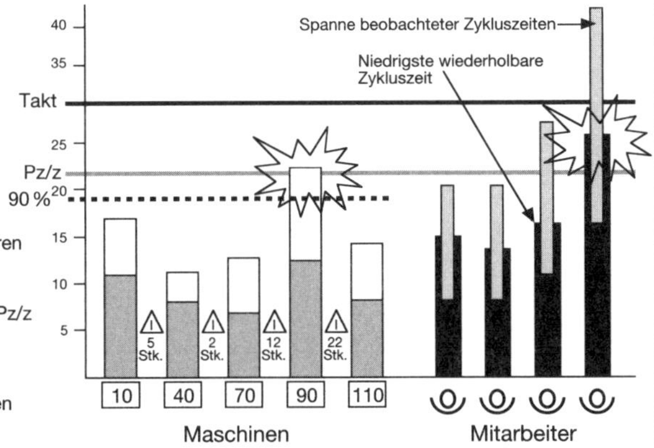

Bibliografie

Obwohl dieses Buch größtenteils auf Forschungen aus erster Hand basiert, wurde auch umfangreiche Sekundärliteratur berücksichtigt. Die folgenden Publikationen waren besonders hilf- oder einflussreich:

Austin, Robert D.: *Measuring and Managing Performance in Organizations.* New York: Dorset House Publishing, 1996.

Austin, Robert/Devin, Lee: *Artful Making, What Managers Need to Know About How Artists Work.* Upper Saddle River, NJ: Financial Times Prentice Hall, 2003.

Biggs, Lindy: *The Rational Factory, Architecture, Technology, and Work in America's Age of Mass Production.* Baltimore: The Johns Hopkins University Press, 1996.

Carse, James P.: *The Religious Case Against Belief.* New York: The Penguin Press, 2008.

Cusumano, Michael A.: *The Japanese Automobile Industry, Technology and Management at Nissan and Toyota.* Cambridge, MA: The Harvard University Press, 1985.

DeMente, Boye Lafayette: *Behind the Japanese Bow, An In-Depth Guide to Understanding and Predicting Japanese Behavior.* Chicago: Passport Books, 1993.

Deming, W. Edwards: *Out of the Crisis.* Cambridge, MA: The MIT Press, 2000.

Dewey, John: *Die menschliche Natur. Ihr Wesen und ihr Verhalten.* Stuttgart: Deutsche Verlags-Anstalt, 1931.

Dewey, John: *Die Suche nach Gewissheit.* Frankfurt: Suhrkamp, 2001.

Gilbert, Daniel: *Ins Glück stolpern. Über die Unvorhersehbarkeit dessen, was wir uns am meisten wünschen.* München: Riemann Verlag, 2006.

Henry Ford Tax Case Manuscript Collection. National Automotive History Collection, Detroit Public Library. Transcripts of Testimony of Peter E. Martin (Volume II, pages 848–904), Fred H. Colvin (Volume II, Seite 929–947), Edward Grey (Volume III, Seite 1230–1250), and Fay Leone Farote (Volume III, Seite 1158–1229, 1250–1269, 1387–1400).

Hounshell, David A.: *From the American System to Mass Production, 1800–1932.* Baltimore: The Johns Hopkins University Press, 1984.

Johnson, H. Thomas/Bröms, Anders: *Profit Beyond Measure, Extraordinary Results through Attention to Work and People.* New York: The Free Press, 2000.

Johnson, H. Thomas: »Lean Dilemma: Choose Systems Principles or Management Controls, Not Both.« Unpublished paper, 2006. (Später veröffentlicht: H. Thomas Johnson: »A Systemic Path to Lean Management.« In: *The Systems Thinker,* Vol. 20, No. 2 (March 2009), Seite 2–6.)

Kleiner, Art: *The Age of Heretics, A History of the Radical Thinkers Who Reinvented Corporate Management*, Second Edition. San Francisco: Jossey-Bass, 2008.

Malone, Patrick M.: »Little Kinks and Devices at Springfield Armory, 1892–1918.« *The Journal of the Society for Industrial Archeology* (1988): 14:1.

Mintzberg, Henry: *Manager statt MBAs. Eine kritische Analyse.* Frankfurt/New York: Campus Verlag, 2005.

Ohba, Hajime/Kuhlman-Voss, Cindy: »Leadership and the Toyota Production System.« Präsentation bei der Association for Manufacturing Excellence Conference, Chicago, November 2002.

Pascale, Richard Tanner: »Perspectives on Strategy: The Real Story Behind Honda's Success.« *California Management Review*, Spring 1984.

Perrow, Charles: *Normale Katastrophen. Die unvermeidbaren Risiken der Großtechnik.* Frankfurt/New York: Campus Verlag, 1987.

Popper, Karl R: *Logik der Forschung.* Berlin: Akademie Verlag, 2007.

Shewhart, Walter A: *Statistical Method from the Viewpoint of Quality Control.* New York: Dover Publications, 1986.

Shimizu, Koichi: »Reorienting Kaizen Activities at Toyota: Kaizen, Production Efficiency, and Humanization of Work.« Okayama Economic Review, Vol. 36, Nr. 3, Dezember 2004, Seite 1–25.

Spear, Steven J: »The Toyota Production System: An Example of Managing Complex Social/Technical Systems. 5 Rules for Designing, Operating, and Improving Activities, Activity-Connections, and Flow-Paths.« PhD dissertation, Harvard University Graduate School of Business Administration, 1999.

Watts, Alan: *Zen. Tradition und lebendiger Weg.* Rheinberg: Zero, 1981.

Womack, James P., Jones, Daniel T. and Roos, Daniel: *Die zweite Revolution in der Autoindustrie.* Frankfurt/New York: Campus Verlag, 1992.

Danksagung

Vielen Dank den Dutzenden von Menschen, die mir Zutritt zu ihren Unternehmen und Produktionsstätten gewährten, die mit mir gemeinsam oder parallel an der Überprüfung von Ideen gearbeitet haben, sich an Diskussionen über unsere Erkenntnisse beteiligten, meine Gedanken kritisch hinterfragten und mit Freude weitergemacht haben.

Dieses Buch spiegelt zudem einen anhaltenden Dialog mit einer Gruppe begeisterter Experimentierer wider, die ich zu meinen Kollegen, Mentoren und Freunden zähle. Mein Dank gilt John Shook, Professor H. Thomas Johnson (Portland State University), Dr. Ralph Richter (Robert Bosch GmbH), Gerd Aulinger (Festool), Jim Huntzinger, Professor Jochen Deuse (Technische Universität Dortmund), Dr. Andreas Ritzenhoff und Dr. Lutz Engel (Seidel GmbH & Co. KG), Tom Burke und Jeff Uitenbroek (Modine Manufacturing Company) und Keith Allman (Delta Faucet Company).

Ich danke auch einigen außergewöhnlichen Menschen, die mich über die Jahre unterstützten, anregten oder anleiteten, sodass sich mir Türen öffneten, mein Horizont erweitert wurde und neue Möglichkeiten entstanden: meiner Frau Liz Rother, Dr. Jim Womack (Lean Enterprise Institute), Professor Daniel T. Jones (Lean Enterprise Academy, UK), Mr. Kiyoshi Suzaki, Professor Jeffrey Liker (Universität Michigan) sowie meinen Töchtern Grace und Olivia.

Im Campus Verlag gilt mein Dank Herrn Thomas Carl Schwoerer für die außergewöhnliche Unterstützung und Frau Selina Hartmann für die ausgezeichnete Zusammenarbeit.

Und nicht zuletzt verbeuge ich mich vor Toyota für dieses interessante Thema, von dem wir lernen können.

Register